影像大地测量及其地学应用

何平 温扬茂 许才军 著

武汉大学出版社
WUHAN UNIVERSITY PRESS

图书在版编目(CIP)数据

影像大地测量及其地学应用/何平,温扬茂,许才军著.—武汉:武汉大学出版社,2022.12

ISBN 978-7-307-23511-3

Ⅰ.影…　Ⅱ.①何…　②温…　③许…　Ⅲ.大地测量学　Ⅳ.P22

中国版本图书馆 CIP 数据核字(2022)第 245077 号

责任编辑:杨晓露　　　责任校对:汪欣怡　　　版式设计:马　佳

出版发行:**武汉大学出版社**　　(430072　武昌　珞珈山)

(电子邮箱:cbs22@ whu.edu.cn　网址:www.wdp.com.cn)

印刷:武汉中科兴业印务有限公司

开本:787×1092　1/16　印张:16.75　字数:384 千字　　插页:1

版次:2022 年 12 月第 1 版　　2022 年 12 月第 1 次印刷

ISBN 978-7-307-23511-3　　定价:69.00 元

前　言

影像大地测量作为一门新兴的前沿学科，与现代空间对地观测技术的发展紧密关联，以合成孔径雷达(SAR)、光学和激光与雷达测距(LiDAR)影像等为数据源，包含雷达干涉测量、像素偏移追踪、多孔径干涉测量、子条带重复观测干涉测量、LiDAR点云相关等技术。影像大地测量能提供全球范围内的大尺度、高时空分辨率地球系统运动过程的地表响应表征变化，在地学研究领域大放异彩，为研究地壳运动的本征参数奠定坚实的数据基础；而地壳运动本征变化控制规律研究是地球系统运动过程预测和灾害预防的前提。因此，影像大地测量的发展应用得到了基础科学和工程应用领域国内外研究者的广泛关注。

本书共包括7章：第1章为绪论；第2章介绍InSAR、时序InSAR和CRInSAR的基本原理，分析其误差源和数学模型；第3章介绍除InSAR以外的影像大地测量技术，包括像素偏移追踪、多孔径干涉测量、子条带重复观测干涉测量和LiDAR点云测量等，并梳理影像大地测量观测构建三维形变场的原理和实例；第4章介绍影像大地测量与地震活动，根据不同震例的同震、震间和震后过程形变特征，选择合适的影像大地测量观测，研究震源机制、断层震间运动和区域岩石圈流变特性；第5章介绍影像大地测量与火山形变，研究地下岩浆活动过程中的地表形变和估算地下岩浆结构，阐述人工智能在InSAR检测火山形变和地球科学问题中的应用前景；第6章介绍影像大地测量与地面沉降，研究时序InSAR监测城市沉降过程，评估由地下水体积损失导致的沉降，以及大型建/构筑物的形变特征；第7章介绍影像大地测量与冰冻圈活动，研究地震、季节气候与冰湖演化的关系。

本书适合作为大地测量、遥感、地球物理、地震学等学科从事地球科学研究和灾害监测工程应用的广大科研人员的参考资料，以及高等院校高年级本科生和研究生进行影像大地测量学习的参考用书。本书收录的工作受到国家自然科学基金和地震行业专项基金等的资助，出版受到国家自然科学基金(42174004，41974004)的联合资助，在此一并致谢。

受限于作者水平，书中难免存在错误和不足之处，敬请读者批评指正。

目　　录

第1章 绪 论

　　地球自形成以来无时无刻不在运动,控制着地球各圈层的相互作用、物质循环和能量交换,造就着她的"沧海桑田"。千百万年来,由于地球运动引发的各类自然灾害从未停止,并伴随整个人类文明发展的进程。特别是进入 21 世纪以来,随着全球气候环境的加剧恶化和人类活动范围的不断扩张,各类地质灾害频发,人类生命财产遭受巨大损失,严重制约着人类的生产生活和经济发展(张勤等,2017)。地质灾害的发生主要包括两个方面:一是由地球动力现象引起的地震、海啸和火山喷发等自然灾害;二是由人口增加和工业发展引起的全球气候变暖、海平面上升和局部地层沉降等环境问题。大地测量学作为地球科学研究的重要手段,以延续人类生存、增进人类福祉为己任,在地表形变监测领域发挥着越来越重要的作用(宁津生,1997;孙和平等,2017;姚宜斌等,2020)。尽管地质灾害的发生给人类发展带来深重灾难,但也为窥视地球内部、探索自然规律提供了重要窗口(王琪等,2020)。因此,通过地表形变监测来研究地球地质灾害的孕育发生过程和物理机制,具有重要的科学意义和实用价值。

　　地表形变是地球自然表面质点在时域和空域内的运动和变化,不仅有人类活动产生的地表形变,也有地球内部构造活动所产生的地壳形变。地壳形变根据其成因可分为地震断层活动(包括同震、震后以及震间的地壳断层运动)、火山活动(隆起或者下沉)、地面塌陷(地下水抽取、能源开采、核爆试验等)、山体滑坡、冰川流动等。掌握这些地表形变信息并进行机理研究,能为灾害评估和防治提供重要的参考依据。长期以来,大地测量和地球物理学者一直致力于地表形变的监测方法和技术,以及地表形变的机理研究。利用传统的大地测量观测,如精密水准、三角大地控制网、重力基准网等,在早期的断层活动、大震震源、火山活动、城市沉降等研究中都有积极的探索和应用(如陈运泰等,1979;刘若新,李霓,2005;周硕愚等,2017)。由于地表形变具有连续性、长期性、区域性和复杂性等特点,传统大地测量观测作业周期长、人力物力耗费巨大,且观测的时间和空间分辨率低下,限制了其应用潜力。

　　现代大地测量学以星/空载平台为主要特征,其观测精度、空间尺度、时间分辨率和作业周期等都有革命性突破,被认为是监测地表形变最有效的手段(许才军,张朝玉,2009;周硕愚等,2017;姚宜斌等,2020)。以全球导航定位系统(Global Navigation Satellite System,GNSS)和合成孔径雷达干涉测量(Interferometric Synthetic Aperture Radar,InSAR)为代表的现代空间大地测量技术崛起,促进了大地测量学的飞跃,并与各学科广泛交叉融合用于研究现今地表形变的时空演化过程。利用空间大地测量,研究学者对各种不同类型的地表形变进行了大量研究:与人类活动相关的采矿(Gourmelen et al.,2007;

Samsonov et al.，2013）、地下水抽取（Bawden et al.，2001；Samsonov et al.，2010，2011；González，Fernández，2011）、大质量物质加载/卸载（Samsonov et al.，2013）、核爆试验（Wang et al.，2018）、地热能开采（Sabrian et al.，2021）等；与自然因素相关的地震和断层位移（Beavan et al.，2010，2011；Wen et al.，2013）、火山热流动和压力源（Samsonov，d'Oreye，2012）、沉积物固结（Mazzotti et al.，2009）、冻土解冻（Short et al.，2011；Chen et al.，2012）和冰川活动（Gourmelen et al.，2011）等。虽然 GNSS 作为重要的高精度三维地表形变测量手段被广泛应用于构造活动、地球动力学、空间环境灾害等方面研究，但实践中 GNSS 布网站点的空间分辨率仍显不足，且在极端区域存在建站困难。InSAR 作为另一种重要的空间大地测量技术，具有全天候、大面积、连续、高精度、高空间分辨率获取地表形变的巨大优势，且不需要地面控制点，不仅改进了传统大地测量的不足，也有效弥补了 GNSS 局限于离散点监测的不足，自诞生之日起便激发了人们探索这一领域的热情，并为此开展了广泛的研究及应用（许才军等，2006）。

InSAR 技术在形变观测上的颠覆性变革，促进了基于遥感影像进行地面高程和地表运动信息提取技术的迅猛发展，从而形成了大地测量学的一个重要新兴分支——影像大地测量学，用于统称基于遥感影像的地表形变信息监测技术（图 1.1）。通过 30 余年的发展，影像大地测量技术蓬勃发展，主要涉及以下两个方面：

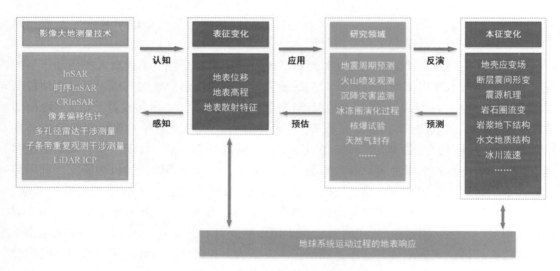

图 1.1　影像大地测量的主要内涵

一是基于卫星遥感影像的各种形变观测新技术的提出。除 InSAR 外，如多孔径雷达干涉测量（Multiple Aperture InSAR，MAI）、子条带重复观测干涉测量（Burst-overlap Interferometry，BOI）、像素偏移追踪（Pixel Offset Tracking，POT）、激光与雷达测距（Light and Radar Ranging，LiDAR）、点云相关（Iterative Closest Point，ICP）等技术被相继提出并应用。在信号源上，分别涉及遥感影像的相位信息（SAR 相位）、幅度信息（SAR 幅度和光学影像）和点云信息（LiDAR）；在观测矢量方向上，包括雷达视线向（Line of Sight，LOS）（如

InSAR、SAR 距离向 POT)、方位向(MAI、BOI、SAR 方位向 POT)、南北向(光学影像 POT)、东西向(光学影像 POT)和直接三维观测分量(LiDAR 点云)。这些技术的提出和发展,丰富了影像的数据源和观测几何,削弱了传统 InSAR 在地物散射特征变化剧烈时导致的失相干影响(如地表破裂带),具有极强的互补性,从而奠定了高空间分辨率高精度三维形变场构建的基础。

二是时序 InSAR 技术的提出。传统差分 InSAR 技术受各种误差源(如仪器噪声、卫星轨道误差、大气延迟、时间空间去相干、外部 DEM 误差等)的影响,其观测精度仅为厘米级,在缓慢形变监测领域受到极大限制。20 世纪 90 年代中后期起,研究学者通过对长时间序列的 SAR 数据进行分析提出了时序 InSAR 技术,观测精度可达到毫米级。经过 20 余年的发展,时序 InSAR 技术已产生众多分支,如相位叠加(Stacking)技术、永久散射点(Persistent Scatterers or Permanent Scatterers, PS)、最小二乘方法(Least Square, LS)、小基线集方法(Small Baseline Subset Algorithm, SBAS)、相干目标方法(Coherence Target/Coherence Point Target, CT)和临时性相干点(Temporal Coherence Point, TCP)InSAR 等。在时序 InSAR 技术研究中,众多大气校正模型和方法被提出并得到成功应用(Li et al., 2019),其中较为成熟的大气模型产品 Generic Atmospheric Correction Online Service for InSAR(GACOS)可用于单幅 InSAR 影像的大气改正(Yu et al., 2018),也促进着 InSAR 观测精度的改善。

影像大地测量观测的数据源十分丰富。图 1.2、图 1.3 列举了国际上常用的星载 SAR/光学卫星传感器及其基本参数。这些遥感卫星累积了大量长时间序列的地表基础观测数据。高空间分辨率、大尺度覆盖的影像大地测量技术,可以在数十至数百千米的范围内,获取地表 1~20 m 分辨率的毫米-厘米级精度水平的形变观测,新一代遥感卫星(星座)的地表重访周期可以缩短至几天甚至一天多次,极大地改善了其他地面观测技术在地表形变监测中的不足。

利用影像大地测量观测,可以快捷地获取地表的位移、高程和散射特征信息,广泛应用于地球系统运行过程的地表响应监测研究。利用大地测量观测的地表形变过程进行机理研究,最早可以追溯到 1910 年,美国学者里德(Reid)利用三角测量资料和野外地质考察结果分析了 1906 年美国旧金山大地震的力学机制,认为该地震是圣安德烈断层上累积弹性应力能释放所造成的结果,从而提出了著名的弹性回跳理论(Elastic Rebound Theory)(Reid, 1910)。20 世纪 90 年代初,随着 InSAR 技术的兴起,研究学者开始基于影像大地测量观测的位错机理研究(Massonnet et al., 1993)。迄今,影像大地测量的研究涉及地震周期、火山喷发、沉降灾害、冰冻圈演化、核爆试验、天然气封存等领域。根据不同的地表形变类型,研究学者建立了众多的物理模型来进行地表形变机理研究,为了解地球的本征变化提供了重要基础,如地壳应变场、断层震间耦合、震源机理、岩石圈流变性质、岩浆活动地下结构、水文地质结构、冰川流速等。这些地球系统的本征变化规律研究和模型建立,对深入了解地质灾害形成背后的自然规律,以及为相应的地质灾害预防与预测提供了科学依据。

迄今,国内外从事影像大地测量研究与应用的研究单位和人员数不胜数,已发表的科

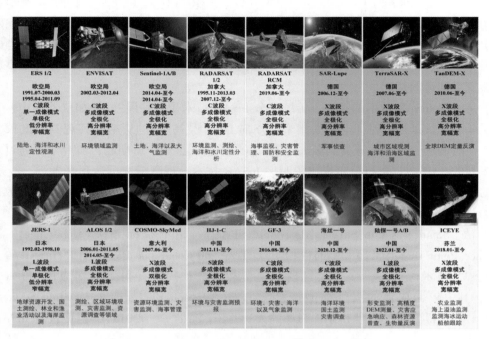

图 1.2　国际上常用的星载 SAR 传感器及其基本参数

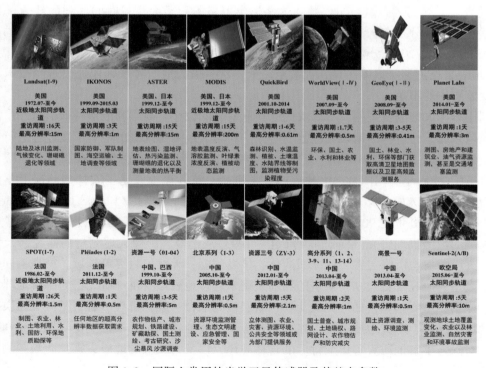

图 1.3　国际上常用的光学卫星传感器及其基本参数

研文献亦如满天繁星，呈几何增长。本书主要包括以下方面内容：InSAR 误差与时序 InSAR 技术，CRInSAR 技术及应用，多源影像大地测量观测的三维形变场构建，同震、震间和震后断层活动，火山、城市地面沉降和湖冰活动等的形变监测与机理研究。本书是在总结国内外相关研究成果和作者多年影像大地测量研究工作的基础上撰写完成的，从影像大地测量的技术研究和地表形变机理探究两个角度，详细阐述了影像大地测量在地表形变监测中的原理与应用，希望对本学科领域的读者有所助益。

第2章　InSAR 与时序 InSAR

雷达(Radio Detection and Ranging, RaDAR)即无线电探测和测距，主要是通过天线将脉冲发生器产生的高功率调频电磁波计时脉冲发射出去，然后利用天线接收目标返回信息来进行成像的一种观测技术。1864年，英国著名物理学家、数学家麦克斯韦在论文《电磁场的动力学理论》中首次提出了电磁波的概念；其后1888年，德国物理学家赫兹通过实验首次证实了电磁波的存在，发现电磁波在传播的过程中遇到金属物会被反射回来，即早期雷达工作的原理。利用这一原理，1935年英国著名的物理学家沃特森·瓦特制造了世界上第一台用于飞机探测的雷达。

雷达作为一种主动成像技术(区别于被动成像，如红外成像、光学照相)，其可控性、穿透性和全天候工作特性，使得其自诞生之日就受到广泛关注和应用。雷达利用传感器向目标发射电磁波后，再接收从观测目标返回的后向散射波，将它们按时序记录下来，从而获得地表的影像，其中接收回波信息的第一个历元来自空间距离最近的目标物。雷达的工作波长范围通常为 1 mm~100 m，其中 1 mm~1 m 的波长范围称为微波波段。成像分辨率是衡量雷达性能的重要指标，描述在各种各样的环境下将两个或两个以上的物体区别开来的能力。真实孔径雷达(Real Aperture Radar, RAR)的分辨率近似与雷达波长、雷达与目标距离成正比，与天线尺寸成反比。以长 10 m、宽 1 m 的真实孔径雷达天线在 850 km 高度对地面扫视为例，其在运动方向和侧扫方向的分辨率分别为 5 km 和 50 km，在考虑能量损失的情况下这个分辨率会进一步降低。因此，天线的尺寸被认为是影响雷达成像分辨率的最关键因素，导致真实孔径雷达的应用受到极大限制。

20 世纪 50 年代，美国科学家卡尔威利通过对天线接收的与目标相对运动的雷达回波信号进行多普勒处理，发现在不增加雷达尺寸的情况下，可以提高雷达的成像分辨率，即合成孔径雷达(Synthetic Aperture Radar, SAR)的雏形。SAR 作为微波传感器，利用雷达与天线相对运动的多普勒效应，对小尺寸真实天线接收信号的振幅和相位进行叠加，实现了一个大尺寸的虚拟孔径天线单元，使得雷达的探测能力成百上千倍地提升，具有成像清晰、探测能力好、抗干扰强和应用广等特点。迄今，SAR 传感器在多波段、多极化、多视角、分辨率、重访周期、小型化等方面都有极大的进步，成像方式包括条带式(Stripmap)、扫描式(ScanSAR)、聚束式(Spotlight)等，搭载平台也有地基、空基和星基等。

合成孔径雷达干涉测量(Interferometric Synthetic Aperture Radar, InSAR)作为一种新兴的空间大地测量技术，是以 SAR 雷达天线记录到的回波信号为信息源，利用干涉测量技术获取地球表面的三维地形、地表形变和地物特征变化等信息的一种测量技术。由 Rogers

和 Ingalls(1969)于 1969 年提出并应用于金星地表观测，之后 Graham(1974)利用机载双天线生成了首幅 InSAR 地形图，2000 年美国奋进号航天飞机利用 InSAR 干涉测量技术在 11 天内获取了全球表面 80%的精度 6 m、分辨率为 3 弧秒(约 90 m)的地形数据，实现了高精度的全球 DEM 构建。1993 年，Massonnet 等(1993)首次利用 InSAR 技术成功提取了 1992 年美国 Landers 地震(M 7.2)的同震形变场(图 2.1)，被认为是 InSAR 技术发展的重要里程碑，开启了 InSAR 技术广泛用于地表形变场探测的新纪元。

图 2.1　1992 年 Landers 地震的同震形变干涉图(Massonnet et al. , 1993)

相较于地基和空基 SAR 平台而言，星载 SAR 具有轨道稳定、图像覆盖范围广和多次重复测量等优点，是目前用于 InSAR 技术的主要平台(注：本书所有 InSAR 工作介绍都基于重轨星载 SAR 平台)。欧洲空间局(European Space Agency, ESA)、日本、加拿大、德国、意大利、芬兰、中国等不同机构或国家先后成功发射了 ERS-1/2、Envisat、Sentinel-1A/B、JERS-1、ALOS、ALOS-2、Radarsat-1/2、Radarsat-RCM、TerraSAR-X、COSMO Sky-Med、ICEYE、HJ-1C、GF-3、海丝一号、陆探一号 A/B 等 SAR 卫星。这些星载 SAR 卫星平台涉及不同的波段(如 L、S、C、X 等)、极化方式、重访周期、分辨率和成像几何，在性能上相互补充，形成了一个立体式的综合观测网络。

自 1990 年代以来，经过 30 余年的不断发展和应用，InSAR 技术已成为地表形变研究的最重要手段之一。随着海量 SAR 卫星数据的开放获取和数据处理平台的智能化，也让基于 InSAR 的研究应用更为普及和大众化。基于 InSAR 技术发展起来的时序 InSAR 技术，将形变监测的精度提高到了毫米级，使得缓慢地表形变监测得以进行。为了解决 InSAR

干涉困难区域的信号稳定性问题，人工角反射器（Corner Reflector，CR）的概念被提出并形成了 CRInSAR 技术。

本章包含 InSAR 原理、时序 InSAR 原理和 CRInSAR 原理三个方面的内容。

2.1　InSAR 原理

2.1.1　SAR 成像几何与信号特征

目前，星载 SAR 平台多以右视侧扫方式进行地表成像，其成像的空间几何关系如图 2.2 所示。卫星在高度 H 上绕近极地轨道飞行，以（下）视角 θ 向地表发射脉冲信号，并接收地表散射回波信号进行成像。在雷达坐标系下，二维 SAR 图像可以分为方位向和距离向，其中方位向是与卫星飞行方向相平行的方向，而距离向是雷达在地表的扫描方向，与方位向垂直。星载 SAR 工作于相干脉冲模式，其信号以脉冲重复频率（Pulse Repetition Frequency，PRF）发射。星载 SAR 具有大面积、高空间分辨率成像的特点，每幅 SAR 图像由几百、上千万个像素组成。为了避免回波信号的混叠效应，要求成像带宽度必须小于脉冲重复周期（Pulse Repetition Interval，PRI）对应的长度，PRF 必须大于回波方位向多普勒带宽。星载 SAR 成像带宽度一般为几千米（聚束）到几百千米（扫描）范围，分辨率（像素单元）为 1~20 m 范围。星载 SAR 成像带宽度 S（单位：km）与像素单元分辨率 ρ（单位：m）之间存在近似关系：$S \leqslant 10 \times \rho$。以 ERS-1/2 卫星为例，SAR 影像的幅宽为 100 km × 100 km，像素分辨率为 5 m × 20 m（方位向 × 距离向）（图 2.2）。

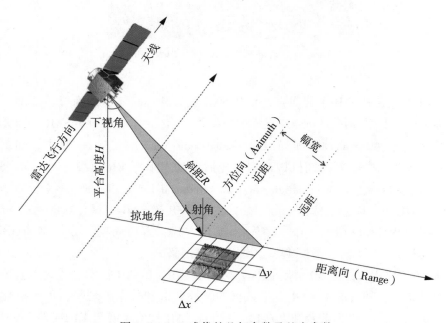

图 2.2　SAR 成像的几何参数及基本参数

在 SAR 影像中，记录的电磁波回波信号包括幅度（强度）和相位两部分（图 2.3）。一般利用复指数函数同时表示幅度和相位这两种不相关的正交信号，即 $u=|u|e^{i\varphi}$。其中 $|u|$ 表示幅度信息，反映地形及地物的雷达波散射特性。当地物对雷达入射波的吸收弱，且雷达入射波方向与回波方向一致时，易形成强的回波信号，在幅度图上表现出亮的灰度信息，如建筑物边角、裸岩、山峰等；相反，地物对雷达波吸收强或回波方向与入射方向差异大时，易导致接收回波信号较弱，在幅度图上表现出暗的灰度信息，如植被、光滑路面、水域等（图 2.3(a)）。利用 SAR 图像的幅度信息，侦察卫星可以进行地物目标的侦测。在 InSAR 处理中，SAR 图像的幅度信息是像对进行精细配准的重要基础。φ 表示相位信息，与雷达波的传播路径有关。由于 SAR 图像记录的雷达回波相位仅为不足整周的相位，单幅 SAR 影像的相位信息没有任何规律性，难以直接获取有效信息（图 2.3(b)）。

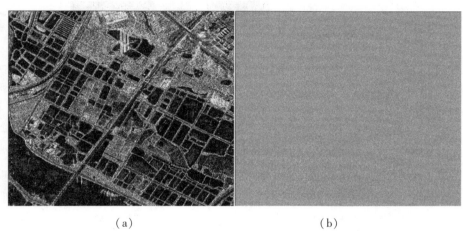

（a）　　　　　　　　　　　　　　　　（b）

图 2.3　SAR 影像的幅度（a）和相位信息（b）示例

影响 SAR 成像特征的主要因素包括成像几何、地物散射性和传感器波段等。掌握 SAR 成像的信号特征，是进行影像正确解译和 InSAR 干涉处理的基础。

1. SAR 成像几何特征

SAR 传感器采用侧扫成像，雷达波射角是在一定范围内变化的，导致 SAR 图像反映的信息与平面视角相比存在扭曲或者变形。雷达波的斜视方向（射角）与地形起伏会产生不同的地形迎角，使得雷达图像出现阴影（Shadow）、前视收缩（Foreshortening）和叠掩（Layover）等现象（图 2.4）。当雷达波束照射在起伏较大的坡面上时，在照射坡面的背后往往存在电磁波不能到达的区域，从而无法接收到相应区域的后向散射信号，在图像中其亮度很低，表现为阴影。当波束到达斜面顶部与到达底部的斜距之差比地距之差（水平距离之差）小时，在影像中斜面的长度将被缩短，在图像中比较亮，即前视收缩。叠掩是透视收缩的进一步发展，即波束到达斜面顶部的斜距比到达底部的斜距更短时，在所显示的影像上目标的顶部与底部是颠倒显示的，即顶部的信号先于底部的信号返回，也称为顶底倒置。

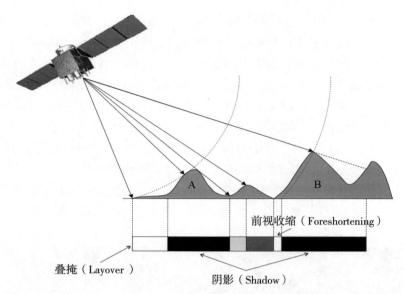

前视收缩（Foreshortening）

叠掩（Layover）

阴影（Shadow）

图 2.4　SAR 影像的几何特征

2. 斑点噪声

斑点噪声是由于接收机在运动过程中连续观测同一地表区域时，具有相同后散射系数的均质区域在 SAR 图像中不具有均匀灰度，呈现出颗粒状起伏现象，称为斑点噪声。由于斑点噪声的影响，降低了图像质量，造成目标识别和图像解译的困扰。目前对斑点噪声的抑制分为两类：成像前的多视处理和成像后的滤波技术。多视处理是以降低空间分辨率为代价来提高信噪比，滤波方法是利用局部信息削弱斑点噪声的影响。

3. 不同波长的成像影响

SAR 成像常用工作波长从大到小有 P、L、S、C、X、K 等。由雷达方程可知，雷达回波强度与入射波波长直接相关。电磁波在穿透大气的过程中，会发生衰减，波长越长，衰减越小。雷达传感器所选择的波长长短，不仅受目标表面粗糙度大小的影响，且对目标的穿透能力是不同的，共同影响雷达回波的强弱。频段越低，穿透能力越强，如 P、L；频段越高，对地物细节的描述能力越强，图像的边缘轮廓越清晰，如 X、K；中间频段能兼顾穿透性和细节描述，综合性能好，如 S、C。例如，在汶川地震中，L 波段的 PALSAR 影像获取了震区的整个形变场，C 波段的 ASAR 影像则无法提取有效信号，主要原因在于长波长的 L 波段穿透植被等地物的能力较强(图 2.5)。

2.1.2　InSAR 基本原理

InSAR 是利用两幅 SAR 影像的相位差，来获取地表地形或者形变信号(图 2.6)。在信号处理时通过对两幅 SAR 影像配准后进行共轭相乘得到干涉相位：

$$u_{\text{int}} = u_1 u_2^* = |u_1||u_2|\mathrm{e}^{\mathrm{j}(\varphi_1 - \varphi_2)} \tag{2.1}$$

其中，干涉相位 φ 可表示为：

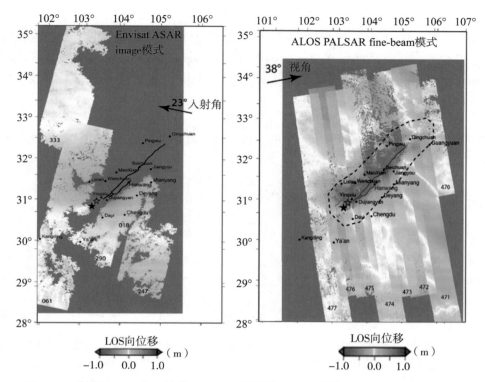

图 2.5　C 波段 ASAR 和 P 波段 PALSAR 的汶川 InSAR 干涉图（Fielding et al.，2013）

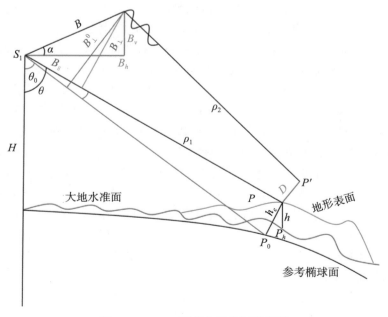

图 2.6　InSAR 原理空间几何示意图

$$\varphi = \varphi_1 - \varphi_2 = -\frac{4\pi\Delta R}{\lambda} \qquad (2.2)$$

其中，λ 为波长，ΔR 为距离差。需要注意的是式（2.2）中导致距离差的干涉相位同时包括有参考相位（reference phase）φ_{ref}，地形相位（topographic phase）φ_{topo}、形变相位（deformation phase）φ_{topo}、大气延迟相位 φ_{atmo_delay} 和热噪声 φ_{noise} 等的贡献。因此干涉相位可以分解为（Hanssen，2001）：

$$\varphi = \varphi_{ref} + \varphi_{topo} + \varphi_{defo} + \varphi_{atmo\_delay} + \varphi_{noise} \qquad (2.3)$$

参考相位 φ_{ref} 是由地球的曲率产生的，可以通过理论模型来去除，从而得到去地平后的平地相位 φ_{flat}：

$$\varphi_{flat} = \varphi - \varphi_{ref} = \varphi_{topo} + \varphi_{defo} + \varphi_{atmo\_delay} + \varphi_{noise} \qquad (2.4)$$

地形相位 φ_{topo} 是地球表面的地形起伏产生的，可以表示为：

$$\varphi_{topo} = -\frac{4\pi}{\lambda}\frac{B_\perp^0}{\rho_1 \sin\theta_0}h \qquad (2.5)$$

其中，$B_\perp^0$ 为视角为 θ_0 时的垂直基线分量，ρ_1 为卫星高，h 为对应点的高程。对式（2.5）进行变换可得：

$$h = -\frac{\lambda}{4\pi}\frac{\rho_1 \sin\theta_0}{B_\perp^0}\varphi_{topo} \qquad (2.6)$$

当地表没有形变产生，且不考虑大气影响时，式（2.4）表示的仅为地形相位。结合式（2.6），即为 InSAR 生成 DEM 的基本原理。式（2.6）中地形相位的系数部分也称为高程模糊度（the height of ambiguity），即一周相位变化（2π）所对应的高程值变化，可用于表示干涉测量对高度变化的敏感度。在卫星高和入射角相对不变的情况下，高程模糊度主要取决于垂直基线的长短，基线越长，其高程观测的敏感性越好，利于 DEM 构建。

在式（2.4）中，若地形相位 φ_{topo} 已知，那么去掉地形相位后，忽略大气误差及噪声相位的影响，就可以得到形变相位 φ_{defo}，即为 InSAR 观测地表形变的原理。在 InSAR 干涉图中减掉地形相位得到形变的过程，也称为差分 InSAR（Differential InSAR，DInSAR）。根据地形相位的去除方式不同，可分为二轨法、三轨法和四轨法。其中，二轨法是利用外部 DEM 数据来模拟去除干涉结果中的地形相位（常用的外部 DEM 有 SRTM，ASTER DEM 等），进而获取形变观测量；三轨、四轨法是利用无形变的干涉像对生成地形相位后，再对有形变的干涉像对进行地形相位去除。考虑到外部 DEM 模拟地形相位的完整性和连续性，二轨法在实际应用中更为普遍。尽管 InSAR 技术能同时获取地形和形变观测，在现在很多应用和文献中为了叙述方便有时并未严格进行区分，在很多时候 InSAR 即指二轨差分 InSAR。本书为简便，如未特别说明，使用 InSAR 即指二轨差分 InSAR。

InSAR 数据处理流程包括以下几个主要步骤：主从影像配准、从影像重采样、干涉图生成、去平地及 DEM 改正、干涉图滤波、相位解缠和地理编码。图 2.7 显示了 InSAR 数据处理过程中的部分图像结果。

2.1.3　InSAR 的误差源

影响 InSAR 观测精度的因素有很多，与雷达系统、电磁波传播路径、成像几何、地

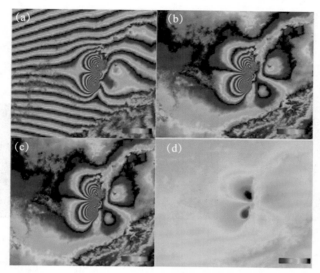

注：以 BAM 地震为例，包括原始干涉图(a)、去地平相位后
(b)、去 DEM 后(c)和解缠结果(d)。

图 2.7 InSAR 干涉图的主要流程(何平，2014)

表散射特性以及 InSAR 数据处理过程等相关，如仪器热噪声、数字化噪声、对流层延迟、电离层影响、成像几何相关的叠掩、阴影造成失相干、地表散射特性引起时间失相干、数据处理过程中配准误差、空间基线误差、去地形相位时的外部 DEM 误差和解缠误差等。这些因素共同影响 InSAR 的相干性和观测精度。失相干性是衡量 InSAR 图像信噪比的常用指标。在 InSAR 误差源中，轨道误差、大气对流层和电离层延迟、DEM 误差和解缠误差(错误)的贡献较大，其认识也较为深入，其他误差因素由于贡献的量级较小且难以建立有效的误差分析模型，在分析中通常忽略或作为白噪声处理。

1. 失相干

失相干(去相干)是由于雷达系统热噪声、天线视角、地表反射物属性变化与数据处理误差等影响造成相干性减弱的现象。差分干涉图中的失相干性包含有热噪声失相干、基线(几何)失相干、多普勒中心失相干、体散射失相干、时间失相干和数据处理失相干等因素，且具有乘性关系。相干性 γ 作为衡量两幅影像的相似程度和干涉图相位质量的指标，可以利用两幅复指数影像来进行计算，定义如下(Hanssen，2001)：

$$\gamma = \frac{E\{y_1 y_2^*\}}{\sqrt{E\{|y_1|^2\} E\{|y_2|^2\}}}, \ 0 \leqslant \gamma \leqslant 1 \qquad (2.7)$$

其中，y_1，y_2 为零均值的复高斯随机变量。

在 InSAR 解缠处理过程中，一般将相干性作为解缠区域选取的阈值。相干性越高，干涉相位质量越好，干涉相位误差越小。影像相干性强弱跟地物特征、时空变化、仪器系统直接相关，但对影像进行多视处理，可以一定程度上以牺牲分辨率为代价来改善相干性。研究发现，当多视数增加时，相干性反映的地物边缘特征会增强，当多视数足够大时这种增强会近似不变(图 2.8)。尽管对影像进行多视处理要牺牲一定的分辨率，但适当提高多视数，有利于提高 InSAR 的信噪比。

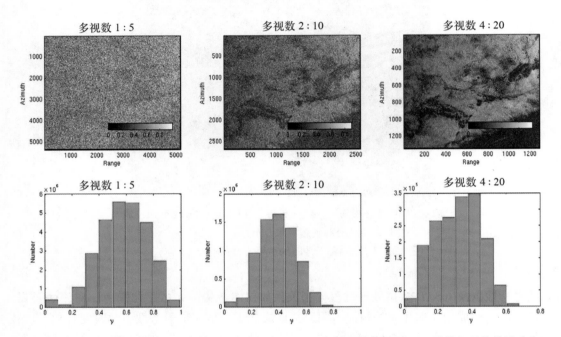

注：以 Envisat 影像为例，在多视数 1∶5，2∶10，4∶20 条件下的相干图(上)及其相干值统计直方图(下)。

图 2.8　不同多视数对相干性的影响

2. 大气误差

由于电磁信号在大气层传播过程中，受到大气层的影响导致信号延迟和传播路径弯曲，从而导致干涉相位的延迟。InSAR 大气误差源可分为对流层延迟和电离层延迟。由于大气误差影响在量级和范围上的随机性和不稳定性，使得很难采用解析方法来直接估计它们的大小，因此大气误差很难被准确地估计出来或者剔除干净。

研究表明对流层中单次微波信号传播所造成的延迟在干洁空气和水汽中分别为约 2.5 m 和 0.19 m(魏子卿，葛茂荣，1998)。对 InSAR 而言，干涉图由两幅 SAR 图像作差获取，对流层延迟对干涉相位的影响是两个时段的对流层延迟影响之差。假设在两次成像时刻的延迟影响分别为 δ_{atmo1} 和 δ_{atmo2}，则对流层延迟影响 φ_{atmo_delay} 为：

$$\varphi_{atmo\_delay} = \frac{4\pi}{\lambda}(\delta_{atmo1} - \delta_{atmo2}) \qquad (2.8)$$

由式(2.8)可知，若两次大气影响一致的话，则对干涉相位的影响可互相抵消，对干涉相位无误差影响；若单次成像期间的大气变化仅在垂直向分层(水平向变化均匀)，则会在干涉图中形成一个整体性偏移，在 InSAR 这种相对测量中大气偏移可以很好地去除。但是由于大气效应的非均匀性，大气延迟影响一直无法直接消除(Hanssen，2001)。大气误差项是干涉相位的主要影响部分(Goldstein，1995；Zebker et al.，1997)，对单幅 InSAR 干涉图而言，在空间和时间上大气相对湿度 20% 的变化可以导致 10~14 cm 的形变测量误差，一般情况下也有 2~3 cm 的影响(图 2.9)。

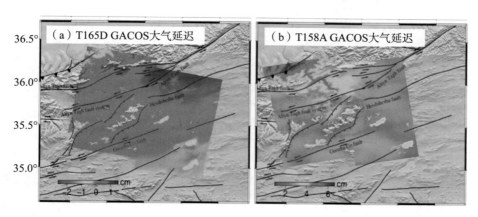

（a）Sentinel-1 降轨干涉像对　　　　（b）Sentinel-1 升轨干涉像对

图 2.9　基于 GACOS 的对流层延迟模拟

尽管难以用一种确切的方式来表征对流层延迟湍流特性，但其统计特征一般可用协方差函数来描述(图 2.10)。利用理论协方差模型的拟合参数，可估计干涉图的大气误差大小(González et al.，2011)。在干涉图的大气延迟估计中，常用影像部分区域的协方差拟合函数得到一个方差来评估整幅影像的精度。理论上可利用移动窗口，将整幅影像的每个像素作为原点来进行大气延迟误差估计(依赖于计算机的效率)。

目前对于 InSAR 处理中的大气延迟误差校正方法主要有：地形相关大气模型估计、采用外部数据集和 InSAR 新技术来进行削弱或消除。地形相关大气模型在地形梯度变化区域有成功的应用，但仍不具有代表性(Elliott et al.，2008)。GNSS、MODIS/MERIS、PWV 等外部数据都有用于大气误差改正的研究(Li et al.，2005，2006)。由于外部数据一般与 InSAR 数据在时空尺度上不一致，在应用时要进行内插或拟合等处理，且存在数据来源的高不确定性等问题，目前仍然无法进行标准化应用。利用全球大气模型同化数据的 GACOS 模型，在对 InSAR 大气延迟的改正上适应性表现较好，被广泛应用。InSAR 新技术主要是利用时序 InSAR 技术，基于大气误差的时间高不相关、空间上低相关的特征建立统计模型来进行削弱，是现今大气误差去除研究的热点。

电离层指数的水平梯度空间分布在 SAR 图像尺度上(约 100 km)是相对均匀的(Bürgmann et al.，2000)，对短波长 SAR(例如 X、C 波段)影像可以不考虑其影响。对于赤道附近和极地地区，电离层具有显著的影响，同时对长波长 SAR(例如 L、P 波段)影像，电离层影响也是显著的(Meyer et al.，2006)。值得注意的是，在特定大地震发生过程

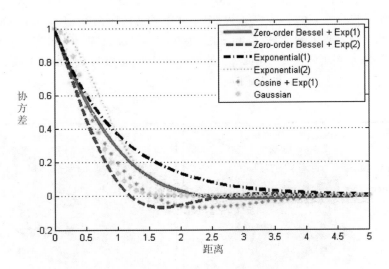

图 2.10　理论协方差模型(Isaaks，Srivastava，1989)

中，有时也会出现电离层活动异常扰动。图 2.11 中显示了汶川地震时 L 波段监测的干涉图中存在明显的电离层延迟影响。对于 InSAR 干涉像对的电离层延迟影响，目前主要利用的改正方法有：(1)电离层模型；(2)方位向偏移量/多孔径干涉方法；(3)子带干涉方法；(4)法拉第效应估计与去除。

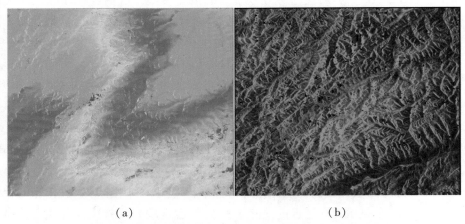

（a）　　　　　　　　　　　　　　　　（b）

图 2.11　受电离层延迟影响的干涉图(a)及其方位向偏移量(b)

3. 轨道误差

InSAR 是一种相对测量技术，使得其与其他空间大地测量方法的轨道误差有所不同。InSAR 轨道误差，是指像对的空间基线误差。轨道误差在 InSAR 处理中，主要会造成参考相位(式(2.9))、高程模拟相位(式(2.10))和地形模拟相位(式(2.11))的影响：

$$\sigma_{\varphi_{\text{ref}}} = \frac{4\pi}{\lambda} \sigma_{B_\parallel} \tag{2.9}$$

$$\sigma_h = \frac{\lambda}{4\pi} \frac{\rho_1 \sin \theta_0 \, \varphi_{\text{topo}}}{(B_\perp^0)^2} \sigma_{B_\perp} = H^0 \frac{\sigma_{B_\perp}}{B_\perp^0} \tag{2.10}$$

$$\sigma_{\varphi_{\text{sim}}} = \frac{4\pi}{\lambda} \frac{h}{\rho_1 \sin \theta_0} \sigma_{B_\perp} \tag{2.11}$$

尽管在实践上无法利用式(2.9)~式(2.11)对轨道误差的影响进行消除,但是根据轨道误差残余条纹在空间上呈近似线性分布的特征,使得轨道误差改正成为可能。基于轨道误差的分布特征,可以采用多项式模型(例如一次、二次多项式)对轨道误差进行拟合,从而消除整个干涉图中的轨道误差(Hanssen, 2001)。图 2.12 为利用一次多项式进行平面拟合去除轨道误差的结果。

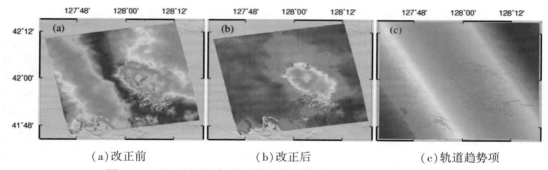

(a)改正前   (b)改正后   (c)轨道趋势项

图 2.12 基于行列坐标多项式拟合的轨道误差改正(何平, 2014)

4. DEM 误差

InSAR 数据处理中的 DEM 误差主要是由于 DEM 精度所引起的,误差的大小跟干涉像对的垂直基线长度成正比:

$$\sigma_{\Delta_\rho} = \frac{B_\perp^0}{\rho_1 \sin \theta_0} \sigma_h \tag{2.12}$$

由式(2.12)可以看出,垂直基线越短,外部 DEM 的误差对地表形变的影响越小。由于该类误差在传统 InSAR 处理中无法有效去除,一般未加考虑。以 Envisat 卫星为例(视角为23°,轨道高度 780 km,垂直基线 200 m),10 m 的 DEM 误差引起的形变误差为 6 mm,是可以忽略的。而在过去十年间,随着卫星数据累积所发展的时序分析技术,将 DEM 误差作为模型未知参数,可以通过大量的影像数据来解算 DEM 误差的影响。

5. 解缠误差

InSAR 干涉图直接获取的是缠绕相位,要得到地表形变需要将缠绕相位恢复得到真实相位,这个过程即相位解缠。相位解缠的前提假设是相邻点间的相位差为 π(相当于相邻点的相对位移为四分之一个波长)范围内,但是 SAR 阴影、叠掩,时空失相干等的影响,导致在解缠过程中存在相位跳变,也称解缠误差或错误。在 InSAR 数据处理中,一般选取高相干性的像素点进行解缠，以避免解缠误差的产生。此外，基于对形变过程在空间上连续的特点或者先验信息进行识别，可以对解缠误差进行整数倍的 2π 相位加减校正。在强震的地表破裂区，由于相邻像素点间的形变梯度较为容易超过 π 从而造成失相干，这类失相干区域常用于识别地表破裂。

综上所述，对单幅干涉图的误差分析与模型校正可概括为图 2.13。单幅 InSAR 干涉图的观测精度一般为厘米级，因此仅在形变量较大的地壳活动(如同震形变、火山喷发)中得到广泛应用。

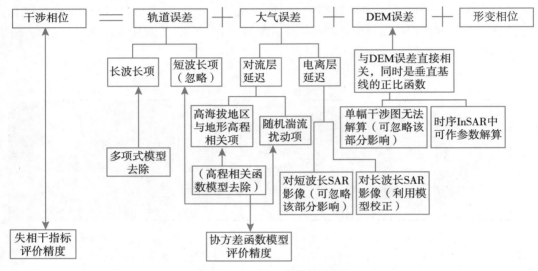

图 2.13　InSAR 误差源分析

2.2　时序 InSAR 原理

时序 InSAR 也称为高级 InSAR，主要是通过对长时间序列的 SAR 数据进行分析处理，降低相干性因素的影响，对干涉相位中的大气、轨道和 DEM 等误差进行统计滤波或者模型参数估计，从而获取毫米级精度形变观测的技术。从 20 世纪 90 年代中后期开始，时序 InSAR 技术历经二十余年的发展，形成了众多分支：Stacking 技术、PSInSAR、最小二乘(LS)、SBAS、CT 和 TCP InSAR 等。

2.2.1　时序 InSAR 分支

1. Stacking 方法

Stacking 方法，也称相位堆叠技术，最早由 Sandwell 和 Price 于 1998 年提出。Stacking 技术的核心思想是假定单幅 InSAR 的大气误差影响是随机的，通过对一系列干涉像对的解缠相位图进行累加再计算平均值，可以削弱随机噪声的影响，从而得到某段时间内高精度的平均形变相位(Sandwell，Sichoix，2000)。

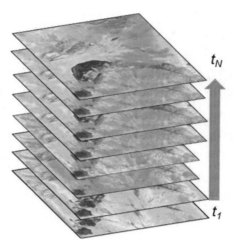

图 2.14　Stacking InSAR 技术示意图

Stacking 技术的数学模型可以表述为(Strozzi et al.，2001)：

$$V_{\mathrm{disp}} = \frac{\lambda \cdot \varphi_{\mathrm{cum}}}{4\pi \cdot t_{\mathrm{cum}}} \tag{2.13}$$

其中，V_{disp} 是平均形变速率、λ 为波长、φ_{cum} 为累积的相位和、t_{cum} 为总的累积时间和，相应的误差传播公式为：

$$\Delta v_{\mathrm{disp}} = \frac{\lambda \cdot \sqrt{n} \cdot E}{4\pi \cdot t_{\mathrm{cum}}} \tag{2.14}$$

其中，E 代表单幅干涉图相位误差，n 为干涉图数量。

由于 Stacking 技术是对 N 幅干涉图的相位累加后再平均提取相应的形变信息，理论上可将大气延迟削弱到原始影像的 $1/\sqrt{N}$。该方法假设形变速率是常数，因此对非线性形变的地区不适用，此外对于 DEM 误差也未加以考虑。

2. 最小二乘时序 InSAR

最小二乘(Least Square，LS)时序 InSAR 是一种较为简单的时序 InSAR 方法，由 Usai 等(1997)提出。长时序的地表形变监测，首要面临的是影像失相干问题。Usai 通过对人工地物的干涉性进行分析，发现一些人工地物如房屋、道路等在干涉图中保持非常高的相干性，并且这种相干性在时间上也是稳定的，受时间去相干影响非常小。在实际应用中，为保持相干性，可选取时空基线较小的像对生成差分干涉图，对其中的高相干点解缠以获取干涉相位。所有影像对中像素的位移都可以表述为时间与速率的函数，对于大气、轨道、DEM 等误差项统一为随机误差项，解像素形变速率就成为一个简单的最小二乘问题。该方法对大气影像相位有一定的消除作用，但是没有对各类误差进行分离，仅相当于整体意义上的平均。与 Stacking 技术不同，最小二乘法时序 InSAR 获取的是各观测历元间的速率，因此不要求整个观测时间段的形变速率是均匀的。

3. PSInSAR

PSInSAR 技术，也称为永久散射体（Permanent Scatterers/Persist Scatterers，PS）InSAR 技术，最早由意大利的 Ferretti 等（1999）提出。他在研究 SAR 图像中目标物的散射特性时发现，人工建筑物（如房屋、桥梁、人工角反射器等）和裸岩这类目标的散射回波在一个像素单元中形成稳定占优的反射波，在较长时间内保持高相干性。在 SAR 图像的分辨单元中，相位信号包含了分辨单元内所有目标的散射信号之和。若分辨单元中存在一个持续占优的信号，这个单元的相位信号将随时间的失相关变化很小，同时随视角和倾角的变化也很小，这就是 PS 点的选取原则。对于没有占优的散射的分辨单元，换句话说就是由于失相关导致的相位变化太大而无法确定信号。PSInSAR 的核心思想是对一系列 InSAR 图像中的 PS 点选取后，再对这些 PS 点进行时间序列分析，从而提取出这些 PS 点的形变量，进而得到整个研究区的地表形变场。

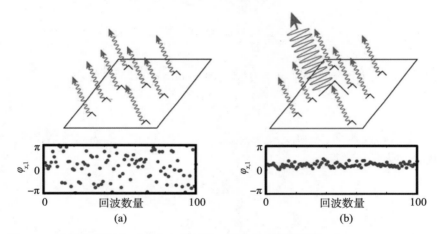

图 2.15　非永久散射体（a）/永久散射体（b）雷达回波示意图（Hooper et al.，2008）

PSInSAR 的数学模型较为复杂（参考 2.2.2 节）。在 PSInSAR 中，将轨道和 DEM 误差作为参数进行估计，基于大气误差在空间低相关、时间上高不相关的特性，利用 PS 点组成弧段进行削弱。由于仅对 PS 点进行时序分析，因此 PSInSAR 技术能降低对时间和空间基线的要求。在 PSInSAR 技术中，PS 点的选择非常重要，主要有幅度或相位稳定性两类指标。PSInSAR 技术的应用区域，要求有较多的天然散射体（如城市和岩石出露较多的丘陵地带），同时要求选取的 PS 点满足一定的密度（$3 \sim 4$ 个/km^2）。PSInSAR 降低了失相干性对 InSAR 影像的影响，且能够估计大气、轨道和 DEM 等误差因素的影响。

4. 短基线集法（Small BAseline subset InSAR，SBAS）

SBAS 方法，也称为短/小基线集法，最先由 Berardino 等（2001）和 Lanari 等（2004）提出（数学模型参考 2.2.2 节）。SBAS 方法是在 LS 方法基础上的扩展。SBAS 方法将所有的 SAR 数据组成若干个集合，集合内的基线距较小，集合间的 SAR 图像基线大，就是扩大的基线集。对子基线集之间的组合利用矩阵的奇异值分解（Sigular Value Decomposition，SVD）方法求出未知参数在最小范数意义上的解，最后利用时间和空间滤波估计出非线性形变和大气相位成分。SBAS 方法的重点在于增加了对时空基线的限制，数据之间的约束性较强，降低了失相关和地形误差的影响，同时在数学模型中增加了对大气、DEM 等误差的参数估计，解算精度较 LS 方法更高。

5. 相干点目标方法（Coherence Target，CT）

相干点目标（CT）方法首次由 Mora 等（2001）提出，是基于高相干点的时序形变分析方法。高相干点是对 PS 点的扩大，包括永久散射点和时间上散射性稳定高的区域，目的在于结合 PS 和 SBAS 方法的优点，后续处理类似于 SBAS 方法。相干点目标方法对基线距的限制较 SBAS 方法弱一些，有利于增加可用干涉图的数量。

6. 临时相干点方法（Temporal Coherence Point，TCP）

TCP 方法由 Zhang 等（2011）提出，他们在对城市化过程分析时发现，一些人工建筑的变化（新建或拆除）会导致该类像素点无法在整个研究时段保证其高相干性，利用以往的时序分析方法会大大减少可用的相干点，不利于参数估计。基于这一思想，TCP 方法在 SBAS 技术的基础上，对时序分析中像素点的选取不要求其在整个时间段内都保持相干性，只需在某一时间段内保持相干性即可（大大增加了可用于参数估计的相干点），最后对 TCP 像素点集组成局部三角网进行参数估计（图 2.16）。TCP 方法发展了相位模糊度探测技术以去除三角网中有相位模糊度的弧段，无须进行相位解缠。

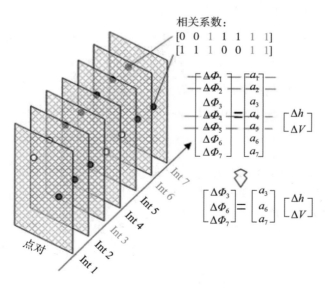

图 2.16 TCP 方法原理示意（Zhang et al.，2011）

2.2.2 时序 InSAR 数学模型

从测量数据处理分析的角度，一个完整的数学模型包括函数模型和随机模型，其主要

21

作用是依据函数模型中给出的观测值与未知量之间的函数关系，顾及观测量的先验方差和协方差，确定观测值的协因数阵或权阵，进行一定规则下的最优值估计和精度评估。本节以单主影像(PSInSAR)和多主影像(TCP)时序 InSAR 为例，建立其完整的数学模型，并就其解算过程进行模拟验证。

1. 单主影像时序 InSAR 的误差模型

假设有 $N+1$ 幅 SAR 影像，一个参考 DEM 和精确的轨道数据，基于同一幅主影像可以获取到 N 幅差分干涉图。对于在干涉图序号为 i、时间基线为 t_i 中的一个永久散射候选点 PSC(x)，其差分相位：

$$\Phi(x, t_i) = W\{\varphi_{\text{topo}}(x, t_i) + \varphi_{\text{defo}}(x, t_i) + \varphi_{\text{atmo}}(x, t_i) + \varphi_{\text{noise}}(x, t_i)\}$$
$$i = 1, \cdots, N \tag{2.15}$$

其中，$W\{\cdot\}$ 代表缠绕算子，$\varphi_{\text{topo}}(x, t_i)$ 是由 DEM 误差引起的相位，$\varphi_{\text{defo}}(x, t_i)$ 是由点位移引起的相位，$\varphi_{\text{atmo}}(x, t_i)$ 是大气延迟产生的相位，$\varphi_{\text{noise}}(x, t_i)$ 是失相干噪声。

地形相位是垂直基线的线性函数，即

$$\varphi_{\text{topo}}(x, t_i) = \beta(x, t_i) \cdot \Delta h_x \tag{2.16}$$

其中，$\beta(x, t_i)$ 为高程相位转化因子，Δh_x 为点 DEM 误差。形变相位可以分为两个部分，即

$$\varphi_{\text{defo}}(x, t_i) = \frac{4\pi}{\lambda} \cdot v(x) \cdot t_i + \varphi_{NL}(x, t_i) \tag{2.17}$$

其中，$v(x)$ 为目标 x 的平均形变速率，λ 为雷达信号的波长，并且 $\varphi_{NL}(x, t_i)$ 是由非线性位移产生的相位分量。点 x 的干涉相位最后表示如下：

$$\Phi(x, t_i) = W\left\{\beta(x, t_i) \cdot \Delta h_x + \frac{4\pi}{\lambda} \cdot v(x) \cdot t_i + \omega(x, t_i)\right\}$$
$$i = 1, \cdots, N \tag{2.18}$$

其中，$\omega(x, t_i)$ 是大气延迟、噪声和非线性位移三部分相位之和。

假设有相邻的两个 PSC 点 x 和 y，这两个点的相位差可以表示如下：

$$\Delta\Phi(x, y, t_i) = W\left\{\beta(x, t_i) \cdot \Delta h_{x,y} + \frac{4\pi}{\lambda} \cdot \Delta v(x, y) \cdot t_i + \Delta\omega_i\right\} \tag{2.19}$$

其中，$\Delta h_{x,y}$ 是两个点的 DEM 误差之差，$\Delta v(x, y)$ 是速率之差，$\Delta\omega_i$ 为残差相位之差(假定非常小)，因此所有的分量(即大气信号差、非线性形变和随机噪声)都非常小。

在 PSInSAR 技术中，像对点的参数估计是基于缠绕观测相位的解空间搜索确定的，要求满足：

$$|\Delta\omega_i| < \pi \tag{2.20}$$

像对点的复数整体相干性绝对值可以表示为：

$$\hat{\gamma}_{x,y} = \left|\frac{1}{N}\sum_{i=1}^{N} e^{j\Delta\omega_s}\right| \tag{2.21}$$

该值常被用作一个可靠性测度指标(Ferretti et al., 2000)。相干性绝对值的范围位于[0, 1]。相干值越高，则对 DEM 误差和速率的估计越好。需要注意的是，式(2.19)满足条件是基于两个相邻点的大气噪声差分影响很小的假设条件下，相对非线性形变很小，相位噪

声同样很小。在获取所有像对弧段的最大相干性值后，设定一个阈值来去除不可靠的弧段。在实践过程中这个阈值的确定需要在候选点数量和可靠性之间权衡，例如 Ferretti 等（2000）选择了 0.75 作为参考值。基于参考点，同时利用所有候选的 PSC 点对的 DEM 误差和速率差分，则可求解 PSC 点的参数（DEM 误差和平均形变速率）。

在 PSInSAR 技术中，同样可以对大气相位进行估计。在去除弧段中由 DEM 误差和线性速率引起相位分量后，PSC 点的相位残差可以利用加权的最小二乘方法解缠。残差相位包含由大气延迟、非线性位移和随机噪声引起的分量。在大气信号具有时间随机、空间相关的假设条件下，通过空间域低通滤波和时间域高通滤波可以分离出来。

首先计算每个弧段的残差相位平均值，用来估计主影像中的大气相位。因为与主影像相关的大气相位不能通过高通滤波，可以从残差相位中去除。

$$\omega'(x, t_i) = \omega(x, t_i) - \overline{\omega}(x) \qquad (2.22)$$

对去除主影像大气相位的残差相位，首先在时间维上进行高通滤波去除残差相位中可能与时间相关的误差，再在空间维上进行低通滤波来消除随机噪声误差（Kampes，2006）（滤波顺序可以交换），最后可得到在第 i 幅干涉图中的点 (x) 估计的大气相位 $\hat{\varphi}_{\text{atmo}}(x, t_i)$：

$$\hat{\varphi}_{\text{atmo}}(x, t_i) = \left[\left[\omega'(x, t_i) \right]_{\text{HP-time}} \right]_{\text{LP-space}} + \left[\overline{\omega}(x) \right]_{\text{LP-space}} \qquad (2.23)$$

2. 多主影像时序 InSAR 的误差模型

基于多主影像的时序 InSAR 技术，主要是选取数据集中短基线的干涉像对进行干涉，从而估计形变参数。

1）函数模型

假设第 k 景差分干涉图中的 x 像元已经解缠，并且解缠是没有误差的，则该相位可以由相位各组成部分之和表达：

$$\varphi_{x,\text{unw}}^k = \varphi_{x,\text{topo}}^k + \varphi_{x,\text{defo}}^k + \varphi_{x,\text{atm}}^k + \varphi_{x,\text{orb}}^k + \varphi_{x,\varepsilon}^k \qquad (2.24)$$

其中，$\varphi_{x,\text{topo}}^k$ 是差分相位地形残差，$\varphi_{x,\text{defo}}^k$ 是由不同观测时间 (i, j) 段的地表位移所造成的差分相位，$\varphi_{x,\text{atm}}^k$ 是由不同观测时间 (i, j) 的相对大气延迟产生的差分相位，$\varphi_{x,\text{orb}}^k$ 是由卫星轨道误差贡献的相位，$\varphi_{x,\varepsilon}^k$ 是由数据处理过程、失相干等产生的其他误差。

由式（2.24）中的数学模型可以看出，有 5 个未知参数（$\varphi_{x,\text{topo}}^k$，$\varphi_{x,\text{defo}}^k$，$\varphi_{x,\text{atm}}^i$，$\varphi_{x,\text{atm}}^j$，$\varphi_{x,\text{orb}}^k$），而观测值只有 1 个，这是一个秩亏问题，不能直接求解。对于干涉图中的大气成分和轨道项，可以在数据预处理过程中进行去除，其他残余部分则可包含到随机模型中，则式（2.24）中观测到的差分相位只与地形形变和地形残差两个未知参数相关，对于地形形变：

$$\varphi_{x,\text{defo}}^k = -\frac{4\pi}{\lambda} \cdot (u_{x,\text{los}}^j - u_{x,\text{los}}^i) = -\frac{4\pi}{\lambda} \cdot \Delta u_{x,\text{los}}^k \qquad (2.25)$$

其中，$\Delta u_{x,\text{los}}^k$ 是干涉图 k 中在两次观测时间 (i, j) 间沿视线方向上的位移。对于地形残差：

$$\varphi_{x,\text{topo}}^k = -\frac{4\pi}{\lambda} \left(\frac{B_{\perp,x}^k}{R_x^i \sin \theta_x^i} \right) \cdot \Delta h_x \qquad (2.26)$$

其中，$B_{\perp,x}^k$ 是垂直基线，R_x^i 是天线位置与像元 x 间的倾斜角，θ_x^i 是入射角。与随着时间会发生变化的地形形变不同的是，只要在差分干涉处理过程中使用的是相同的 DEM，则每个像元的地形残差 Δh_x 是不变的。

对研究区域按照时间顺序 $t = [t_0, t_1, t_n]$ 获得了 $n+1$ 景 SAR 图像，这些图像组合可以得到 k 景干涉图。假设每一景差分干涉图的解缠相位（$\varphi^k_{x,\,\mathrm{unw}}$，$k = 1, 2, \cdots, K$）都相对于一具有稳定形变的像元（$x_0$），并且对于所有像元，第一个观测历元的形变相位都为 0（$\varphi^{t_0}_{x,\,\mathrm{unw}} = 0$，$\forall x$）。$K$ 个观测值 $\varphi^k_{x,\,\mathrm{unw}}$ 与 $n+1$ 个未知参数（x）相关，故对每一个像元可以有以下线性模型：

$$Ax = \varphi \tag{2.27}$$

其中，φ 是维度为 K 的观测值矢量，A 是维度为 $K \times N+1$ 的设计矩阵，x 是未知参数矢量，包含 N 个历元的变形量与地形残差。以干涉像对先得到的 SAR 图像作为主图像，有 $\varphi^k_{x,\,\mathrm{unw}} = \varphi^{t_j}_x - \varphi^{t_i}_x (t_j > t_i)$，所以矩阵 A 的每一行（对于可用的干涉图 k 而言）在观测到主图像的历元（t_i）处值为 -1，辅图像相应历元处值为 1（t_j），其他历元处均设置为 0，最后一列为附加的地形残差参数，从而有：

$$A = -\frac{4\pi}{\lambda} \begin{vmatrix} -1 & 1 & 0 & 0 & 0 & \cdots & \left| \dfrac{B^{t_1}_{\perp,\,x}}{R^i_x \sin\theta^i_x} \right. \\ 0 & -1 & 1 & 0 & 0 & \cdots & \left| \dfrac{B^{t_2}_{\perp,\,x}}{R^i_x \sin\theta^i_x} \right. \\ 0 & 0 & -1 & 1 & 0 & \cdots & \left| \dfrac{B^{t_3}_{\perp,\,x}}{R^i_x \sin\theta^i_x} \right. \\ 0 & 0 & 0 & -1 & 1 & \cdots & \left| \dfrac{B^{t_s}_{\perp,\,x}}{R^i_x \sin\theta^i_x} \right. \\ \vdots & & & & & \cdots & \left| \vdots \right. \\ \cdots & & \cdots & & & \cdots & \left| \dfrac{B^{t_x}_{\perp,\,x}}{R^i_x \sin\theta^i_x} \right. \end{vmatrix} \tag{2.28}$$

如果观测值含有误差，则模型可简化为：

$$Ax - \varphi = v \tag{2.29}$$

其中，v 为长度为 K 的残差向量。在随后的最小二乘处理中，假设误差是正态分布的，即 $E\{v\} = 0$。如果使用了所有的 SAR 图像来生成互相干的干涉图，那么矩阵 A 的秩 $A \geqslant N+1$，因此该方程是可解的。

2）误差模型

对于 InSAR 观测值与待求参数的关系，根据 Gauss-Markoff 模型（Hanssen，2001）表示如下：

$$\underset{m \times 1}{E\{\varphi\}} = \underset{m \times n}{A}\,\underset{n \times 1}{X} \tag{2.30}$$

$$\underset{m \times m}{D\{\varphi\}} = \underset{m \times m}{C_\varphi} = \underset{1 \times 1}{\sigma^2}\underset{m \times m}{Q_\varphi} \tag{2.31}$$

其中，φ 表示干涉相位观测值，$\boldsymbol{A}$ 是设计矩阵，$\boldsymbol{C}_\varphi$ 是方差协方差阵，$\boldsymbol{Q}_\varphi$ 是协因数阵，σ^2 是单位权先验方差因子（$\sigma_0^2 = 1$）。

根据 InSAR 相位 φ 的组成部分，其函数模型可以写为：

$$E\{\varphi\} = \varphi_{\text{topo}} + \varphi_{\text{defo}} = \beta \cdot \Delta h + \frac{4\pi}{\lambda} \cdot v \cdot t + \varepsilon \tag{2.32}$$

其中，φ_{topo} 是 DEM 高程误差导致的相位变化，可以表示为转换系数 β 和高程误差 Δh 的乘积；φ_{defo} 是形变相位，可以表示为速率 v 和时间 t 的乘积；λ 为 SAR 传感器波长；ε 表示随机噪声，$E\{\varepsilon\} = 0$；待估参数为 Δh 和 v。

由于干涉图是基于 SAR 影像的组合，对干涉图的误差研究可以从 SLC 影像的基础上进行分析。假设在第 k 幅 SLC 影像中，原始相位观测量（在 H 点处）的矢量为

$$\boldsymbol{\varphi}^k = \begin{bmatrix} \varphi_1^k \\ \varphi_2^k \\ \vdots \\ \varphi_H^k \end{bmatrix} \tag{2.33}$$

其中，$k = 0, \cdots, K$，φ 为 SAR 影像的原始观测相位。相位观测值的方差为（Kampes, 2006）：

$$
\begin{aligned}
\boldsymbol{D}\{\varphi^k\} &= \boldsymbol{Q}_{\text{slc}^k} \\
&= \boldsymbol{Q}_{\text{noise}^k} + \boldsymbol{Q}_{\text{atmo}^k} \\
&= \begin{bmatrix} \sigma_{\text{noise}_1^k}^2 & & \\ & \ddots & \\ & & \sigma_{\text{noise}_H^k}^2 \end{bmatrix} + \begin{bmatrix} \sigma_{\text{atmo}^k}^2(0) & \sigma_{\text{atmo}^k}(l_{1,2}) & \sigma_{\text{atmo}^k}(l_{1,3}) & \cdots \\ \cdot & \sigma_{\text{atmo}^k}^2(0) & \sigma_{\text{atmo}^k}(l_{2,3}) & \cdots \\ \cdot & \cdot & \ddots & \\ \cdot & \cdot & \cdot & \sigma_{\text{atmo}^k}^2(0) \end{bmatrix}
\end{aligned} \tag{2.34}
$$

其中，$\boldsymbol{Q}_{\text{noise}^k}$ 表示热噪声，$\boldsymbol{Q}_{\text{atmo}^k}$ 为大气的方差协方差阵，$l_{a,b}$（a 和 b 为一幅干涉图中按顺序排列的像素点，分别可取 0，1，2，H）为像素点 a 和 b 的实际空间距离，大气相位特征利用协方差函数描述。

对于所有的 SLC 影像，其相位观测值为 $(K+1)H \times 1$ 矢量：

$$\boldsymbol{\varphi} = \begin{bmatrix} \varphi^0 \\ \varphi^1 \\ \vdots \\ \varphi^K \end{bmatrix} \tag{2.35}$$

可推导 N 幅干涉图的相位：

$$\boldsymbol{\phi} = \boldsymbol{\Lambda}\boldsymbol{\varphi} \tag{2.36}$$

其中，$\boldsymbol{\Lambda}$ 为系数阵。

假定第一个点为参考点，对干涉图中选定的时序数据集与参考点作差，可以得到平差网观测方程为：

$$\psi = \Omega \phi \tag{2.37}$$

其中，Ω 为系数阵。

为了解算方便，在数据处理时对式(2.37)按干涉图顺序排列乘以一个变换矩阵 P，得到观测点顺序排列的矩阵：

$$y = P\psi = P\Omega\Lambda\,\varphi \tag{2.38}$$

根据方差传播定律可得到干涉图中相位差的方差-协方差阵：

$$Q_{\text{ifg}} = (P\Omega\Lambda)\,Q_{\text{slc}}(P\Omega\Lambda)^{\text{T}} = (P\Omega\Lambda)\,Q_{\text{noise}}(P\Omega\Lambda)^{\text{T}} + (P\Omega\Lambda)\,Q_{\text{atmo}}(P\Omega\Lambda)^{\text{T}} \tag{2.39}$$

从而可给出式(2.32)中的待估参数 $\hat{x}$ 的方差-协方差阵(Kampes，2006)：

$$Q_{\hat{x}} = (B^{\text{T}}\,Q_{\text{ifg}}^{-1}B)^{-1} \tag{2.40}$$

参数的最小二乘解为：

$$\hat{x} = Q_{\hat{x}}\,B^{\text{T}}\,Q_{\text{ifg}}^{-1}\,y \tag{2.41}$$

对于单主影像时序 InSAR，以 PSInSAR 技术为例，式(2.36)中的系数阵 Λ 可表示为：

$$\Lambda = \begin{bmatrix} 1 & -1 & & & \\ 1 & & -1 & & \\ \vdots & & & \ddots & \\ 1 & & & & -1 \end{bmatrix}_{(K+1)\times(K+1)} \tag{2.42}$$

将式(2.42)代入式(2.38)，即为其随机模型。

对于多主影像时序 InSAR，假设有 $(K+1)$ 幅 SLC 影像，形成了 N 幅干涉图，其中 $K \leqslant N \leqslant \dfrac{K\cdot(K+1)}{2}$，式(2.36)中的系数阵 Λ 可表示为：

$$\Lambda = \begin{bmatrix} -1 & 1 & 0 & 0 & 0 & \cdots & 0 \\ 0 & -1 & 1 & 0 & 0 & \cdots & 0 \\ 0 & -1 & 0 & 0 & 1 & \cdots & 0 \\ 0 & 0 & -1 & 1 & 0 & \cdots & 0 \\ \vdots & & \ddots & & & \cdots & \\ 0 & 0 & 0 & 0 & -1 & \cdots & 1 \end{bmatrix} \tag{2.43}$$

将式(2.43)代入式(2.38)即为其相应的随机模型。

2.2.3　时序 InSAR 模拟实验

1. 单主影像时序 InSAR 的模拟实验

以 ERS 和 Envisat 卫星参数为基础，模拟不同时空基线分布的 SAR 影像，利用 PSInSAR 方法进行参数估计。模拟数据的时空基线分布如图 2.17（a）所示，形变源以一个没有误差的二维匀速位移场开始。如图 2.17（b）所示，以形变区域大小为 10 km × 10 km、深度为 7.5 km(X: 6.5 km；Y: 6.5 km)、体积变化速率为 -0.25×10^{-3} km^3/a 的 Mogi 点源模型进行模拟。模拟参数的误差利用 Kamples(2006)的 STUN 方法，对每景 SAR 影像加入随机噪声，均值为 15°，标准差为 10°，大气噪声的影响范围为 $-2\sim2$ cm，DEM 误差的范围为 $-10\sim10$ m。随机得到了 1992—2001 年间 31 个历元的降轨 SAR 数据，其中 PS 点数量为 1000 个。

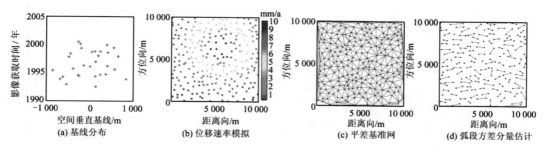

图 2.17 PSInSAR 算法数据模拟(何平等，2016)

选取 1996 年 1 月 17 日的影像为主影像，利用 31 景数据可组成 30 景模拟的干涉图。根据 PSInSAR 方法的原理，对 PS 点组成三解网，选取可靠的弧段进行平差解算，得到估计的 DEM 误差以及形变速率见图 2.18。本案例以等权条件下参数估计为例，获得的 DEM 及速率估计误差均方差分别为 0.3 m、0.16 mm/a。

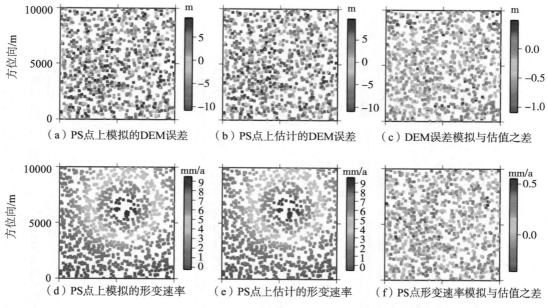

图 2.18 PSInSAR 算法参数估计及其精度 (何平等，2016)

2. 多主影像时序 InSAR 的模拟实验

同上，模拟具有相似时空基线分布的 SAR 影像，利用 TCP 方法进行参数估计。模拟数据的时空基线分布如图 2.19 所示。形变源和参数误差设计同上。随机得到了 1992—2001 年间 30 个历元的降轨 SAR 数据，其中高相干点数量为 1000 个。

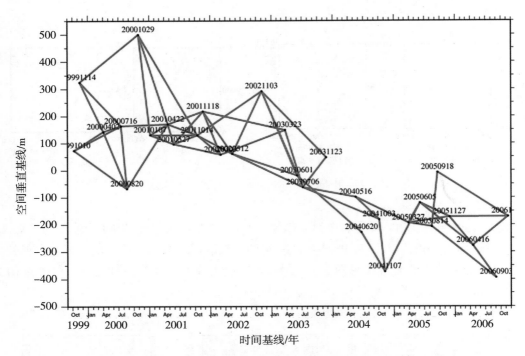

图 2.19　多主影像时序 InSAR 模拟干涉像对时空基线分布(何平等，2016)

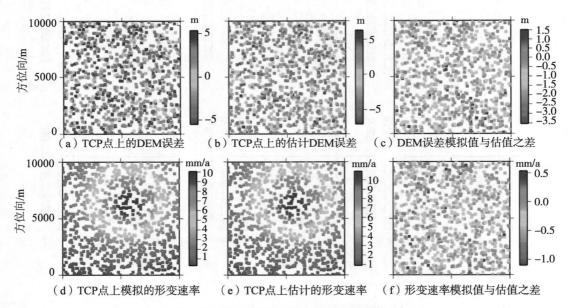

（a）TCP点上的DEM误差　　（b）TCP点上的估计DEM误差　　（c）DEM误差模拟值与估值之差

（d）TCP点上模拟的形变速率　　（e）TCP点上估计的形变速率　　（f）形变速率模拟值与估值之差

图 2.20　TCP 算法参数估计及其精度(何平等，2016)

　　利用 30 景数据形变干涉像对，选取垂直基线 200 m 的短基线像对，共获得 58 景模拟的干涉图。根据 TCP 方法，对高相干点组成三解网，选取可靠的弧段进行平差解算，得到估计的 DEM 误差以及形变速率见图 2.20。本案例以等权条件下参数估计为例，获取的 DEM 及速率估计误差均方差分别为 0.7 m、0.23 mm/a。

2.3 CRInSAR 原理

在植被覆盖较多或者地物散射特征不稳定的区域，InSAR 技术容易受失相干性的影响，限制了其应用范围。人工角反射器(Corner Reflector，CR)在 SAR 图像中具有强散射性、回波相位稳定的特点，最开始用于对雷达的辐射校正和后向散射系数的定标。基于 CR 有助于克服时空去相干对传统 InSAR 技术应用的影响，Xia 等(2002)利用 CR 点来检测干涉测量结果的可靠性，验证了 InSAR 具有探测地形复杂区域微弱形变的潜力。作为 InSAR 技术的一个重要分支，CRInSAR 近年来得到极大的发展，在低相干区域如大坝、高速公路、复杂地形断层区域等都有布设研究，用于补全 PS 点数量不足。

本节主要阐述 CRInSAR 技术的基本原理，以及 CR 设计和安装。

2.3.1 CRInSAR 技术原理

假如安装了 $M+1$ 个角反射器，选取一个为基准点，然后收集到 $N+1$ 幅 SAR 影像，按照传统的干涉方法，选取其中一幅影像作为主图像，可以形成 N 个干涉对。每幅干涉图中包含了 $M+1$ 个 CR 点相对于某一个主图像的变形相位，可以表示为：

$$\Delta \varphi_i = -2 k_i \pi + \varphi_{\text{topo}}^i + \varphi_{\text{atmo}}^i + \varphi_{\text{defo}}^i + \varphi_{\text{noise}}^i \tag{2.44}$$

其中，$i(i=1, 2, \cdots, N)$ 表示干涉图序号，$\Delta \varphi_i$ 是去平后的干涉相位，k_i 是整周模糊度系数，φ_{topo}^i 是地形相位，φ_{atmo}^i 是大气延迟相位，φ_{defo}^i 是形变相位，φ_{noise}^i 是噪声相位。

若选取其中一个比较稳定的 CR 点作为参考点，则其他的 CR 点相对于参考 CR 点的差分相位可以表示为：

$$\Delta \varphi_{i,j} = -2 k_{i,j} \pi + \Delta \varphi_{\text{topo}}^{i,j} + \Delta \varphi_{\text{atmo}}^{i,j} + \Delta \varphi_{\text{defo}}^{i,j} + \Delta \varphi_{\text{noise}}^{i,j} \tag{2.45}$$

其中，$j(j=1, 2, \cdots, M)$ 表示 CR 点号，$\Delta \varphi_{i,j}$ 是干涉像对 i 中第 j 个 CR 点相对于参考 CR 点的去平干涉相位差，$k_{i,j}$ 是整周模糊度系数差，$\Delta \varphi_{\text{topo}}^{i,j}$ 是相对地形相位差，$\Delta \varphi_{\text{atmo}}^{i,j}$ 是相对大气延迟相位差，$\Delta \varphi_{\text{defo}}^{i,j}$ 是相对变形相位差，$\Delta \varphi_{\text{noise}}^{i,j}$ 是相对噪声相位差。$\Delta \varphi_{\text{topo}}^{i,j} = (4\pi B_i^\perp \Delta h_j)/(\lambda R \sin \theta)$，其中 $B_i^\perp$、λ、R 和 θ 可以由基线和雷达参数信息得到，Δh_j 可以由 GPS 得到；相对大气延迟相位差 $\Delta \varphi_{\text{atmo}}^{i,j}$ 一般难以确定，可以通过外部数据集(如 MERIS、MODIS 和 GNSS 等)进行校正，但是由于受天气和观测条件的限制，难以获取每期可用的外部数据集。根据大气的时空分布特征，一般认为在小范围内(1 km)SAR 图像中大气延迟量近似相等。若在布设的 CR 点间，各 CR 点与参考 CR 点间的距离小于 1 km，则 $\Delta \varphi_{\text{atmo}}^{i,j}$ 近似为零；假设研究区形变为线性的，相对形变相位差 $\Delta \varphi_{\text{defo}}^{i,j} = T_i \cdot V_{i,j}$($T_i$ 是影像时间间隔，$V_{i,j}$ 为相对形变速率)，式(2.45)可以简化为：

$$\Delta \varphi_{i,j} = -2 k_{i,j} \pi + T_i \cdot V_{i,j} + \Delta \varphi_{\text{noise}}^{i,j} \tag{2.46}$$

其中，$\Delta \varphi_{\text{noise}}^{i,j}$ 为服从均值为零的正态分布，$k_{i,j}$ 和 $V_{i,j}$ 是待求参数，由平差原理利用多组观

测值进行平差即可解算。式(2.46)观测方程写成一般式为：

$$y_1 = A_1 a + B_1 b + \varepsilon_1 \tag{2.47}$$

由 CRInSAR 观测模型可知，若干涉像对有 N 个，则对每个待估 CR 点其观测方程是 N 个，待求参数是 $N+1$ 个(N 个整周模糊度和 1 个线性形变速率)，函数模型是秩亏的。为了解决秩亏问题，需要加入独立观测量或引入虚拟观测值。一般可以将研究区的先验信息(如线性速度的方差)作为约束条件建立虚拟观测方程：

$$y_2 = A_2 a + B_2 b + \varepsilon_2 \tag{2.48}$$

联立式(2.47)、式(2.48)可得到新的相位观测方程：

$$y = Aa + Bb + \varepsilon \tag{2.49}$$

根据研究区域的状况和先验的地面信息，估计变形参数的方差大小，从而可以确定式(2.49)中各参数的先验权，相应的随机模型为：

$$Q_y = \begin{bmatrix} Q_{y_1} & 0 \\ 0 & Q_{y_2} \end{bmatrix} \tag{2.50}$$

基于最小二乘原理，解式(2.49)中的未知参数可表示为求解最小化问题：

$$\min_{a,\,b} \| y - Aa - Bb \|_{Q_y}^2, \quad \text{其中 } a \in \mathbf{Z}, \ b \in \mathbf{R} \tag{2.51}$$

式(2.51)的最小化问题可以看作整数最小二乘问题，可利用 LAMBDA 方法(Teunissen，1994)进行相位解缠，进而可以获取 CR 点的形变信息。

2.3.2　CR 设计与安装试验

1. CR 设计

为了能在雷达图像上快速准确地定位所布设的角反射器像元位置，角反射器的形状必须符合一定的规律。目前实际应用中最多的 CR 一共有三类设计：二面角反射器、等腰直角三角形三面角反射器和正方形三面角反射器，材料一般为铝/铝合金。不同形状的角反射器有效散射截面有一定的差异(图 2.21)。

在这些不同类型的角反射器中，等腰直角三角形三面角反射器应用较多。本案例所设计的 CR 如图 2.22 所示。图 2.22 中显示了布设的两个角反射器(边长分别为 1 m 和 1.2 m)，以及它们在 SAR 图像中的识别效果。

在实验中发现，设计的角反射器要保持三个面的垂直，当垂直角误差大于 1°时将造成反射信号减少以致 CR 无法识别；同时也应该保证反射面的平整，无凸凹或刮痕，角反射器整体牢固不容易变形，从而保证雷达波的镜面反射。在设计的角反射器中应有出水孔，及时做到排水清污。对于三面三角的 CR 来说，边长是 1 m 还是 1.2 m 反射差别不大，两者都可以很好地识别出来。一般地面植被背景的散射截面为-5~-10 dBm^2，而 1 m 和 1.2 m 的三角反射器，两者的散射截面分别为 31.26 dBm^2 和 34.42 dBm^2，差别仅为 3.16 dBm^2，但两者使用材料的面积相差较多。综合材料方面的散射效率、设计的稳定性、性价比和托运便利性，在实际监测中采用边长为 1m 的三面三角反射器来进行布设。

2. CR 安装

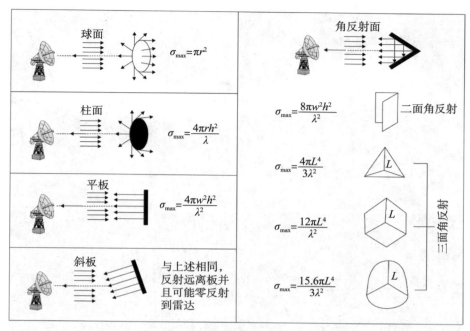

图 2.21   不同形状表面的雷达波反射截面(改自 Center, 1997)

CR 的安装,需要保证雷达波反射方向与入射方向平行,以达到最佳的反射强度。角反射器安装中的主要工作即进行角反射器的倾角和方位角的设定。角反射器仰角的设定由三角反射器的轴线和地面所夹的角度来确定,几何关系见图 2.23。

角反射器方位角由以下公式来确定:

$$\beta = \arcsin \frac{\pm \cos\alpha}{\cos\xi} \tag{2.52}$$

其中,β 为角反射器的方位角,α 为雷达卫星的轨道倾角,ξ 为角反射器所在纬度。在安装过程中可以使用罗盘来确定角反射器的方位角和倾角。

CR 布设中第二步是进行正确的安装。目前的 CR 点安装都是基于固定的水泥标墩,其中水泥墩的制作应考虑当地的土质情况确定合适的入土深度,同时要保证足够的强度而不易损坏。在实际调整角反射器底边方位角的过程中,由于地质罗盘受周边磁场的影响很大,不能接近金属,同时考虑定向的易于操作性,采用非金属细线沿伸角反射器边并辅助罗盘进行定向,减弱金属体对罗盘精度的影响,实验结果表明该方法测定的方位角精度可以满足要求。对于倾角的调整则较为简单,在定向后,通过调整角反射器的支柱高度即可。

安装过程中,要注意考虑安装点的磁偏角,罗盘定位是根据磁感线方向进行(磁北方向),用罗盘测定磁方位角时应远离角反射器减小金属物体的磁效应,注意对应的磁偏角校正;要保证角反射器在野外可以微调(方位角和仰角方向),又要保证其具有相当的稳定性,在大风的时候也不会发生偏转。

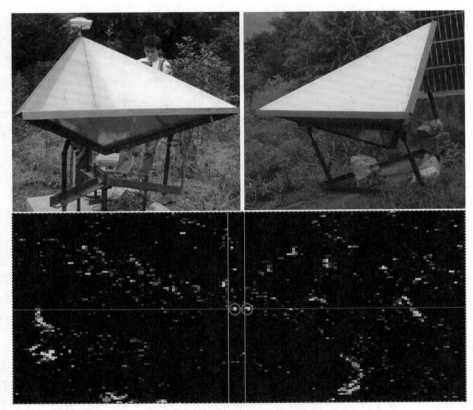

注：左上和右上部分分别为边长 1m 和 1.2m 的角反射器，下半部分红色圆圈内的亮
点分别为两个 CR 点的识别结果，图中叉线为 CR 点识别辅助标线。

图 2.22　九峰实验角反射器及识别

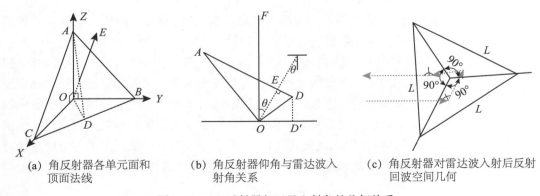

(a) 角反射器各单元面和　　(b) 角反射器仰角与雷达波入　　(c) 角反射器对雷达波入射后反射
　　顶面法线　　　　　　　　　射角关系　　　　　　　　　　回波空间几何

图 2.23　CR 反射器与卫星入射角的几何关系

　　人工角反射器应尽量安置在背景反射特性较弱的地方，远离卫星正对的山包或山脊的
坡面，以便在 SAR 影像中提取其位置；人工角反射器安装时应尽量远离容易产生多路径

效应的物体，一般要远于 100 m；选址的同时应考虑 CR 点的维护和水准的联测。

　　最后，布设过程中还需要根据研究对象选取合适的网形(线状分布，格网分布，对称分布，十字分布)，以便于后续数据处理与分析。

第3章　影像大地测量与三维形变场构建

　　InSAR 技术具有大范围、高空间分辨率、高精度、全天候等巨大优势,被广泛用于地质灾害形变监测各领域。然而 InSAR 技术存在一些本身的局限性:①受去相关影响敏感,需要进行相位解缠获取位移,在变形梯度大的区域易出现信号混叠现象导致干涉失败(如近场同震破裂、火山喷发、钻孔开采的沉陷等);②InSAR 仅提供一维 LOS 观测,不利于表征地表变化细节。为了克服 InSAR 技术的局限性,除时序 InSAR 和 CRInSAR 外,多种基于影像的形变观测技术被提出并成功应用于地表形变监测领域,如像素偏移追踪、多孔径雷达干涉测量、子条带重复观测干涉测量、LiDAR 点云相关等,涉及的数据源不仅有 SAR,还扩大到光学影像和 LiDAR 点云等。

　　考虑到这些技术都是基于遥感影像进行地面高程和地壳运动信息提取的共同特征,近年来研究学者提出了影像大地测量这一概念,用于统称这类技术,并作为现代大地测量学的一个重要分支。高分辨率、大范围覆盖的先进遥感影像大地测量技术,可以在数十至数百千米的范围内,获取地表 1~20 m 分辨率毫米—厘米级精度水平的形变观测。搭载在天基和空中平台上的先进影像大地测量系统可以轻松地实现对全球任何区域的数据收集,而不需要人类进入。相比之下,地面测量往往会受到地区路网和电信系统中断导致的极大阻碍(Yamazaki, Liu, 2016; Scott et al., 2018)。影像大地测量在 21 世纪获得蓬勃发展,广泛应用于地球科学的各个方面,为确定地质灾害(特别是同震破裂)形成的地面位移提供了许多可选择的方法。这些技术在观测能力上有极强的互补性,综合不同的影像大地测量观测为获取地表三维形变场提供了重要机会(图 3.1)。

　　本章包含三个方面:①除 InSAR 技术分支外,影像大地测量还包括像素偏移估计、多孔径雷达干涉测量、子条带重复观测干涉测量和 LiDAR 点云测量等技术;②影像大地测量三维形变场构建的原理方法;③影像大地测量三维形变场研究案例:2017 年伊朗 Mw 7.3 级地震同震三维形变场、2016 年熊本地震高精度全覆盖近场三维位移场构建以及基于应变约束的熊本三维形变场。

3.1　影像大地测量技术分支

3.1.1　像素偏移追踪(Pixel Offset Tracking, POT)

　　Michel 等(1999)在 1992 年的 Landers 地震中,提出利用地震前后两颗卫星图像的偏移来获取地面同震位移,从而开启了影像偏移估计应用于地表形变的先例。偏移反映了地

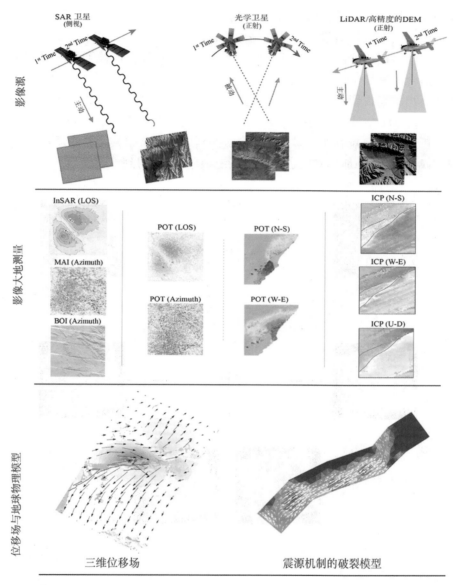

注：第一行显示了三种不同卫星平台及其图像，即 SAR、光学和 LiDAR，其中
SAR 图像包含相位（左）和振幅（右）信息。第二行显示了不同影像大地测量技术
及其相应的位移矢量，包含 SAR 图像的相位信息和振幅信息、光学影像的幅度
信息和 LiDAR 点云。第三行显示了利用多源影像大地测量观测融合获取三维位移
场和地球物理模型反演。

图 3.1　现今影像大地测量观测与三维形变场构建、模型解释概念图

面某一点在两幅图像中的位置差异，对于不同时间、不同传感器或不同视角获取的两张或
两张以上影像，可以采用一系列方法来估计偏移量，如特征跟踪、模式识别和子像素偏移

估计(Brown，1992)。大地震的同震位移一般大于几十厘米，除了在靠近地表断层破裂位置，形变的梯度变化通常低于 0.1%。考虑到遥感卫星影像的分辨率大于几米，需要用子像素偏移估计方法来估计偏移量，这就是像素偏移追踪(POT)。进行 POT 处理分析有幅度追踪和相干性追踪两种途径。用相干性追踪进行偏移估计，依赖于两幅图像有足够高的相干性，不适合大梯度位移；幅度追踪基于幅度互相关算法，主要利用两幅图像之间相同幅度特征的互相关来估计不同方向上的偏移量。以基于幅度追踪方法的 COSI-Corr 软件包为例(图 3.2)，POT 估计主要包括：①对同一区域前后两幅遥感影像进行正射投影校正；②对正射校正后的图像幅值进行傅里叶变换，并利用标准谱相关计算像素间的偏移量；③进行相应的误差校正(如地形和轨道偏移、系统误差等)，得到地表变形。

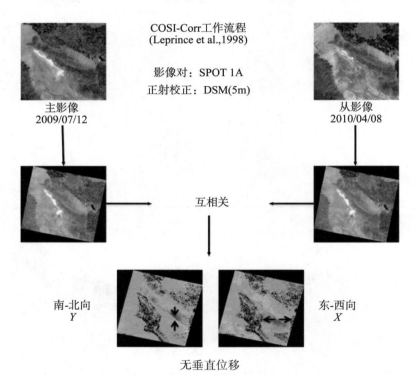

图 3.2　基于 COSI-Corr 流程的光学影像像素偏移估计(Hinojosa-Corona et al.，2013)

POT 方法的观测精度在很大程度上取决于配准的准确性(Leprince et al.，2008)，同时受像素大小、图像自相关频率宽度等因素影响。对于给定的空间分辨率，互相关的好坏主要取决于匹配块的特征相似性。由于 POT 方法只用影像的幅度互相关来获取地表形变，其数据来源可以非常广泛，包括不同分辨率的光学影像和 SAR 影像(Leprince et al.，2008)。需要注意的是，光学图像采用正射投影技术，通过子像素偏移技术只提供水平位移分量(2D 位移)的信息，而不提供垂直位移分量的信息；SAR 图像提供距离向和方位向偏移量，其中距离向偏移与 InSAR 的 LOS 向位移一样是三维分量的投影，方位向偏移为水平位移分量在卫星飞行方向的投影。此外，光学卫星使用被动传感器，其结果不可避免地受到云、雾和霾的限制(Rosenqvist et al.，2014)，但是高分辨率光学图像(0.5 m 或 1 m)可以产生高精度的位移结果，而且光学图像来源广泛。SAR 作为主动传感器，可以全天候工作，但是 SAR 图像的像素分辨率一般大于 10 m，影响其观测精度。在遥感卫星发展早期，由于像素分辨率低、定轨能力差，导致像素偏移估计的位移精度有限。近年来，随着高分辨率遥感卫星的迅速发展，基于 POT 的形变监测越来越受到重视。理论上，高分辨率图像使得 POT 方法能够以几厘米的精度来测量地面位移(Zhou et al.，2016)。

高分辨率卫星图像，被证明在获取地震、山体滑坡、冰流等形变信号提取方面是卓有成效的。例如，2013 年 Mw 7.7 Balochistan(巴基斯坦)地震的高分辨率近场水平位移(破裂带两侧<1 km)显示断层表面的非弹性缩短明显大于简单弹性模型的预期，证明非弹性变形的存在(Vallage et al.，2015)。利用日益增多的高质量遥感卫星，原则上使人们能够持续监测由于地质过程、气候变化或人类活动造成的地球表面变化。

与 InSAR 技术相比，POT 技术尽管在精度上相对较低，但其不受大气水汽、时间去相干、最大变形梯度等的限制，且无须解缠，可以有效克服 InSAR 对高形变梯度产生的失相干限制。当研究目标有较大的变形梯度时，POT 对于 InSAR 观测来说是一个很好的补充。此外，POT 观测是二维观测，基于 SAR 影像可以提供距离向和方位向观测，或者基于光学影像可以提供东西向和南北向观测，有效补充了 InSAR 的一维 LOS 向观测。Peng 等(2022)通过优化 POT 的相关性算法，在新西兰 2016 年 Mw7.8 Kaikōura 地震中，其像素偏移估计观测的精度可以达到 0.02~0.03 个像素，利用 GNSS 评估的中误差在距离和方位向上为 0.14 m 和 0.48 m。

3.1.2 多孔径雷达干涉测量(Multiple Aperture InSAR，MAI)

MAI 主要是基于单幅合成孔径雷达影像的信号频带分割，生成前视和后视两幅 SAR 图像，再对两个不同时刻获取的前视和后视图像进行标准 InSAR 处理，得到一个前视 SAR 干涉图和一个后视 SAR 干涉图，最后基于两幅干涉图的相位差测量卫星沿飞行方向地面位移(方位向位移)的技术。MAI 技术最早由 Bechor 等(2006)提出，其主要目的是克服 InSAR 一维 LOS 向观测的不足，仅利用单幅像素来获取二维运动(InSAR+MAI)，并用于 1999 年 Hector Mine 地震。此后，研究学者基于该思想提取了冰川的二维表面速度(Gourmelen et al.，2011；Tong et al.，2018)。

MAI 观测的几何原理如图 3.3 所示。据 Bechor 等(2006)将雷达标称"斜视"角表示为 θ_{SQ}，天线的角波束宽度为 α。为了形成前视干涉图，只使用天线波束宽度的前视部分积分，形成一个斜视角为 $\theta_{SQ}+\beta$ 的新影像。简单起见，对波束宽度的一半进行积分，即 $\beta=\frac{\alpha}{4}$。类似地，从天线波束的后半部分可以形成向后看的干涉图。对于沿轨迹方向的位移 x，干涉相位 φ 为：

$$\varphi_{\text{forward}} = -\frac{4\pi x}{\lambda}\sin\left(\theta_{SQ} + \frac{\alpha}{4}\right) \qquad (3.1)$$

$$\varphi_{\text{back}} = -\frac{4\pi x}{\lambda}\sin\left(\theta_{SQ} - \frac{\alpha}{4}\right) \qquad (3.2)$$

$$\varphi_{\mathrm{MAI}} = \varphi_{\mathrm{forward}} - \varphi_{\mathrm{back}} = -\frac{4\pi x}{\lambda} 2\sin\frac{\alpha}{4}\cos\theta_{SQ} \tag{3.3}$$

其中，λ 表示波长。由于 α 和 θ_{SQ} 是小量，因此式(3.3)可以简化为 $\varphi_{\mathrm{MAI}} = \frac{2\pi x}{\lambda}\alpha$。由于 $\alpha \approx \frac{\lambda}{l}$，其中 l 为天线长度，则有：

$$\varphi_{\mathrm{MAI}} = \frac{2\pi}{l} x \tag{3.4}$$

以 ERS 卫星为例，$l = 10\mathrm{m}$，$x = 1\mathrm{m}$ 的沿轨方向位移，即 0.6 弧度的相位差。与 InSAR 的 LOS 向观测不同，MAI 获取的是沿轨方向的位移，其测量精度也较低。但与像素偏移估计方法相比，MAI 具有更高的精度。Jo 等(2015)进一步研究了在叠积 MAI 情况下，沿轨方向位移的观测精度可以提高到 1 cm。考虑到 MAI 方法的观测质量依赖于方位角分辨率，Jung 等(2012)证实了 Sentinel-1 宽幅模式观测也可以用于 MAI 观测。

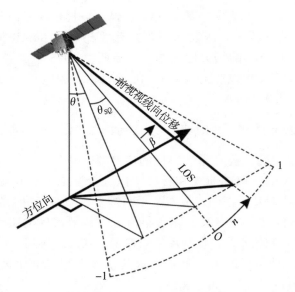

图 3.3　MAI 技术的成像几何原理(据 Bechor et al.，2006)

3.1.3　子条带重复观测干涉测量(Burst-overlap Interferometry，BOI)

子条带重复观测干涉测量(Burst-overlap Interferometry，BOI)是一种新兴的干涉测量技术，主要利用卫星影像的猝发重叠区域(Burst-overlap)获取沿轨方向变形的干涉技术。BOI 技术最早是利用 TerraSAR 影像进行的试验(Meta et al.，2007)，其后在 Sentinel-1 影像应用上被广泛关注(Grandin et al.，2016)，这里以 Sentinel-1 影像为例进行 BOI 方法的介绍。Sentinel-1 卫星是欧空局最新一代陆地 C 波段合成孔径雷达观测卫星，具有大面积、高空间覆盖和短重访周期的优点，能够实现对全球构造活动的监测（Elliott et al.，2016）。Sentinel-1 卫星提供四种不同分辨率的成像模式：条带成像模式（Strip-map Mode，SM）、干涉宽幅模式（Interferometric Wide swath mode，IW）、超宽的宽幅模式（Extrawide swath Mode，EW）和波模式（Wave Mode，WM）。IW 和 EW 模式采用了创新的步进扫描式地形观测（Terrain Observation with Progressive Scans，TOPS）技术进行干涉测量。Sentinel-1 数据采集的标准模式为 TOPS，其影像宽度为 250 km，由三个子条带组成，地面分辨率为 5 m × 20 m。Sentinel-1 任务包括 A、B 两颗星，单星理论重访周期为 12 天，双星理论重访周期为 6 天。

在 TOPS 工作模式下，SAR 传感器扫描视线并不是一直垂直于飞行方向，而是沿方位向在± 0.4°至± 0.7°之间范围变化（Grandin et al.，2016）。TOPS 成像以不同的角度，在沿轨大约 20 km 的范围内用小的不连续图像扫描地表。为了避免拼接图像中的空白，此成像模式下要求在相邻的猝发和子条带中具有一定的重叠区域（图 3.4）。方位向的猝发重叠区长度约为 110 像素，约等于地面距离 1.5 km。由于这种猝发模式的成像方位角变化，造成干涉图中的相位跳跃和不连续（即方位角相位斜坡偏差）。因此基于 TOPS 影像的 InSAR 数据处理需要方位向像素配准精度<0.001。增强谱分集估计（Enhanced Spectral Diversity，ESD）通过利用差分多普勒频率和猝发重叠区域双差分相位的关系来估计方位角偏移，使得配准精度可以高于 0.001 像素（相当于方位向 1 cm 偏移）。若仅考虑子条带重复观测区域的干涉将能够用于估计方位向位移，如 Grandin 等（2016）将 BOI 方法用于智利地震的同震形变提取。BOI 探测方位向变形的思想遵循 MAI 原理，不同的是相位延迟差异是观测斜视角分离的结果，其探测精度更高。

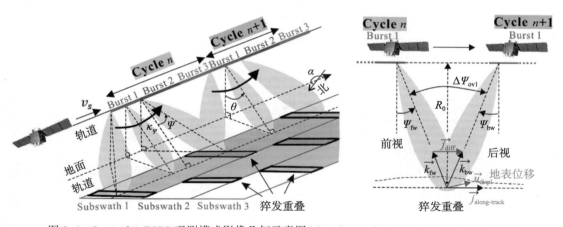

图 3.4　Sentinel-1 TOPS 观测模式影像几何示意图（Grandin et al.，2016；Piromthong，2021）

3.1.4　LiDAR 点云/DEM 相关

激光与雷达测距（Light and Radar Ranging，LiDAR）是利用激光器迅速发射光脉冲，测量仪器与目标反射之间的光传播时间，再结合仪器的位置和方向，确定反射光线上物体的位置。目前激光器每秒可发送几十万脉冲，产生密集的点云数据，达到亚厘米级的空间分辨率。根据搭载平台，LiDAR 主要有机载激光测绘（Airborne Laser Swath Mapping，ALSM）和地面激光扫描（Terrain Laser Scanning，TLS）两类形式。LiDAR 的应用领域包括工程、规划、林业和生态学、冰川学、地貌学和活动构造学等（Meigs，2013）。

Hudnut 等（2002）在进行 1999 年南加州 Mw 7.1 Hector Mine 地震的野外调查中首次使用了 ALSM 数据，联合区域震前 DEM 数据进行偏移量估计，获取地表的位移与现场测量结果吻合良好。Oskin 等（2012）收集沿 El Mayor-Cucapah 断层的历史 LiDAR 测量资料，同时在 2010 年加利福尼亚 Mw 7.2 地震后进行了 LiDAR 观测，利用前后点云数据差异来表征地震引起的变形，从而精细地揭示地表破裂的复杂性。同样，在 2010 年新西兰达菲尔德 Mw 7.1 地震中，研究学者利用地震前后的 LiDAR 观测，详细描述格林德尔断层的弯曲并估计断层地表变形和位移（如 Quigley et al.，2012；Duffy et al.，2013）。此后，LiDAR 地形测量逐渐成为研究地震的有效工具，如地表断层地形特征测绘和同震形变位移提取（Meigs，2013）。

利用 LiDAR 点云/DEM 数据的形变观测有两种策略：一是首先生成 DEM，再基于像素相关技术获取偏移量（如 Hinojosa-Corona et al.，2013；Barišin et al.，2015）；二是直接基于点云数据的最小二乘距离，如最近点迭代（Iterative Closest Point，ICP）算法（如 Besl，McKay，1992；Chen，Medioni，1992；Scott et al.，2018）。在早期缺少存档 LiDAR 观测情况下，可以使用事件前后的高分辨率 DEM 差分来测量地表形变（Aryal et al.，2012）。随着 LiDAR 技术展现的巨大潜力，美国、日本、新西兰等区域开展了大规模的 LiDAR 基础调绘，并有计划地建立了 LiDAR 数据库，为事件后进行 LiDAR 应用提供了很好的基础。考虑到第一类策略在精度和分辨率上有较大损失，第二类策略更具优势。2016 年日本熊本地震中就利用事件前后的 LiDAR 点云数据相关来直接获取断层近场的高分辨率地表形变，如图 3.5 所示（Scott et al.，2018）。值得注意的是，LiDAR 点云/DEM 相关技术能够直接获取三维地表形变观测。

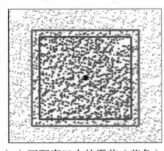
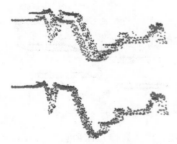
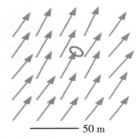

（a）匹配窗口内的震前（蓝色）　　（b）两个窗口内数据子集三维　　（c）估计的散点位移及
和震后（红色）点云数据　　　　刚体配准的侧视图　　　　　不确定度

图 3.5　邻近点迭代算法的点云匹配示意图（Scott et al.，2018）

3.2　三维形变场构建原理

三维地表形变场可以更好地约束形变模型参数并促进地质灾害的机制解释，因此受到研究学者的广泛关注和兴趣（如 Wright et al.，2004；Erten et al.，2010；Jung et al.，2013；Hu et al.，2014；Jo et al.，2015a）。影像大地测量丰富了地表形变的观测手段，但是大多数分支仅能获取一维或二维观测，尤其是其中最经典的 InSAR 技术。一直以来，如何基于影像大地测量观测进行三维形变场构建，研究学者进行了大量的探索工作。目前解算三维形变场的策略有很多种，主要有：①多视向升降轨 InSAR 融合分解；②融合 LOS 向形变和方位向（或南北向）观测；③融合 LOS 向形变和 GNSS；④基于 LiDAR/DEM 相关的三维形变场构建；⑤基于先验模型约束的分解/模拟。

这些不同策略的三维形变场构建方法各有优缺点。策略①由 Wright 等（2004）提出，融合不同成像几何角度的 InSAR 观测（如不同入射角的升、降轨观测）来提取三维地表变形。由于近极轨道飞行的 SAR 卫星观测仅为一维 LOS 向形变，对垂直分量很敏感，但对南北分量几乎没有贡献。Wright 等（2004）提出发展一种非极轨且具有左右视能力的 SAR 卫星将有助于利用 LOS 位移完全构建三维变形。迄今，具有同时左右视观测能力的 SAR 卫星非常稀少，如日本空间局（JAXA）的 ALOS-2 卫星、加拿大的 Radarsat-2 和 RCM 星座（Morishita et al.，2016）。值得注意的是，除在特定地区和特殊任务条件下，它们的标准观测模式仍然为右视。其余在轨运行的 SAR 卫星都为极轨右视模式，导致该方法在南北向分量的分辨率仍然不足。策略②融合 LOS 向形变和方位向（或南北向）观测，其中 LOS 向观测来源于 InSAR，方位向（或南北向）观测来源于 POT、MAI 或 BOI 方法。例如，Fialko 等（2001）融合 InSAR+POT 方法成功获取了 1999 年 Mw 7.1 Hector Mine 地震的同震三维形变场；Jung 等（2010）融合 InSAR+MAI 方法成功获取了 2007 年夏威夷 Kilauea 火山喷发引起的三维形变场，目前策略②应用最为广泛。策略③可以获取很高的精度，前提是需要高密度的外部 GNSS 站点观测，但这一要求在全球很多区域都无法满足。策略④是一类较为新兴且前景光明的三维形变场提取策略，目前局限于大面积 LiDAR 数据的获取成本，因此在未来如何建立 LiDAR 基础存档观测是一个重要的问题。策略⑤需要使用先验模型和假设，如正则化或者地球物理模型，不是真正意义的三维形变观测（Mehrabi et al.，2019）。

影像大地测量观测可以分为投影观测和直接观测。投影观测有距离向观测（包括 InSAR LOS 向观测和基于 SAR 数据的距离向像素偏移）、方位向观测（包括基于 SAR 数据的方位向像素偏移、MAI 和 BOI）；直接观测包括基于光学影像的南北和东西向观测、基于 LiDAR 点云/DEM 相关的三维观测。对于影像大地测量投影观测，三维形变场构建需要进行分解。

下面以最小二乘和基于应变约束的三维形变分解为例介绍影像大地测量观测的三维形变场构建。

3.2.1　最小二乘三维分解

影像大地测量投影观测的几何关系如图 3.6 所示。对于距离向观测 u_{LOS}，它与地表三维形变矢量的投影关系如下：

$$u_{\text{LOS}} = u_n \cdot s_n + u_e \cdot s_e + u_v \cdot s_v = u_n \cdot \sin\varphi\sin\theta - u_e \cdot \cos\varphi\sin\theta + u_v \cdot \cos\theta + \delta_{u_{\text{LOS}}}$$

$$(3.5)$$

其中，u_n、u_e 和 u_v 分别是南北、东西和垂向的地表形变分量；φ 是卫星轨道的方位角；θ 是卫星入射角；$\delta_{u_{\text{LOS}}}$ 是 LOS 向观测值的误差。

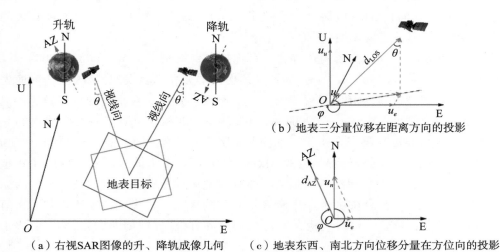

（a）右视SAR图像的升、降轨成像几何　　（c）地表东西、南北方向位移分量在方位向的投影

图 3.6　交轨/沿轨位移与地表三维分量投影之间的几何关系（He et al.，2019a）

对于方位向观测 u_{AZO}，它与地表三维形变矢量的投影关系如下：

$$u_{\text{AZO}} = u_n \cdot s_n + u_e \cdot s_e = u_n\cos\varphi + u_e\sin\varphi + \delta_{u_{\text{AZO}}} \qquad (3.6)$$

其中，$\delta_{u_{\text{AZO}}}$ 是方位向观测值的误差。

为了解算三维分量，需要三个及以上的距离向和方位向观测形成观测方程（如升降轨 LOS 向和方位向形变）。即联合式（3.5）和式（3.6），利用最小二乘可解算出每个像素点的三维位移（Fialko et al.，2001；Hu et al.，2014；He et al.，2019a），即

$$\begin{pmatrix} u_n \\ u_e \\ u_v \end{pmatrix} = (\boldsymbol{B}^{\text{T}} \boldsymbol{\Sigma}^{-1} \boldsymbol{B})^{-1} \boldsymbol{B}^{\text{T}} \boldsymbol{\Sigma}^{-1} \boldsymbol{d} \qquad (3.7)$$

$$\boldsymbol{B} = \begin{bmatrix} \sin\varphi\sin\theta & -\cos\varphi\sin\theta & \cos\theta \\ \cos\varphi & \sin\varphi & 0 \end{bmatrix} \qquad (3.8)$$

$$\boldsymbol{\Sigma} = \begin{bmatrix} \sigma^2_{d_{\text{LOS}}} & \\ & \sigma^2_{d_{\text{AZ}}} \end{bmatrix} \qquad (3.9)$$

$$d = \begin{bmatrix} d_{\text{LOS}} \\ d_{\text{AZ}} \end{bmatrix} \tag{3.10}$$

其中，$\boldsymbol{\Sigma}$ 是观测量的协方差矩阵，$\sigma_{d_{\text{LOS}}}$ 和 $\sigma_{d_{\text{AZ}}}$ 是 LOS 向和方位向形变的误差。在考虑不同观测分量误差的情况下，可以基于加权最小二乘或者方差分量估计方法进行三维分量的求解。

3.2.2 基于扩展应变张量约束的三维分解

Guglielmino 等（2011）认为基于单个像素点的多次观测来构建观测方程获得同震三维形变场没有顾及相邻像素点空间相关性的约束，为此提出一种同时顾及大地测量应变张量和影像大地测量观测的三维形变场分解方法（Simultaneous and Integrated Strain Tensor Estimation from geodetic and satellite deformation Measurements，SISTEM），在求解过程中利用周围点的观测值和应变张量梯度关系来恢复待求点的三维形变量。Luo 和 Chen（2016）考虑到 SISTEM 方法中的待求点在实际观测中同时存在 InSAR 观测，因此能够对待求点三维形变量提供附加约束，从而提出了扩展的 SISTEM 方法（Extended SISTEM，ESISTEM），并成功提取了尼泊尔 2015 年 Mw 7.9 Gorkha 地震的三维形变场。

假设地震导致地表发生了变形，定义一个任意点 P 和其周围 N 个实验点 EPs，P 点的位置为（x_e^P，x_n^P，x_v^P），实验点 EPs 的位置和位移分别是（$x_{e(i)}^{\text{EPs}}$，$x_{n(i)}^{\text{EPs}}$，$x_{v(i)}^{\text{EPs}}$）和（$u_{\text{EPs},e}^i$，$u_{\text{EPs},n}^i$，$u_{\text{EPs},v}^i$），其中，$i = 1$，$\cdots$，N。基于弹性理论，用实验点 EPs 去估计任意点 P 的位移（u_e，u_n，u_v）的方程（Guglielmino et al.，2011），即应变张量估计方程表示为（袁霜等，2020）：

$$\boldsymbol{u}_{\text{EPs}} = \boldsymbol{A}_{\text{EPs}} \boldsymbol{l} \tag{3.11}$$

其中，

$$\boldsymbol{l} = [u_e, u_n, u_v, \varepsilon_{11}, \varepsilon_{12}, \varepsilon_{13}, \varepsilon_{22}, \varepsilon_{23}, \varepsilon_{33}, \omega_1, \omega_2, \omega_3]^{\text{T}} \tag{3.12}$$

$$\boldsymbol{u}_{\text{EPs}} = [u_{\text{EPs},e}^1, u_{\text{EPs},n}^1, u_{\text{EPs},v}^1, \cdots, u_{\text{EPs},e}^N, u_{\text{EPs},n}^N, u_{\text{EPs},v}^N]^{\text{T}} \tag{3.13}$$

$$\boldsymbol{A}_{\text{EPs}} = \begin{bmatrix}
1 & 0 & 0 & \Delta x_{e(1)} & \Delta x_{n(1)} & \Delta x_{v(1)} & 0 & 0 & 0 & 0 & \Delta x_{v(1)} & -\Delta x_{n(1)} \\
0 & 1 & 0 & 0 & \Delta x_{e(1)} & 0 & \Delta x_{n(1)} & \Delta x_{v(1)} & 0 & -\Delta x_{v(1)} & 0 & \Delta x_{e(1)} \\
0 & 0 & 1 & 0 & 0 & \Delta x_{e(1)} & 0 & \Delta x_{n(1)} & \Delta x_{(1)} & \Delta x_{n(1)} & -\Delta x_{e(1)} & 0 \\
\vdots & \vdots & \vdots & \vdots & \vdots & \vdots & \vdots & \vdots & \vdots & \vdots & \vdots & \vdots \\
1 & 0 & 0 & \Delta x_{e(N)} & \Delta x_{n(N)} & \Delta x_{v(N)} & 0 & 0 & 0 & 0 & \Delta x_{v(N)} & -\Delta x_{n(1)} \\
0 & 1 & 0 & 0 & \Delta x_{e(N)} & 0 & \Delta x_{n(N)} & \Delta x_{v(N)} & 0 & -\Delta x_{v(N)} & 0 & \Delta x_{e(1)} \\
0 & 0 & 1 & 0 & 0 & \Delta x_{e(N)} & 0 & \Delta x_{n(N)} & \Delta x_{v(N)} & \Delta x_{n(N)} & -\Delta x_{e(N)} & 0
\end{bmatrix} \tag{3.14}$$

其中，l 是包含了 12 个参数的待求向量，其中前 3 个参数（u_e，u_n，u_v）为 P 点的三维形变分量，后 9 个参数是应变矢量；ε 和 ω 分别代表应变张量和刚体旋转张量；$\boldsymbol{u}_{\text{EPs}}$ 是由 N 个实验点 EPs 位移组成的向量；$\boldsymbol{A}_{\text{EPs}}$ 是一个 $3N \times 12$ 的线性矩阵，$\boldsymbol{A}_{\text{EPs}} = [A_{\text{EPs},e}^1, A_{\text{EPs},n}^1, A_{\text{EPs},v}^1, \cdots, A_{\text{EPs},e}^N, A_{\text{EPs},n}^N, A_{\text{EPs},v}^N]^{\text{T}}$；$\Delta x_{j(i)} = x_{j(i)}^{\text{Es}} - x_j^P (j = e, n, v; i =$

$1, \cdots, N$），表示第 i 个 EPs 点与任意点 P 在 j 方向上的距离。

假设在距离向观测下，存在实验点 Q 在 LOS 向位移 $u_{Q, \text{LOS}}$ 上的单位矢量为（ S_e^Q，S_n^Q，S_v^Q），位置和位移分别是（ x_e^Q，x_n^Q，x_v^Q）和（ $u_{Q, e}$，$u_{Q, n}$，$u_{Q, v}$），其中，$i = 1, \cdots, N$。

实验点 Q 的位移（ $u_{Q, e}$，$u_{Q, n}$，$u_{Q, v}$）与 P 点三维位移之间的关系为：

$$\begin{pmatrix} u_{Q, e} \\ u_{Q, n} \\ u_{Q, v} \end{pmatrix} = \begin{pmatrix} A_{Q, e} \\ A_{Q, n} \\ A_{Q, v} \end{pmatrix} l \tag{3.15}$$

实验点 Q 的 LOS 向位移 $\boldsymbol{u}_{Q, \text{LOS}}$ 与三维位移之间的关系为：

$$\boldsymbol{u}_{Q, \text{LOS}} = [S_e^Q, S_n^Q, S_v^Q][u_{Q, e}, u_{Q, n}, u_{Q, v}]^{\text{T}} \tag{3.16}$$

把式（3.15）代入式（3.16）有：

$$\boldsymbol{u}_{Q, \text{LOS}} = (S_e^Q, S_n^Q, S_v^Q) \begin{pmatrix} A_{Q, e} \\ A_{Q, n} \\ A_{Q, v} \end{pmatrix} l = A_{Q, \text{LOS}} l \tag{3.17}$$

式（3.17）表示实验点 Q 的 LOS 向位移对 P 点的约束，当有 N 个实验点 EPs 的 LOS 向位移作为约束时，约束方程为：

$$\boldsymbol{u}_{\text{EPs, LOS}} = A_{\text{EPs, LOS}} l \tag{3.18}$$

其中，

$$\boldsymbol{u}_{\text{EPs, LOS}} = [u_{\text{EPs, LOS}}^1, u_{\text{EPs, LOS}}^2, \cdots, u_{\text{EPs, LOS}}^N]^{\text{T}} \tag{3.19}$$

$$A_{\text{EPs, LOS}} = [A_{\text{EPs}, e}^{\text{LOS}}, A_{\text{EPs}, n}^{\text{LOS}}, A_{\text{EPs}, v}^{\text{LOS}}]^{\text{T}} \tag{3.20}$$

在方位向观测下，N 个实验点 EPs 的方位向位移 $u_{\text{EPs, AZO}}$ 对 P 点的约束方程为：

$$\boldsymbol{u}_{\text{EPs, AZO}} = A_{\text{EPs, AZO}} \boldsymbol{l} \tag{3.21}$$

如果在 P 点上同时存在距离向和方位向观测，则可以将 P 点的距离向和方位向观测位移（ u_{LOS}^P，u_{AZO}^P）引入应变张量估计中建立新的观测方程，则有：

$$\begin{pmatrix} u_{\text{LOS}}^P \\ u_{\text{AZO}}^P \end{pmatrix} = \begin{pmatrix} A_{\text{LOS}}^P \\ A_{\text{AZO}}^P \end{pmatrix} l \tag{3.22}$$

其中，u_{LOS}^P 和 u_{AZO}^P 的单位向量分别为（ S_e^{LOS}，S_n^{LOS}，S_v^{LOS}）和（ S_e^{AZO}，S_n^{AZO}，S_v^{AZO}）。式（3.22）的右侧系数阵为：

$$\begin{pmatrix} A_{\text{LOS}}^P \\ A_{\text{AZO}}^P \end{pmatrix} = \begin{bmatrix} S_e^{\text{LOS}} & S_n^{\text{LOS}} & S_v^{\text{LOS}} & 0 & 0 & 0 & 0 & 0 & 0 & 0 & 0 & 0 \\ S_e^{\text{AZO}} & S_n^{\text{AZO}} & S_v^{\text{AZO}} & 0 & 0 & 0 & 0 & 0 & 0 & 0 & 0 & 0 \end{bmatrix} \tag{3.23}$$

结合式（3.18）、（3.22）和（3.23），可以得到：

$$\begin{pmatrix} u_{\text{EPs, LOS}} \\ u_{\text{EPs, AZO}} \\ u_{\text{LOS}}^P \\ u_{\text{AZO}}^P \end{pmatrix} = \begin{pmatrix} A_{\text{EPs, LOS}} \\ A_{\text{EPs, AZO}} \\ A_{\text{LOS}}^P \\ A_{\text{AZO}}^P \end{pmatrix} l \tag{3.24}$$

将式（3.24）简写为：

$$u = A \cdot l \tag{3.25}$$

因此，任意点 P 的三维位移场是式（3.25）的最小二乘解，即

$$l = (A^{\mathrm{T}}WA)^{-1} A^{\mathrm{T}}Wu \tag{3.26}$$

其中，W 是观测量权阵，可以基于实验点 EPs 到任意点 P 的距离和观测数据误差来确定。待求的未知向量 l 除包括三维形变位移外，还包含 6 个应变张量（ε_{11}，ε_{12}，ε_{13}，ε_{22}，ε_{23}，ε_{33}）和 3 个刚体旋转张量（ω_1，ω_2，ω_3）参数。因此，ESISTEM 方法可以获得三个应变场分量，即体积胀缩应变分量 σ、差分旋转量 Ω^2 和最大剪切应变 M，分别表示为：

$$\sigma = \frac{\varepsilon_{11} + \varepsilon_{12} + \varepsilon_{13}}{3} \tag{3.27}$$

$$\Omega^2 = \omega_1^2 + \omega_2^2 + \omega_3^2 \tag{3.28}$$

$$M = \lambda_{\max} - \lambda_{\min} \tag{3.29}$$

其中，$\lambda_{\max}$ 和 $\lambda_{\min}$ 是应变张量的最大和最小特征值（Guglielmino et al.，2011）。

3.3　2017 年伊朗 Mw 7.3 级地震同震三维形变场

作为最新一代 SAR 卫星的代表，L 波段的 ALOS-2 和 C 波段的 Sentinel-1 的 SAR 传感器分别采用 ScanSAR 和 TOPS 观测模式来获取标准的宽幅影像，致力于全球覆盖的灾害监测（Grandin et al.，2016）。ALOS-2 是由日本宇宙航空研究开发机构（JAXA）继 JERS-1 和 ALOS 卫星后开发的第三代 SAR 卫星，于 2014 年 5 月 24 日发射。ALOS-2 卫星有 Spotlight 模式（1~3 m）、Stripmap 模式（3~10 m）和 ScanSAR 模式，其中 ScanSAR 模式可以在 14 天的重访周期内实现全球无间隙覆盖（Rosenqvist et al.，2014），并广泛用于全球范围的灾害监测。Sentinel-1A/B 卫星是欧洲空间局（European Space Agency，ESA）运行的新一代大陆尺度 InSAR 观测任务，双星重访周期时间最短可以缩短到 6 天。Sentinel-1 TOPS 数据的地距分辨率从约 20 m 提高到约 5 m，方位角分辨率从以往 ERS 和 Envisat 卫星的 5 m 降低到约 20 m（Jiang et al.，2017）。新一代 SAR 卫星的重访周期缩短和成像条带宽度增加，有利于大范围的构造变形观测，特别是地震监测。然而，为了获取较宽的覆盖范围，这些卫星的方位向分辨率存在显著下降。此外，Sentinel-1 TOPS 模式观测提供了一种新的方位向观测技术 BOI。虽然 BOI 只能在脉冲重叠区域进行，但它比 MAI 方位向位移的灵敏度提高了 20 倍（如 Grandin et al.，2016；Jiang et al.，2017）。本案例将利用新一代 SAR 卫星（ALOS-2 ScanSAR 和 Sentinel-1 TOPS）的宽幅 SAR 图像（表 3.1，基于 InSAR、POT、MAI 和 BOI 干涉测量，探索基于宽幅影像的高质量三维同震位移场构建。

表 3.1　　研究中使用的 **ALOS-2 ScanSAR** 和 **Sentinel-1 TOPS** 影像的系统参数

雷达成像参数	单位	ScanSAR	TOPS IW
有效多普勒带宽	MHz	—	380
聚束带宽	MHz	14	56.5
入射角	°	8~70	33
幅宽	km	350（5 条带）	250（3 条带）
方位向分辨率	m	3	20
地表距离向分辨率	m	8	5
重访时间间隔	天	14	12 或者 6

　　2017 年 11 月 12 日，伊朗扎格罗斯造山带西北部靠近 Ezgeleh 市发生了罕见的 Mw 7.3 级强震，造成了数千人伤亡和大面积破坏。扎格罗斯褶皱冲断带位于伊朗高原西南缘，吸收阿拉伯板块和欧亚板块之间近北向的汇聚运动（图 3.7）（Hatzfeld，Molnar，2010）。伊朗高原的地震目录显示，扎格罗斯褶皱逆冲带是亚洲最活跃的地震带之一，吸收了大部分的南北缩短，这一活动特征与区域 GNSS 测量相吻合（Vernant et al.，2004）。汇聚速率沿着扎格罗斯断层从东南部的 9 mm/a 下降到西北部的 4 mm/a，表明它正在经历一场不均匀的地壳增厚和缩短（Relinger et al.，2006；Khodaverdian et al.，2016），影响着扎格罗斯褶皱逆冲带山脉的高度和宽度变化。2017 年的 Mw 7.3 Ezgeleh 地震是 1900 年以来唯一一次发生在扎格罗斯褶皱逆冲带西北部的 7 级以上地震。美国地质调查局（USGS）确定的震中位置如图 3.7 所示，初步震源机制表明，该地震机制为斜向逆冲兼具右旋走滑，且未见明显地表破裂报道。

3.3.1　数据源

　　为了构建 2017 年 Mw 7.3 Ezgeleh 地震的三维位移场，分别对 ALOS-2 在 ScanSAR 模式下获取的 SAR 数据和 Sentinel-1 在 TOPS 模式下获取的 SAR 数据进行了处理。研究收集了 2016 年 8 月 9 日至 2017 年 11 月 19 日期间的 6 对独立像对，包括 2 对 ALOS-2 和 4 对 Sentinel-1A/B 像对。得益于两种新一代 SAR 卫星，它们可以获得比上一代更宽的（> 250 km）图像和更短的时空基线。这些图像对提供了最佳的相干性，并为选择的干涉图对提供了较短的垂直基线，其中 ALOS-2 像对的基线长<170 m，而 Sentinel-1A/B 像对的基线长 <62 m（详细信息见表 3.2）。

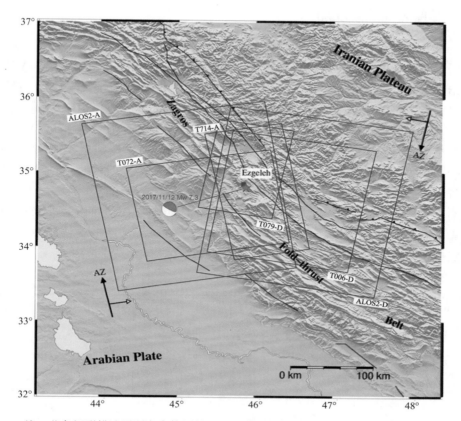

注：蓝色矩形描述了研究中使用的 SAR 图像范围，黑线表示活动断层（Vernant et al. , 2004），红色沙滩球描述了来自全球 GCMT 目录的震源机制解，褐红色点表示震中附近的 Ezgeleh 城市。

图 3.7　2017 年 Ezgeleh 地震周边地形和构造背景图

表 3.2　　　　　　　　　　　　研究中使用的干涉像对参数

卫星	轨道（升/降）	第一影像 年月日	第二影像 年月日	垂直基线 m	时间基线 天数	σ mm	α km	入射角 (°)	方位角 (°)
ALOS-2	180（升）	20160809	20171114	92	461	28.0	15.5	46.5	−12.7
	071（降）	20171004	20171115	170	32	29.7	17.9	46.5	−167.3
Sentinel-1	072（升）	20171111	20171117	62	6	5.4	13.3	44.2	−9.6
	006（降）	20171107	20171119	14	12	12.4	16.5	44.3	−170.4
	174（A）	20171106	20171118	2	12	6.7	14.1	32.4	−10.8
	079（D）	20171112	20171118	58	6	7.4	10.6	33.1	−169.3

说明：σ 表示基于非变形区域计算的大气误差；α 表示一维协方差函数的衰减距离。

3.3.2 影像大地测量观测

1. InSAR LOS 位移

利用 InSAR 获取地表位移是影像大地测量的首选方法,研究利用 GAMMA 软件对所有的 SAR 数据进行处理以生成 LOS 向同震位移(本案例中的像素偏移跟踪、MAI 和子条带重复观测干涉同样基于 GAMMA 软件进行处理)(Wegnüller et al.,2016)。采用经典的二轨法进行 InSAR 数据处理。虽然 ALOS-2 和 Sentinel-1 数据都使用了高精度轨道数据,但仍可能存在很强的长波长信号或偏差(轨道误差和大气误差),特别是 ALOS-2 干涉图。考虑到可能存在的长波长误差,从没有同震变形的远场区域估计线性倾斜面来对地理编码干涉图进行去趋势处理。

如图 3.8(a)~(f)所示,无论是升轨还是降轨干涉图,LOS 方向上的同震形变都清晰可见,完全覆盖了 2017 年 Ezgeleh 地震的震中区域。升轨干涉图形状特征为"牛眼",降轨干涉图形状特征为"双肺叶"。这些干涉图的位移范围为−39~97 cm。

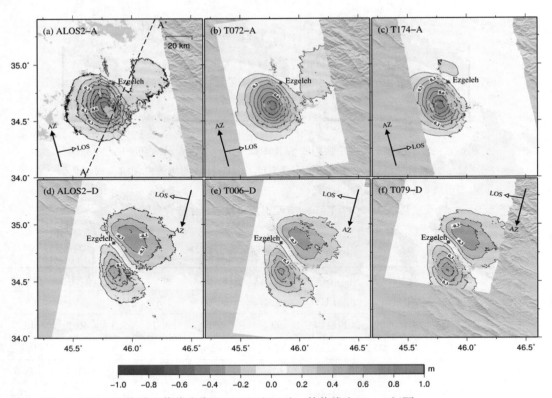

注:InSAR LOS 位移正值代表靠近地卫星向运动,等值线为 10 cm 间隔。

图 3.8 L 波段 ALOS-2 和 C 波段 Sentinel-1 SAR 卫星的 InSAR 观测(He et al.,2019a)

2. POT 位移

基于 SAR 影像，同时获取距离向和方位向的 POT 位移。为了保证良好的配准精度，采用过采样因子 2 和搜索窗口大小 256 × 512（像素）来进行方位向和距离向偏移估计。针对可能存在的地形残余误差，使用多项式模型进行校正（Hu et al.，2012）。图 3.9 和图 3.10 分别显示了方位向和距离向上的地表偏移量。由于偏移跟踪方法利用的是振幅而不是高精度的干涉相位信息，因此在整个偏移位移场中出现了许多斑点噪声。但是，POT 结果表明 Ezgeleh 地震的地表位移也能够被偏移跟踪方法测量。

图 3.9 是方位向偏移量的结果。在 L 波段 PALSAR-2 数据中检测到一个显著的电离层扰动，表现为方位向上不连续的条纹（图 3.9（a）、（d））。尽管在某些情况下，偏移跟踪可以采用方向滤波和插值程序来减轻电离层效应（Wegmüller et al.，2006；Hu et al.，2012），但是其观测精度降低是不可避免的，尤其是在大变形区域应用插值。相反，C 波段 TOPS 数据（图 3.9（b）、（c）、（e）、（f））在方位向上没有观测到显著的电离层影响。C 波段 TOPS 图像的方位向偏移量显示，大多数方位向偏移量位于 Ezgeleh 市附近且不大于 0.5 m。

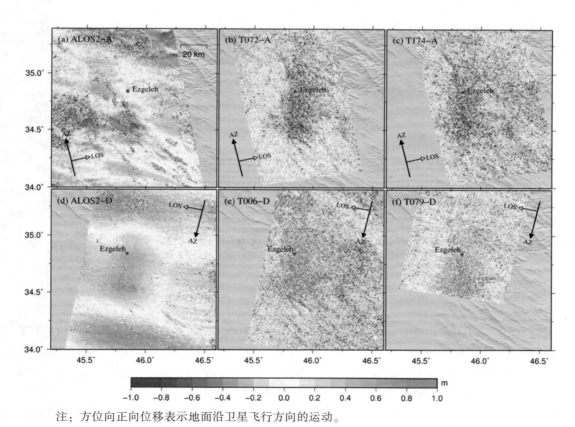

注：方位向正向位移表示地面沿卫星飞行方向的运动。

图 3.9 用 POT 方法估计的方位向同震位移（He et al.，2019a）

图 3.10 是距离向偏移量的结果。图 3.10 显示了与图 3.8 近似相同的变形模式和幅

度，距离向的高精度主要受益于新一代 SAR 卫星距离向分辨率的提高(表 3.1)。考虑到研究中的距离向偏移与 InSAR LOS 位移的冗余性，在后续三维形变场构建分析中没有包括距离向偏移观测。此外，距离向偏移观测还表明研究中的 InSAR LOS 向位移没有解缠误差。

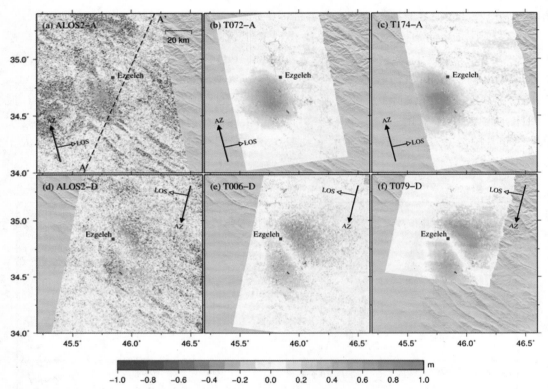

注：距离向正向位移表示地面沿卫星飞行方向的运动。

图 3.10　用 POT 方法估计的距离向同震位移(He et al. , 2019a)

3. MAI 位移

由于 ALOS-2 PALSAR 数据在 ScanSAR 模式下的方位角分离受波束孔径的限制，这里只对 Sentinel-1 TOPS 数据进行 MAI 方法处理。对于 TOPS 数据，由于带宽降低，MAI 在方位角方向的精度降低(Jiang et al. , 2017)。在 MAI 数据处理时，对剩余的地面或地形误差进行与偏移跟踪分析相同的改正。图 3.11 显示了由 MAI 方法得到的方位向位移，它比图 3.9 中的偏移跟踪结果更为清晰。在图 3.11(d)中可以发现明显的电离层效应。虽然电离层效应在 C 波段 TOPS 数据中相对较小且罕见，但在加拿大德文冰帽上空的 MAI 干涉图中得到了证实(Wegnüller et al. , 2016)。

4. BOI 位移

由于双重差分在很大程度上抵消了地形和对流层二者对干涉结果的影响，BOI 被证实能够极大提高观测的精度。此外，BOI 估计的结果仅限于猝发重叠区(约 1.5 km)，对于

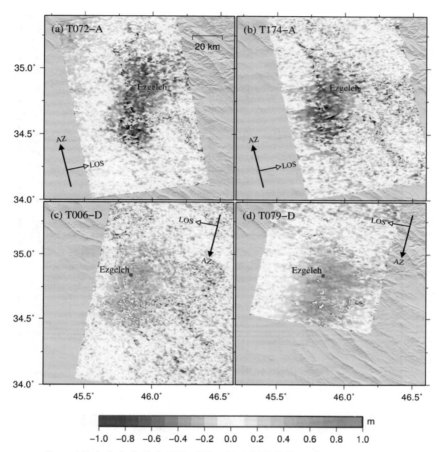

注：正的方位向位移表示地面沿卫星飞行方向的运动。
图 3.11　用 MAI 方法估计的方位向同震位移（He et al.，2019a）

单一 InSAR 像对而言，BOI 位移的空间覆盖范围非常有限。幸运的是，四幅不同几何视角的 TOPS 图像可以用于震中区域，极大地增加了重叠区域。图 3.12 显示了由 BOI 测量得到的方位向位移具有平滑的变形特征。BOI 位移主要在 50 cm 范围内，峰值在 Ezgeleh 镇附近 20 km 范围内。与其他方位向测量相比，BOI 位移的测量质量有很大的提高，且没有发现显著的残差相位影响。

5. 影像大地测量观测的误差分析

距离向与方位向位移的精度决定了分解的三维位移的最终精度。此外，确定各观测分量的精度可以作为重要的先验信息，确定各观测分量的相对权比可用于三维分解或其他地球物理模型反演。

对于 InSAR LOS 测量，误差主要包含大气延迟的影响，在无变形区域广泛使用一维协方差距离函数来描述其不确定性。表 3.3 给出了干涉图 LOS 观测（图 3.8）的标准差。然而，一维协方差函数不能用于评估其他影像的大地测量位移精度，特别是 POT 偏移。一

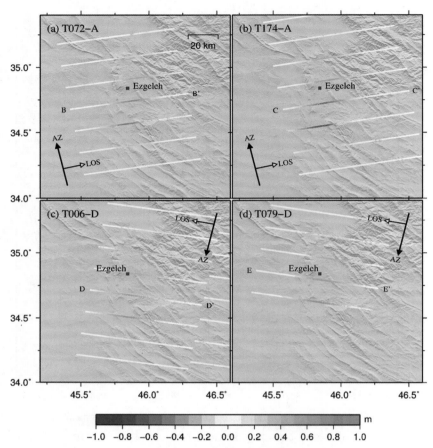

注：正的方位向位移表示地面沿卫星飞行方向的运动。

图 3.12　用 BOI 方法估计的方位向同震位移（He et al.，2019a）

般情况下，可以通过选择一个没有地表变形的远场区域计算其标准差和均值，从而估计 POT、MAI 和 BOI 的方位向位移精度。

　　为了比较方便，表 3.3 中展示了利用无形变区域估计所有用于后续三维分解的观测分量精度，可以看到：①InSAR、BOI、MAI 和 POT 的精度呈明显的升序排列，精度从约 1 cm 快速上升到约 4 dm。这个精度水平大小是可以预期的，POT 观测是基于影像强度信息（像素大小），InSAR、BOI 和 MAI 是基于影像相位信息，而后三者在数据处理中的多普勒带宽频率又依次从大到小排列。值得注意的是，BOI 观测的精度与 InSAR 较为相似，远优于 MAI 观测，因为 BOI 观测的多普勒带宽频率（约 4500 Hz）远远大于 MAI 的分割频带（约 165 Hz），稍小于 Sentinel-1 TOPS 数据的标准多普勒带宽频率（约 4800 Hz）。②对于 POT 观测的精度，ALOS-2 ScanSAR 数据在距离向和方位角向的精度为 20～30 cm；Sentinel-1 数据在距离向上的精度有了很大的提高（约 5 cm 以内），但在方位向上的最大标准差达到约 40 cm（T174-A）。由于 Sentinel-1 TOPS 模式的覆盖范围大，尽管它提高了距离向分辨率，但降低了方位向分辨率。③所有升、降轨道结果具有相似的精度水平。

表 3.3   不同方法获取的距离向与方位向位移精度评估
（远场区域内位移场的标准差（Std）和平均值（Mean））   （单位：cm）

位移分量	方法	升轨像对						降轨像对					
		ALOS2-A		T072-A		T174-A		ALOS2-D		T006-D		T079-D	
		Std	Mean	Std	Mean	Std	Mean	Std	Mean	Std	Mean	Std	Mean
距离向	InSAR	2.8	1.6	1.4	0.7	0.9	0.7	2.6	0.9	0.8	1.4	0.8	0.9
	POT	31.4	−8.0	4.8	3.6	5.8	4.4	19.0	−4.2	5.4	4.0	3.3	1.9
方位向	POT	28.7	15.9	28.1	13.1	40.4	5.0	11.7	−15.6	38.5	1.3	25.7	3.6
	MAI	—	—	16.4	2.5	21.7	0.8	—	—	16.8	2.1	10.3	9.4
	BOI	—	—	5.6	−0.4	5.1	0.7	—	—	3.1	2.9	1.9	3.6

除了上述统计分析外，图 3.13、图 3.14 直观地比较了不同方法的位移差异。在图 3.13 中，沿剖面 AA' 的距离向偏移量与 InSAR 的 LOS 观测具有较好的一致性，但噪声更大。此外，Sentinel-1 的距离向位移要比 ALOS-2 的信噪比高得多。在图 3.14 中，它显示了 POT、MAI 和 BOI 方法分别沿 BB'、CC'、DD' 和 EE' 剖线的方位向位移，里面只有 Sentinel-1 TOPS 的结果，因为 ALOS-2 ScanSAR 的全孔径（Full Aperture）SAR 数据无法通过 MAI 和 BOI 方法进行处理，且在方位向的 POT 位移中检测到明显的电离层扰动。从结果（图 3.14）可以看出，不同方法得到的位移总趋势一致，但 POT 位移较为离散，BOI 位移最为集中，MAI 位移位于二者之间。

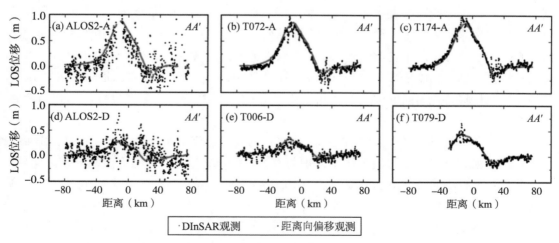

注：正的方位向位移表示地面沿卫星飞行方向的运动。

图 3.13   不同方法的距离向位移比较（He et al.，2019a）

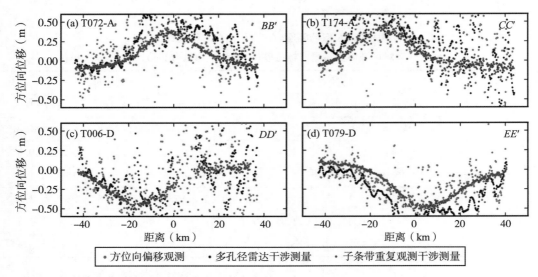

注：正的方位向位移表示地面沿卫星飞行方向的运动。

图 3.14　不同方法的方位向位移比较（He et al.，2019a）

3.3.3　三维形变场分解及精度

　　利用 POT、MAI 和 BOI 方法获取了 4 对不同 Sentinel-1 TOPS 像对的方位向位移，可以形成不同的距离向+方位向组合来获取式（3.7）中的三个未知数。将 InSAR 位移分别与 POT、MAI 和 BOI 方法的方位向位移相结合，得到的 2017 年 Ezgeleh 地震三维同震位移场如图 3.15 所示。图 3.15 的三维同震位移场清晰地显示震中区域存在显著的东西、南北和垂向位移，三种不同策略重建的三维位移场模式是一致的。在三维分量中，东西向和垂向位移分量比南北向分量更为清楚，原因在于前两个分量的主要贡献来源于精度更高的距离向观测，而南北分量的主要贡献来源于噪声较大的方位向观测。通过上述对比分析，可以得出三维位移场的精度依赖于方位向位移测量精度的结论。这意味着，通过 BOI 方法提供的方位向位移与距离向 InSAR 测量相结合，比 InSAR 测量与 POT 或 MAI 方法相结合的性能要好得多。

　　为了定量评价三维同震位移场的精度，采用与 3.3.2 节相同的策略，结果如表 3.4 所示。东西分量和垂向分量的最大误差分别为 0.5 cm 和 2.7 cm，均优于南北分量。此外，南北分量在三种不同策略下的精度分别为 16.7 cm、8.1 cm、3.8 cm，这与相应方位向测量的内在精度是一致的。研究结果表明使用 BOI 方法获得的三维位移精度优于 4 cm。虽然 BOI 的低覆盖将限制其应用潜力，然而融合四对图像后，得到分布均匀的高质量 3D 位移覆盖了 40% 以上的研究区域，这足以勾勒出 3D 位移的细节特征。

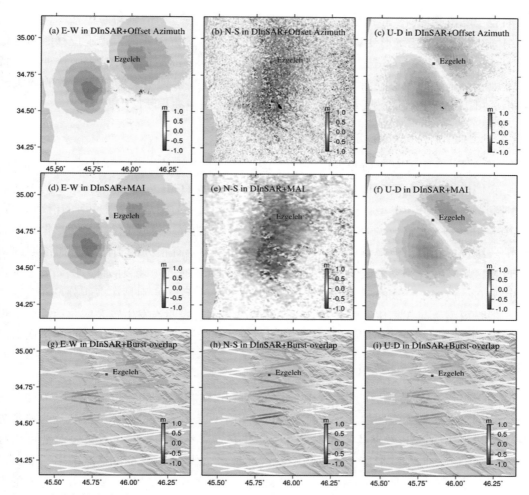

注：三种融合策略分别是 DInSAR+POT（图（a）~（c）），DInSAR+MAI（图（d）~（f））和 DInSAR+BOI（图（g）~（i））。E-W、N-S 和 U-D 分别表示东西向、南北向和垂向的位移分量。

图 3.15　由三种不同的融合策略估计的三维同震形变场

表 3.4　　　　　　　不同融合策略对三维位移分量精度的评价

（远场区域内位移场的标准差（Std）和平均值（Mean））　　（单位：cm）

策略	3D 位移分量					
	东西向		南北向		垂向	
	Std	Mean	Std	Mean	Std	Mean
DInSAR+POT	0.4	1.5	16.7	2.2	2.7	0.5
DInSAR+MAI	0.5	0.7	8.1	1.1	1.4	0.6
DInSAR+ BOI	0.5	0.5	3.8	0.4	0.9	0.4

同震三维位移场(图 3.14)可以很好地揭示震源机制的运动信息和一些基本特征。以 DInSAR+BOI 分解的三维形变场为例,整个水平位移呈西南方向,最大水平位移西向分量约 0.6 m,南向分量约 0.76 m,垂向上主破裂区抬升 0.81 m,沉降 0.37 m。这种变形特征较好地吻合了逆冲断层上盘形变的特征。此外,没有观察到明显的地震导致的地表破裂,由此可以推断 Ezgeleh 地震发生在一个大约南北走向逆冲盲断层上。

3.3.4 三维形变场对滑动模型约束力的比较

为了验证三维形变场对地球物理模型约束的必要性,分别利用了三类滑动模型正演,比较了它们模拟的三维同震位移场差异(图 3.16)。模型 1(Model-1)来自 USGS 基于地震波数据发布的滑动分布模型;模型 2(Model-2)来自仅 DInSAR LOS 数据反演的滑动分布;模型 3(Model-3)来自研究中 DInSAR+BOI 的三维形变场约束。模型 1 的主要变形模式与观测到的三维位移相似,但模型 1 中合成位移的位置和大小有很大的不同。正如预期的那样,近场区域空间分辨率较低的地震数据无法提供高质量的近场破裂信息,例如震中位置和滑移分布。模型 2 合成的三维位移场与观测结果明显一致,特别是在东西分量和上下分量内。但是模型 2 与 3 相比,南北分量存在显著差异。这表明当发生较大南北运动时,仅采用 DInSAR 测量的滑移模型将大大低估南北分量。因此,有必要加入高质量的 BOI 观测。

3.3.5 小结

作为第三代 SAR 传感器的代表,L 波段的 ALOS-2 和 C 波段的 Sentinel-1 卫星可以大范围、短周期地获取地表图像,并保持影像的高相干性,其友好的数据分发政策为科学界提供了大量可用的 SAR 数据集。在本案例中,共有 6 对不同的干涉像对,每对都可以独立地覆盖大部分的同震变形区。本案例中的这两种新一代 SAR 卫星传感器采用标准图像获取策略并不同,分别是 ScanSAR 和 TOPS 模式,而这种不同的成像方式导致了它们的方位向测量能力也不相同。此外,ALOS-2 L 波段数据的方位向观测易受到电离层扰动。对于 TOPS 图像,方位向观测不仅可以从像素偏移跟踪和 MAI 方法中得到,还可以从 BOI 方法中得到。

高精度的距离向和方位向测量是构建高质量的三维同震位移的重要条件。对于距离向测量,InSAR 的精度水平依赖于雷达波长,在研究中精度小于 3 cm;由于 Sentinel-1 图像的距离分辨率有了很大的提高,POT 距离向观测的精度可达约 5 cm。然而,距离分辨率的提高在一定程度上是以方位向分辨率的降低为代价的,采用相同方法得到的方位向位移精度较上两代 SAR 传感器相比略有降低。例如,Bechor 和 Zebker(2006)基于 ERS SAR 影像显示 GNSS 和 MAI 位移之间的均方根误差范围为 5~6.9 cm;Hu 等(2012)利用 Envisat SAR 影像估计 MAI 位移精度对升、降轨分别为 5cm、16.1 cm;而研究中基于 Sentinel-1 TOPS 数据的 MAI 位移最小和最大标准差分别为 10.3cm 和 21.7 cm。基于 Sentinel-1 TOPS 影像,利用 BOI 技术较易实现 5 cm 以下方位向位移的精度,约为 MAI 测量精度的 2 倍。因此,整合 InSAR 和 BOI 测量值是构建三维位移场的最佳策略。使用该策略,研究生成了精度为 4 cm 的 Ezgeleh 地震高质量三维同震位移场。

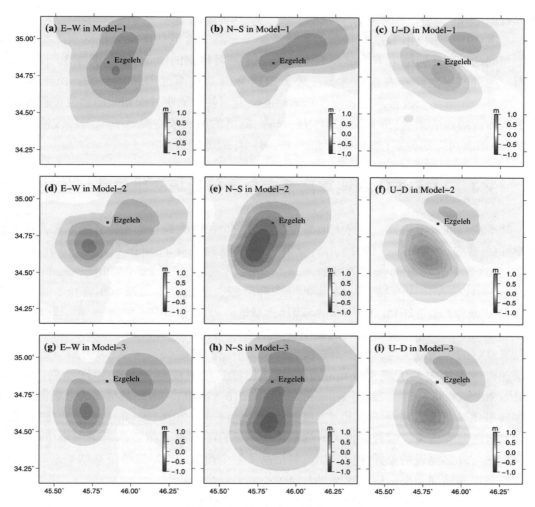

注：模型 1 图（a）~（c）由 USGS 通过地震资料反演得到，模型 2 图（d）~（f）仅由 DInSAR 测量值
反演得到，模型 3 图（g）~（i）由 DInSAR + BOI 测量值反演得到。

图 3.16　根据滑移分布模型 1、模型 2 和模型 3 合成的三维同震位移

　　与一维 LOS 位移相比，全覆盖的三维变形场提供了更为详尽的信息，有助于对给定
位置的给定变形源进行直接解释。2017 年的 Ezgeleh 地震发生在扎格罗斯褶皱带系统的逆
冲断层上，该断层维持着较高的南北汇聚速度，为 18 ~ 25 mm/a（Hatzfeld，Molnar，
2010）。在三维变形场中，主要显示沿西南向的水平运动和整体的垂向抬升运动，且未有
地表破裂，因此可以推断这是一次沿西向走向（东北倾向）的逆冲盲断层破裂。此外，在
同震变形场中还发现了约 0.76 m 的显著南北分量。在一般的近似三维变形分解法中，通
常假设 InSAR 中的南北向位移可以忽略，只分解近似的东西向分量和垂直向分量
（Kobayashi et al. 2018）。假设南北方向位移贡献仅为垂直向分量的十分之一，在本研究中

约 0.76 m 的南北方向分量可引起垂直向约 7.6 cm 的误差。因此，近似三维分解法不适用本地震的研究。

本案例还显示仅由 LOS 测量所约束的滑动分布将大大低估南北分量的贡献。在与模型 2 相同的断层几何结构下，结合 InSAR 和 BOI 测量得到的滑动模型（模型 3，图 3.16）表明，两种模型之间存在显著差异。较大的逆冲滑动与南北向挤压相关。由于整合了 InSAR 和 BOI 方法，改善了地表位移监测性能，为与各种地质过程相关的地表位移建模提供了高质量的地表测量（Jo et al. 2015b）。研究提出的集成策略揭示了未来在缓慢地表变形区域（如震间应变积累）绘制三维地表形变时间序列的潜力。

3.4　2016 年熊本地震高精度全覆盖近场三维位移场构建

除了高空间分辨率外，影像大地测量学的另一个关键优势是近场信息获取能力强。根据弹性位错理论（Okada，1992），形变信号强度随距离呈现加速衰减（Vallage et al.，2015），这表明近场观测可以为各种地震行为提供最重要的信息（Milliner et al.，2015；Wallace et al.，2016），包括活动断裂的分布和分段、断层滑移的开始和终止、浅层地壳岩性（Vallage et al.，2015；Lin et al.，2016；Ekhtari et al.，2016；Scott et al.，2018）。例如，在走滑事件中，主要变形往往集中在断层附近的狭窄剪切带（Milliner et al.，2015），当没有良好的近场数据时，就会出现模型约束力不足的问题（Xu et al.，2016）。此外，与浅层地壳地震相关的近场形变可用于分析弹性能量的突变释放和非弹性响应（Milliner et al.，2015；Kato et al.，2016；Fujiwara et al.，2016，2017）。因此，精确的近场测量对于可靠地量化破裂滑移和表征地震灾害更加重要（Xu et al.，2016；Scott et al.，2018）。影像大地测量的分支很多，哪种影像大地测量方法更适合于有地表破裂的近场三维位移获取？这些观测与外部测量的差异如何？如何利用高质量全覆盖的近场三维位移结果来确定滑动分布反演中的精细断层结构？这也是大家关心的另一个问题。

2016 年 4 月 16 日，日本西南部九州岛熊本县发生破坏性 Mw 7.0 级地震，这是日本近百年来有记录的最大内陆地震（Lin，2017）。因为 2016 年 4 月 14 日在这一断层上同时发生了两起 Mw > 6 的地震，这次地震也被称为熊本地震序列。虽然浅层地壳地震不像大型俯冲带地震那么频繁和强烈，但它们往往更具破坏性，因为它们靠近易受强地面运动影响的地区（Kato et al.，2016）。研究表明，熊本地震序列产生了复杂的多段断裂（Lin et al.，2016；Asano，Iwata.，2016；Yoshida et al.，2017），并造成了严重的结构破坏和超过 100 人死亡（Hashimoto et al.，2017；Scott et al.，2018）。

熊本地震提供了丰富的观测数据源，为全面比较不同影像大地测量技术在近场三维同震地表破裂估计和滑动分布反演中的作用提供了较好的示例。本案例的主要目标是如何利用互补的影像大地测量观测获取 2016 年熊本地震的全覆盖三维近场地表位移。

3.4.1　数据源及影像大地测量处理

在研究中，收集了现有的 SAR 图像和 LiDAR 数据（表 3.5）。SAR 数据包括 L 波段的

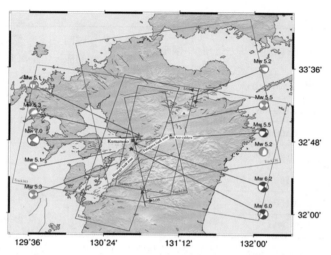

注：图中红线表示主要活动断层。蓝色、红色和绿色的沙滩球分别代表 2016 年熊本序列的前震、主震和大后震(Mw≥5)。黄色的点表示主震之后一个月的余震(Mj > 1)分布，来源于日本气象厅(JMA)。红色的三角形表示火山。矩形框分别为 ALOS-2(蓝色)和 Sentinel-1(深红色)卫星的 SAR 图像覆盖。绿色多边形显示主震前后的 LiDAR 数据图像。

图 3.17 2016 年熊本地震的图像数据集(He et al.，2019b)

ALOS-2 和 C 波段的 Sentinel-1 数据。L 波段的 ALOS-2 数据除常规的右视升降轨数据外，还包含一对左视的降轨像对(T029D)。此外，收集的 ALOS-2 条带模式 SAR 影像具有较高的像素分辨率(<3 m)，有利于利用幅度信息获取高精度的像素偏移观测。最后，还采用了公开的事前和震后 LiDAR 数据(Chiba，2018a，b)。研究中使用的所有 SAR 数据(表 3.5)的时间范围从 2015 年 1 月 11 日到 2016 年 4 月 23 日，即它们涵盖了两个 Mw > 6 前震和 Mw 7.0 主震相关的变形。LiDAR 数据的范围是从 2015 年 4 月 15 日到 2016 年 4 月 23 日，因此不包括两个 Mw > 6 前震的形变。

表 3.5   研究使用的图像数据信息

数据源	轨道(A/D)	影像对	方位角	倾角	垂直基线	时间间隔	像素大小(距离向，方位向)	有效多普勒带宽
		YYYYMMDD	(°)	(°)	m	days	m	Hz
ALOS-2(Stripmap)	029D*	20150114 20160420	15.5	42	4.5	462	1.4，1.8	2395
	130A	20151203 20160421	−10.6	33	150.6	140	2.8，3.0	1671
	023D	20160307 20160418	190.3	36	123.8	42	1.4，2.1	2395

数据源	轨道 （A/D）	影像对	方位角	倾角	垂直 基线	时间 间隔	像素大小 （距离向，方位向）	有效多普勒带宽
		YYYYMMDD	（°）	（°）	m	days	m	Hz
Sentinel-1 （TOPS）	156A	20160408 20160420	-10.5	36	68.9	12	2.3，14.0	327
	163D	20160327 20160420	190.2	38	1.7	24	2.3，14.0	
LiDAR	—	20160415 20160423	—	—	—	8	>2 点数/m²	—

注：＊表示像对的观测方向为左视，其他像对的观测方向均为右视；A/D 表示升/降轨。

1. 相位信号的形变观测

在影像大地测量观测中，InSAR、MAI 和 BOI 方法都具有一个共同的特点，即基于 SAR 相位信息的形变观测技术。此外，InSAR 获取的是雷达视线向位移，而 MAI 和 BOI 获取的是方位向位移，刚好在观测几何上有较好的互补。因此，充分探索 SAR 相位信息的形变观测，是建立三维形变场的一种重要方法。

首先，利用经典的二轨法进行 InSAR 数据处理。对可能的长波长误差进行趋势项去除，得到的 InSAR 形变观测如图 3.18（a）~（c）和图 3.19（a）~（b）所示。这些图像显示出显著的 LOS 方向同震位移，最大位移大于 2 m，而 NE—SW 向信号的失相干刻画出断层的走向。此外，沿断层两侧的近似对称位移和近断层的失相干性，支持这是一次高倾角的走滑事件，且破裂到地表。与 ALOS-2 的 InSAR 图像相比，Sentinel-1 图像由于波长较短，在近场破裂区的失相干情况较为严重。需要注意的是，ALOS-2 的左视降轨图像（T029）增加了不同的一维观测，有助于三维形变场构建的稳定性。

其次，利用 MAI 方法对 ALOS-2 条带数据和 Sentinel-1 TOPS 数据进行处理。为了提高信噪比，采用了与 3.3 节中相同的多视因子，以及不同阈值和窗口大小的多重滤波处理。对 L 波段的 SAR 数据，其方位向位移一般对电离层效应很敏感（Chen，Zebker，2014）。因此应进行仔细的检查，以确定方位向观测中是否有电离层扰动。幸运的是，在此次熊本例子中没有发现明显的电离层扰动。图 3.18（d）~（f）和图 3.19（c）、（d）分别为 ALOS-2 和 Sentinel-1 对采用 MAI 方法计算的主破裂带方位向位移。Sentinel-1 图像（图 3.19（c）、（d））的 MAI 结果不像 ALOS-2 图像（图 3.18（d）~（f））那样清晰，原因在于 MAI 观测质量在很大程度上取决于有效多普勒带宽（He et al.，2019），而 Sentinel-1 图像的有效多普勒带宽远小于 ALOS-2 图像，如表 3.5 所示。所有的图像都呈现出相似的变形模式：沿断层 NE—SW 走向，一侧为正位移，另一侧为负位移。这些图像的最大正位移和负位移分别达到 2 m 和 -2.2 m。这些大范围的方位向位移主要反映了熊本地震的水平变形，与走滑分量主导的事件相一致。

最后，利用 BOI 方法对 Sentinel-1 TOPS 数据的猝发重叠区域进行干涉处理，如图 3.19（e）、（f）所示。BOI 法的最大正位移和负位移分别为 1.6 m 和 −1 m。与图 3.19（c）、（d）中的 MAI 观测相比，信号更清晰；然而，在图 3.19（e）、（f）的子图像中，覆盖主要破裂区域的突发重叠观测仅有三或四个。研究表明，BOI 方法可以有效获取特大地震（Mw > 7.5）、逆冲地震和数据覆盖密集地区的三维变形场（Grandin et al.，2016；He et al.，2019）。因此，此次地震 BOI 观测的低空间覆盖率在一定程度上有助于改进震源机制反演（Jiang et al.，2017），但对三维形变场重建的作用较为有限。

2. 振幅信号的形变观测

与 SAR 相位信号的相干信息相比，振幅信号也被称为非相干信息。相位与振幅信号是电脉冲信号的两种不同的物理特性。振幅信号反映了地形目标的散射强度，因此它与 SAR 相位信号的回波相位在本质上是不同的，从振幅信息估计的像素偏移允许在不考虑相位相干的情况下确定不连续位移，且不需要相位解缠。因此，当 SAR 相位信息不相干时，振幅信息通常仍然有效（Jiang et al.，2017；He et al.，2019a）。如 3.1.1 节所述，SAR 图像可以在方位向和距离向获取像素偏移（He et al.，2019a）。因此，通过综合方位向和距离向像素偏移可以进行三维位移分解。

利用 GAMMA 软件对高分辨率的 ALOS-2 条带影像和 Sentinel-1 的标准 TOPS 数据进行 POT 处理。在处理过程中，对 SAR 图像进行过采样提高像对配准精度，与 SAR 相位处理中多视处理恰好相反。然后，利用 64 × 64 像素的匹配窗口大小确定距离和方位偏移（以 ALOS-2 像素分辨率 3 m × 3 m 为例，匹配窗口的空间比例尺为 0.192 × 0.192 km²）。像素偏移估计中的残余地形误差利用趋势面去除（He et al.，2019a）。

图 3.20（a）~（c）和（d）、（e）分别表示 ALOS-2 数据和 Sentinel-1 数据的距离向偏移量。除了具有 NE—SW 趋势的清晰边界外，在 POT 结果中发现了断层裂破的详细分支。与图 3.18（a）~（c）和图 3.19（a）、（b）的 InSAR 测量结果相比，距离向偏移显示了相似的形变模式，但在断层迹线附近具有更完整的位移梯度特征。两种不同物理信号获取的 LOS 向位移显示了一致性，验证了 InSAR 观测没有显著的解缠误差。注意图 3.20（a）~（e）中断层附近没有空值区域，这是 POT 观测与 InSAR 结果的最主要区别。相较于 ALOS-2 结果，Sentinel-1 图像中的距离向偏移量中存在一些斑点噪声和异常值。这两种影像不同的斑点噪声水平归因于其不同的像素分辨率。

图 3.20（f）~（h）和（i）~（h）分别为 ALOS-2 和 Sentinel-1 图像的方位向偏移量。在 ALOS-2 和 Sentinel-1 图像的方位向偏移中，均未发现明显的电离层扰动。与图 3.18（d）~（f）和图 3.19（c）、（d）的 MAI 测量相比，基于 POT 的方位向偏移除了表现出一致的变形模式外，同时还刻画了断层迹线附近更完整的位移梯度特征。POT 的方位向观测显示的完整性优势也在上述距离向偏移中得到了证明。由于相位信号对位移梯度比较敏感，且受相干性的限制，因此采用非相干信息对像元进行偏移分析具有较大的潜力。对于 Sentinel-1 图像，POT 方法在距离向上的位移比方位向上要好得多，原因在于其距离向上的分辨率大约是方位角方向分辨率的 5 倍（表 3.5）。

3. LiDAR 点云信号的形变观测

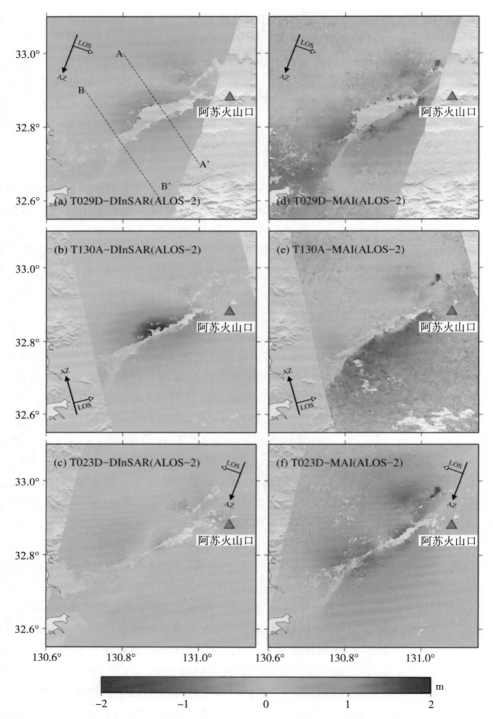

注：正的 LOS 向位移表示地面对卫星的运动，正的方位向位移表示卫星飞行方向上的地面运动。

图 3.18　基于 ALOS-2 图像的 InSAR（图（a）~（c））和 MAI（图（d）~（f））观测（He et al.，2019b）

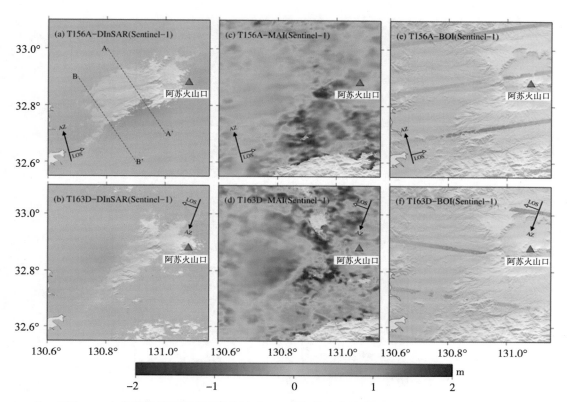

注：正的 LOS 向位移表示地面对卫星的运动，正的方位向位移表示卫星飞行方向上的地面运动。

图 3.19　基于 Sentinel-1 图像的 InSAR（图（a）、（b））、MAI（图（c）、（d））和 BOI（图（e）、（f））观测（He et al.，2019b）

与基于相位和振幅信息的上述两种信号不同，LiDAR 点云数据代表第三种信号，它是通过激光扫描技术获得的，能够实时获取数百万亚厘米空间分辨率的三维点位置（Aryal et al.，2012）。迄今，在事件之前和之后都收集到可用的 LiDAR 数据的例子非常少（Moya et al.，2017）。为了研究由三种不同类型的信号（SAR 相位、SAR 振幅和 LiDAR）衍生的三维位移的差异，研究重新分析了 LiDAR 数据，采用 Scott 等（2018）提供的相同策略和程序，并将位移数据从 JGD2000 坐标转换为 UTM 坐标。为了去除由建筑物倒塌和滑坡引起的异常值，类似于 Moya 等（2017）使用了一个窗口为 100×100 的中值滤波器来提高信噪比。与其他影像大地测量观测不同的是，LiDAR 点云可以直接获取三维形变分量，如图 3.21（g）~（i）所示。

3.4.2　不同信号来源的影像大地测量三维变形场

如前所述，大多数影像大地测量技术提供的是不同几何投影中的位移，各有其优缺点。在相位、振幅和 LiDAR 点云三类信号中，除 LiDAR 点云是直接获取三维形变场外，相位和振幅信息的形变观测量都是投影分量，需要进行分解来获取三维形变。下面将根据

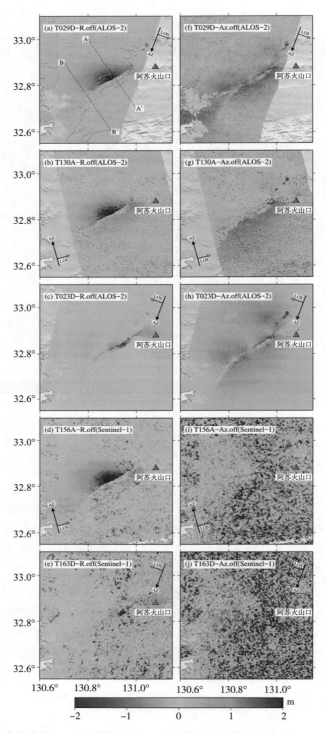

注：图(a)~(e)为相应的 LOS 向位移，图(f)~(j)为相应的方位角位移。

图 3.20　利用 POT 方法得到了距离偏移量(LOS)和方位角偏移量(方位角)同震位移(He et al., 2019b)

不同类型的信息进行三维形变场的构建。

1. 相位信号的三维位移场

为了选择适合构建三维位移场的观测图像，这里采用了一个简单的指标（即远场观测标准差）来评价基于相位信号的LOS向和方位向位移的精度。虽然影像大地测量中各种误差（如残差轨道效应、对流层和电离层传播效应、相位解缠误差和其他因素）的贡献难以分离或单独估计，但在没有地表变形的远场区域，可以通过假设理论均值为零来估计这些误差的综合贡献（Hu et al.，2014）。基于相位信号的不同影像大地测量得到的地表位移精度如表3.6所示。对于InSAR位移，L波段和C波段数据的精度均优于2 cm；对于MAI位移，Sentinel-1数据的精度小于35.2 cm，远劣于ALOS-2数据的精度（小于10.5 cm）；对于BOI位移，精度小于20.5 cm，优于相应的MAI结果，但仍劣于ALOS-2的MAI结果。由于BOI观测的数据覆盖率太低，无法支持高空间分辨率的三维分解。因此，研究选择所有的InSAR LOS观测和ALOS-2 MAI方位向观测作为三维位移解的输入，其方向投影矢量如表3.7所示。

表3.6　　　　　　　**不同影像大地测量方法的地表位移精度**　　　　　　（单位：cm）

数据源	轨道（A/D）	相位信号						幅度信号			
		InSAR		MAI		BOI		距离向POT		方位向POT	
		Std	Mean	Std	Mean	Std	Mean	Std	Mean	Std	Mean
ALOS-2（Stripmap）	029D[*]	0.94	2.2	8.3	2.9	—	—	21	−2.9	23	−1.7
	130A	1.16	1.43	10.3	−1.6	—	—	13.2	−2.1	24.5	8.4
	023D	0.84	−2.3	6.4	−8.9	—	—	8.6	4.8	26.0	−6.9
Sentinel-1（TOPS）	156A	0.36	−3.2	25.5	−18.8	14.2	−7.2	23.1	0.65	89	−8.6
	163D	0.44	2.5	35.2	3.64	20.5	0.53	42.2	−10.2	136.7	1.7

注：在远场无形变区域（He et al.，2019a），以100×100像素的窗口估计观测精度（每个像素的大小为100米×100米）。Std和Mean分别表示远场区域内位移场的标准差和平均值。由于LiDAR点云的位移精度是直接由三维分量确定的，所以这里没有给出（见表3.5）。

表3.7　**ALOS-2和Sentinel-1的距离和方位向位移在东西向、垂直向上的投影向量**

SAR卫星	轨道（A/D）	距离向			方位向		
		Se	Sn	Su	Se	Sn	Su
ALOS-2（Stripmap）	029D[*]	−0.6448	0.1788	0.7431	0.2672	0.9636	0
	130A	−0.5353	−0.1002	0.8387	−0.1840	0.9829	0
	023D	0.5783	−0.1051	0.8090	−0.1788	−0.9839	0
Sentinel-1（TOPS）	156A	−0.5779	−0.1071	0.8090	−0.1822	0.9833	0
	163D	0.6059	−0.1090	0.7880	−0.1771	−0.9842	0

仅基于 SAR 相位信号导出的三维位移场如图 3.21(a)~(c)所示。图 3.21(a)和(b)分别显示了东西向和南北向的最大水平位移,北部和南部分别达到 2.0 m 和 1.3 m。图 3.21(c)显示了水平分量(黑色箭头)和垂直分量(图像颜色)的合成三维形变场。最大垂直位移显示,北部地区下沉 2.1 m,南部地区隆起 0.6 m,与 Moya 等(2017)和 Scott 等(2018)的结果相似。

2. 振幅信号的三维位移场

图 3.20 所示的 POT 位移能够构建一个只有振幅信号的三维变形图。同上,在进行三维分解前,利用远场观测的标准差估计 POT 观测的精度,如表 3.6 所示。在距离方向和方位方向上,ALOS-2 的像素偏移精度分别小于 21 cm 和小于 26 cm,Sentinel-1 的像素偏移精度分别为<42.2 cm 和<136.7 cm。研究中,每幅图像像素偏移的最大测量误差约为 0.1 像素。考虑 Sentinel-1 POT 观测的精度较低,只选取 ALOS-2 图像的像素偏移量作为三维位移解的输入。图 3.21(d)~(f)所示为仅含 SAR 振幅信号的导出的三维位移场。从图 3.21(d)中可以看出,东西向最大水平位移在北部和南部分别达到 2.2 m 和 2.3 m。最大西向运动位于一个次级断裂上,在图 3.21(a)中相应位置没有发现相应的信号。图 3.21(e)显示了最大水平位移在南边(在南部区域达到 1.3 m)。图 3.21(f)显示了具有水平(黑色矢量箭头)和垂直分量(彩色图像)的合成三维形变场。最大垂直位移表现为北部沉降达 2.3 m,南部隆起 1.1 m(详细特性将在第 3.4.3 节中讨论)。

3. LiDAR 点云确定三维位移

与相位和振幅信号的完全覆盖不同,LiDAR 数据的三维位移分量的覆盖要小得多(图 3.21(a)和(d)中带虚线的蓝色框),即约 80 km²。但该区域包含主破裂区,充分反映了其他两个三维变形场中观测到的同震位移空间变化的共同趋势(图 3.21(a)~(f))。此外,LiDAR 位移还揭示了完整和连续断层线附近的位移梯度,类似于从振幅信号得到的位移信息,但不包含任何严重的斑点噪声,除了一些 <15 cm 的邻带噪声(可能的原因是在每条轨道中的轨道误差)(Scott et al.,2018)。跨断裂带,水平方向和垂直方向的位移方向都有明显变化,这与日本地质调查局(GSJ,2016)现场地表破裂调查结果一致(Moya et al.,2017)。LiDAR 点云结果的东西向(图 3.21(g))和南北向(图 3.21(h))的最大位移均达到 2.0 m。图 3.21(i)的垂直位移显示,北部地区下沉达 2.25 m,南部地区隆起达 1.24 m。

3.4.3　多源三维变形图的特征分析和精度评估

在上述三种不同类型的三维位移场中,在破裂区域观察到相似的变形趋势和相似的精度,这意味着每个底层数据集都能够很好地自行确定三维位移场。三种不同物理信号的三维形变场极大地丰富了现有数据,改善了对震源机制的约束。然而,由于信号的特点,形变场之间存在一些差异。为了进一步研究它们之间的差异,下面对它们进行更详细的量化比较,并整合构建最终的三维地表形变场。

1. 不同源三维形变场细节特征

图 3.22 为图 3.21(a)绘制的 5 条虚线对应的三维同震位移剖面。虚线 AA′和 BB′不在 LiDAR 数据覆盖区域范围内。因此,图 3.22 前两行的子图只包含来自相位和振幅信号的

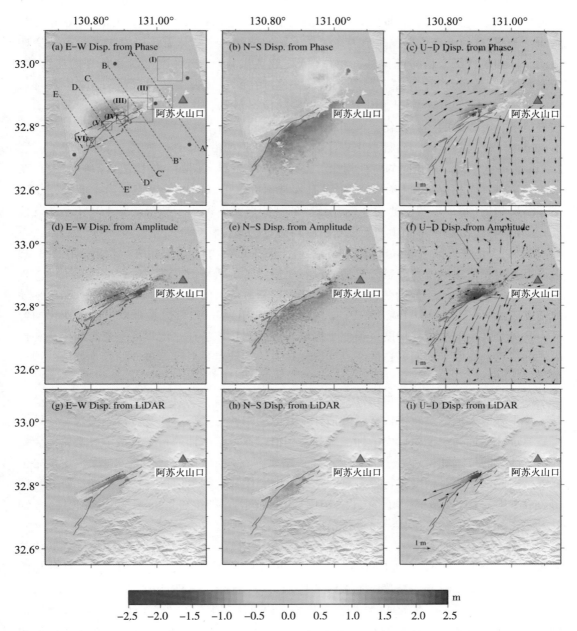

注：E—W、N—S 和 U—D 分别表示东西方向、南北方向和上下方向的位移方向。箭头表示 SAR（包括相位和振幅）和 LiDAR 数据在 3.6 km 格点上的水平位移矢量。图 3.21（a）中，分别有 5 条虚线和 6 个实线框用于后面的对比分析。图 3.21（a）中 6 个深红色的圆圈表示本研究使用的 GNSS 站点。注意图 3.21（a）中的蓝色矩形虚线框表示 LiDAR 数据的覆盖区域，其中只有 3 条虚线和 3 个帧（Ⅳ、Ⅴ、Ⅵ）。

图 3.21　由 SAR 相位（图（a）~（c））、SAR 振幅（图（d）~（f））和 LiDAR 数据（图（g）~（i））估计的三维同震位移（He et al.，2019b）

三维位移。从整体上看，在图 3.22 中，各列所示三个不同方向的位移分量在振幅上总体呈现出按东西向、南北向、垂向递减的顺序，这与熊本地震机制主要是走滑运动相一致。然而，子图(i)的垂直位移也显示了高达 2.3 m 的位移，这意味着该段发生了较大的逆冲滑动。仔细观察每个信号的位移，相位信号(红色点)表现出梯度平滑和良好的连续性，而振幅信号(绿色点)中存在一些严重的异常值。在断层破裂区域附近(不同位移方向)，幅度法和 LiDAR 法(蓝点)比相位法提供更多的位移信息。此外，LiDAR 方法还显示了一些更清晰、更详细的趋势变化，例如子图(l)、(m)和(o)。值得注意的是，在一些段中不仅出现了较大的走滑，而且也出现了较大的逆冲，如沿 CC' 线，子图(i)中出现了高达 2.3 m 的垂直位移。与相同的特征相比，也存在一些差异。例如，振幅法(绿色点)中存在一些异常值，而相位法和 LiDAR 法中没有异常值，这可以归因于斑点噪声。此外，相位法在断层附近(每个子图中的约 0 km 位置)的观测点密度远小于振幅法和 LiDAR 法(蓝色点)，导致相位法由于不相干而不能解析断层附近的高位移梯度。

图 3.23 是变形区域的局部放大图，对应于图 3.21 中的 6 个黑色方框位置。在图 3.23 中可以看出相位法的位移分量较平滑，没有明显异常跳跃，但在某些区域缺乏相干性。相比之下，振幅法的位移分量在这些非相干区域捕获有价值的信息，但也包含斑点噪声，导致精度较低。LiDAR 方法在右侧三个子图(Ⅳ、Ⅴ、Ⅵ)中的位移分量可以识别出变化均匀且不含斑点噪声的小位移梯度，类似于振幅法。LiDAR 方法在一定程度上兼有相位法和振幅法的优点，克服了它们各自的缺点。LiDAR 方法的缺点是对这一事件的较小范围的地表覆盖。

(2) 不同源三维形变分量精度

基于影像大地测量三维位移精度估计是其应用中的一个关键问题。常见的误差估计策略是通过计算远场一个窗口内的标准差和平均值。该策略估计的精度质量不可避免地会受到所选区域的位置和窗口大小的影响，导致结果存在一定的波动(厘米水平)，并不完全客观。因此，需要对精度进行更可靠的估计，即利用其他测量值进行精度估计。研究利用 GEONET 中的 GNSS 数据(Yue et al.，2017)和野外地质考察(Shirahama et al.，2016)分别对上述三种类型的三维位移结果进行精度评价。

如图 3.21 (a)所示，在三维形变区域有 6 个可用 GEONET 站，但在 LiDAR 数据覆盖区域没有一个可用的 GEONET 站(Yue et al.，2017)。因此，GNSS 测量值仅用于估计相位法和振幅法的三维形变场精度，如表 3.8 所示。可以看出，SAR 相位法(<12.1 cm)的三维位移精度稍优于振幅法(<14.0 cm)。此外，相位法和振幅法在东西向、垂向分量的精度均优于南北向分量。图 3.21(a)、(b)分别显示来自 GNSS、相位和振幅方法的水平和垂直位移矢量。对应的残余位移如图 3.21(c)、(d)所示。从残差向量可以看出，GNSS 的位移与影像大地测量的位移观测吻合较好，除在东北位移的部分点有一定的系统偏移。GNSS 估计的三维变形场标准差如表 3.8 所示，相位法和振幅法的标准差值在约 14 cm 范围内。产生这些差异可能的原因有：影像大地测量得到的同震位移受重访周期的限制，通常会包含不能完全消除的震后位移贡献；影像大地测量结果代表了每个像素/网格单元(例如 100 m)的综合变形，而 GNSS 测量结果是点测量。综上所述，GNSS 测量结果验证了从相位

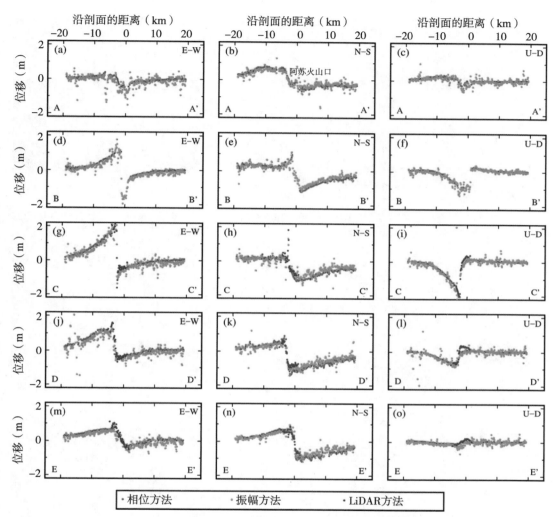

注：由于 LiDAR 数据的覆盖区域小于 SAR 数据，导致 *AA′* 和 *BB′* 剖面中没有蓝点。

图 3.22 对比相位（红色点）、振幅（绿色点）和 LiDAR（蓝色点）数据得到的 *AA′*、*BB′*、*CC′*、*DD′*、*EE′* 剖面上三个不同分量（E—W、N—S、U—D）的三维位移（He et al.，2019b）

和振幅信息确定的三维位移法精度优于 14 cm，而且相位法的精度要比振幅法更高。

鉴于可用的 GNSS 观测过于稀疏，在 LiDAR 覆盖区也没有适用的观测站点，这里使用野外地质测量结果（包括 197 个水平和 102 个垂直位移点）（Shirahama et al.，2016）来评估所有不同三维形变场的精度。需要注意的是，野外地质工作得到的水平位移仅是沿断层破裂方向的位移，如右旋位移或左旋位移，因此，首先将东西向分量和南北向分量投影到水平位移中，沿 Futagawa 和 Hinagu 断层的平均走向（245° 和 215°；Yue et al.，2017）进行投影；然后，计算野外测量结果与相位、振幅或 LiDAR 方法估计的差值。最后，利用所有可用公共点的差值，估计各类型三维形变场在水平和垂直方向上的均方根误差，如表 3.8

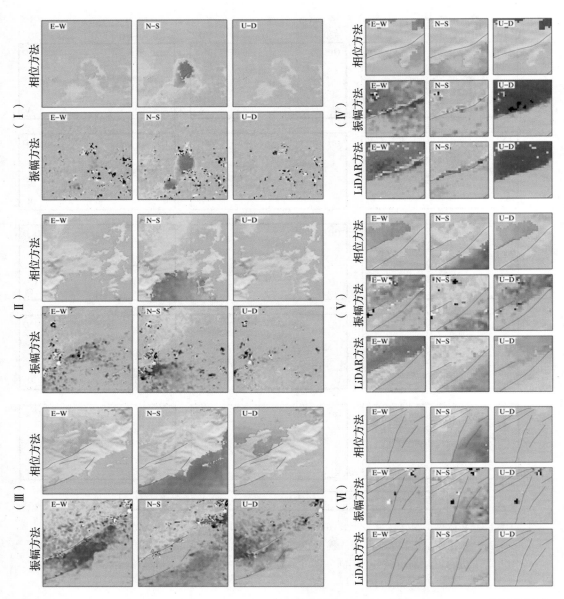

注：子图(Ⅰ)、(Ⅱ)、(Ⅲ)、(Ⅳ)、(Ⅴ)、(Ⅵ)所在的位置如图 3.21 所示。由于 LiDAR 数据的覆盖区域小于 SAR 数据，导致左侧三个子图中没有 LiDAR 值。

图 3.23　相位信号、振幅信号和 LiDAR 点云的三维形变场分量的细节特征比较(He et al.，2019b)

所示。在水平方向上，SAR 振幅法、SAR 相位法和 LiDAR 方法的精度分别为 43.0 cm、40.3 cm 和 22.7 cm。在垂直方向上，SAR 振幅法、SAR 相位法和 LiDAR 方法的精度分别为 23.0 cm、15.6 cm 和 18.3 cm。研究表明，三种不同影像大地测量方法得到的三维形变场的一阶特征与野外测量结果吻合较好。

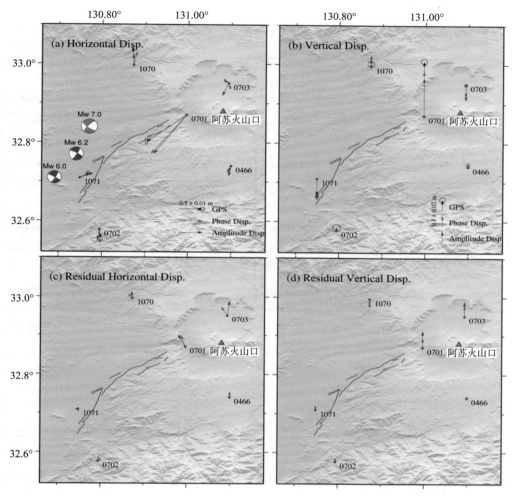

注：来自 GNSS 的水平(a)和垂直(b)位移、SAR 相位信息(DInSAR + MAI)和 SAR 振幅信息(距离像素偏移+方位像素偏移)；在水平(c)和垂直(d)方向上，影像大地测量观测和 GNSS 测量之间的残余位移。

图 3.24 在相应 GNSS 站点上影像大地测量观测与 GNSS 测量的同震三维位移比较(He et al.，2019b)

表 3.8 GNSS 和野外测量估计三维位移分量的精度分析 (单位：cm)

信号类型	GNSS			野外测量	
	E	N	U	水平	垂直
Phase	6.9	12.1	7.2	40.3	15.6
Amplitude	8.3	14.0	7.8	43.0	23.0
LiDAR	—	—	—	22.7	18.3

注：这里使用 3 ×3 的像素窗口(每个像素的大小为 100 m ×100 m)的平均值，与 GNSS 或野外测量相比较，以减少由于位置不匹配造成的误差。

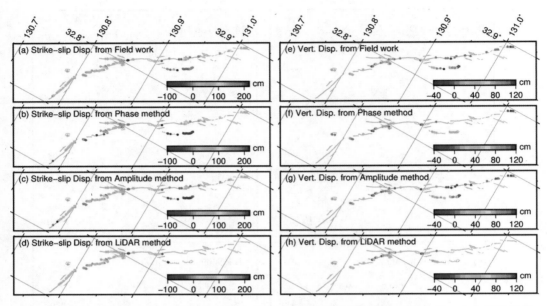

图 3.25　沿着 Futagawa 和 Hinagu 断层系统（灰色线）地表破裂的走滑和垂直分量，来自野外测量
（Shirahama et al.，2016）、相位信号、振幅信号和 LiDAR 观测（He et al.，2019b）

3.4.4　融合的三维形变场

来自不同物理信号的三维形变场不仅为地震调查提供了多种选择，而且在空间上也具有互补性，这意味着可以将它们整合起来，构建出精度和空间分辨率更高的三维形变场。从上述分析可以看出，从振幅信息到相位信息再到 LiDAR 信息，三维形变场的精度不断提高。因此，研究采用精度作为关键指标对它们进行整合。具体的综合策略如下：当一个点有两种以上的三维位移时，按照 LiDAR 法、相位法、振幅法的顺序选择其中一种；当一个点只有一种类型的三维位移，它将直接选择到最终的三维形变场。最终的集成三维形变场如图 3.26 所示，其在破裂断层和非断层区域的精度分别为<43 cm 和<14 cm，同时融合后的三维形变场一致性好，没有显著的整体偏移，并且在近场提供了重要信息。

3.4.5　小结

随着遥感卫星的快速发展，影像大地测量可以获取各类高质量的近场地表位移，在地震研究中发挥着越来越重要的作用。现今影像大地测量的数据源包括 SAR、光学和 LiDAR，方法上有 InSAR、MAI、BOI、POT 和 ICP 等以供选择。根据所使用的图像信息不同，这些方法可以分为三类：相位信息、振幅信息和 LiDAR 点云。除 SAR 相位信息外，其他两种信号对目标相干性均不敏感。根据观测量与三维分量的关系，这些影像大地测量方法获取的观测可分为合成观测和直接三维位移分量两大类。合成观测是根据不同的卫星成像几何（即入射角和方位角）在三维空间中的投影位移观测，主要包括距离向位移

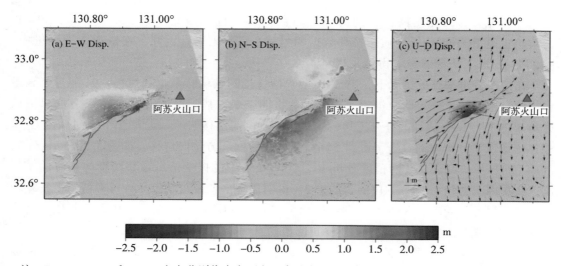

注：E—W、N—S 和 U—D 方向分别代表东西向、南北向和上下位移；箭头表示 3.6 km 格点的水平
位移矢量。

图 3.26 三种观测资料得到全覆盖的三维同震位移（He et al.，2019b）

（InSAR 和距离向偏移）观测和方位向位移（MAI、BOI 和方位向偏移）观测。由于投影矢量
的不同（表 3.7），距离向和方位向观测都存在某一三维位移分量的局限，如距离向位移
缺乏南北方向位移的重建能力，方位向位移缺乏垂直方向位移的重建能力。因此，需
要将距离向和方位向观测结合起来，才能构建稳健的三维位移场。直接三维位移分量
主要包括来自光学图像的二维水平位移分量（Ekhtari et al.，2016）和来自 LiDAR 数据的
三维位移分量（Scott et al.，2018）。从本案例中可以看出，尽管以上不同种类的影像大
地测量观测都可以用于三维形变场构建，但是它们对近场信息的识别能力、精度水平
和分辨率大小是不同的。

在本案例的形变信号提取中，L 波段 ALOS-2 条带影像的表现优于 C 波段 Sentinel-1
TOPS 图像。对于由 SAR 相位信息导出的距离向位移，由于 SAR 相位波长较短，精度较
高，如表 3.6 所示，ALOS-2 和 Sentinel-1 SAR 图像的 InSAR 位移精度分别为<1.16 cm 和
<0.44 cm。与 C 波段相比，尽管 L 波段在距离向（InSAR）位移方面的精度有少量的损失，
但它极大地改善了主破裂区附近的相干性，原因在于 L 波段对位移梯度的敏感性低于 C
波段。对于 SAR 相位信息提取的方位向位移，ALOS-2 的 MAI 位移精度<10.3 cm，仅为
Sentinel-1 位移精度的 1/3（Sentinel-1 的位移精度为 35.2cm）。对比图 3.18（d）～（f）和图
3.19（c）～（d）可以看出，ALOS-2 条带图像比 Sentinel-1 TOPS 图像要好得多。ALOS-2
Stripmap 影像有效的多普勒带宽 > 1671 MHz，远高于 Sentinel-1 TOPS 图像的 327 MHz（表
3.5）。在像素偏移观测的距离向和方位向上：一是距离向的精度优于方位向，二是 ALOS-
2 整体上优于 Sentinel-1（表 3.6），原因在于像素偏移精度的主要原因在于像素分辨率（表
3.5）。注意到在距离向上，ALOS-2 图像的像素大小接近于 Sentinel-1，甚至更大（如

T130A 像对），其像素偏移精度反而更高的原因在于 L 波段比 C 波段对表面目标具有更强的穿透能力，因此在较长时间内保持较高的相干性。因此，除了小的像素尺寸外，长波长也是 POT 法获得高质量位移数据的另一个潜在因素。因此，在影像大地测量中，L 波段 ALOS-2 条带图像应得到重视。

在像素分辨率高的情况下，由 SAR 振幅信息得到的位移数据精度可以达到与由 SAR 相位信息得到的位移数据质量相当的水平。长期以来，基于振幅信息的 POT 方法只被认为是 SAR 相位偏移估计的补充工具，主要用于方位向偏移估计。研究通过对 ALOS-2 卫星 SAR 图像像素分辨率的改进，得到了高质量的距离向和方位向位移，如图 3.20(a)～(c)、(f)～(h)所示。在表 3.7 的精度分析中，ALOS-2 影像的振幅信息位移精度与相位信息相比，在距离向为约 1/10、方位向为约 1/2，说明振幅信息在较高像元分辨率情况下具有较大的应用潜力。受现有 SAR 传感器特性和全球任务的限制，与标准 SAR 图像相比，高分辨率 SAR 图像仍然很少，这将影响 SAR 幅值信息用于位移提取的应用。

迄今，影像大地测量能够从独立的物理信号，如相位数据、振幅数据或 LiDAR 点云中提取真实高质量的三维形变。已有研究表明，三维表面变形信息有利于地球物理的模型约束及其机理解释(Jung et al.，2017；He et al.，2019)，因此许多构建高分辨率三维变形图的方法已经被提出。构建高分辨率三维形变场最常见的策略是将 InSAR 位移与其他测量数据集成，如方位向的 MAI 和 POT 观测、光学水平位移和 InSAR 观测。由于缺乏对数据源信息的进一步讨论，不利于对影像大地测量的三维形变场构建的理解。本研究从对应的物理图像信号中展示了三种类型的三维位移场，每个数据集都具有独立生成高质量三维位移场的能力(表 3.8)。此外，这些结果也显示出了一些差异；相位法受相干性的限制，振幅法受斑点噪声的限制，以及 LiDAR 法受数据可用性和空间覆盖率低的限制。

与基于相位法的三维图相比，基于幅度和 LiDAR 信息的三维形变场更适用于与走滑地震相关的近场位移。正如 3.4.1 节所介绍的，近场位移比远场位移对各种地震行为提供了更关键的见解。由于缺乏近场测量，2001 年昆仑 Mw 7.8 地震的滑动深度和破裂长度仍然存在争议(Lasserre et al.，2005)。利用图像相位信息，InSAR 结果显示熊本地震中沿断层走向约 2km 宽的区域由于失相干而没有观测信号。幸运的是，振幅和 LiDAR 信息克服了这一缺陷，为该事件提供了更详细的破裂特征。因此，从幅度或 LiDAR 中获得清晰的近场位移是目前熊本地震研究的重要组成部分(Yue et al.，2017；Scott et al.，2018)。考虑到相位法的精度水平，以及相位法的位移比振幅法有更好的信噪比，本案例中最终得到的三维形变场中综合了相位位移、LiDAR 位移和振幅位移，其在水平方向和垂直方向上的平均精度分别为 10 cm 和 5 cm。

本案例中的三维形变场揭示了此次地震的多个形变特征(图 3.26)。首先，100 m 分辨率的水平分量(黑色箭头)和垂直分量(图像颜色)勾画出细节的地表破裂轨迹。已有研究利用野外考察标出 Hinagu 和 Futagawa 断裂位置(红线标注)(GSI，2016；Lin et al.，2016)。本结果表明，地表破裂一直延伸到北部靠近阿苏火山口附近，但是那里没有野外考察证据。其次，断层方向两侧的水平分量和垂直分量(黑色箭头)表现出两个总体特征：

沿主断层的破裂为右旋走滑运动，在阿苏火山口附近有一定的拉张运动。从震源机制来看，本次地震表现为右旋走滑。再次，本案例最终的三维变形图中揭示了多个次级破裂特征，得到的三维位移场不仅包括熊本主震的位移，还包括主破裂带的两个 Mw > 6 前震（分别为 4 月 14 日和 15 日的 Mw 6.2 和 Mw 6.4 前震）的位移。综上所述，以往利用 InSAR 或 GNSS 观测的研究只能揭示此次地震的部分形变特征，而影像大地测量的三维位移场可以帮助大家更直观、整体和系统地解释构造活动现象。

3.5　基于应变约束的熊本地震三维形变场

3.5.1　ESISTEM 的三维形变场

本案例利用 ESISTEM 方法来获取熊本地震的同震三维形变场，同时与基于单个像素点的最小二乘分解结果进行了精度比较。研究中使用的数据是 3.4.2 节中的 InSAR 和 MAI 观测（T023D、T130A），在 ESISTEM 方法解算过程中，经过测试选择 $N = 100$ 作为适当约束点数量阈值（Luo，Chen，2016）。

图 3.27(a) ~ (c) 是 ESISTEM 方法解算的同震三维形变场，可以看出在地表形变梯度过大的失相干区域，仍然能够得到连续、有效的形变信息。图 3.27(a) 东西向形变分量主要表现为西北盘向东运动，最大形变区位于断层中部，最大形变量约 2 m。图 3.27(b) 南北向形变分量表现为南北方向的扩张性拉伸，断层西北盘主要呈现出两个北向运动的形变中心，最大形变量为 0.9 m；断层东南盘为南向运动，最大位移约 1.2 m。图 3.27(c) 垂直形变分量显示断层西北盘最大沉降约 2 m，主要形变中心在断层中部，东南盘最大隆升约 0.55 m。阿苏火山的最大升降约 50 cm，沉降可能是此次右旋地震向西位移阿苏火山岩浆室运移的结果（Himematsu，Furuya，2016）。另外在阿苏火山口北部，存在一个局部异常变形信号（黑框），在东西向形变中表现为向西运动，位移约 0.4 m，在南北向形变中表现为向北运动，最大位移 2 m，垂向上为轻微的正位移。Himematsu 和 Furuya（2016）的研究分析表明不能用同震山体滑坡来进行解释，可能是小断层导致的局部变形，这些小断层被阿苏火山厚厚的火山灰所掩盖。

ESISTEM 方法确定的三维同震形变场中（图 3.27(c)），水平位移分量在发震断层两侧存在明显的差异运动，西北盘一致向东北方向运动，东南盘向南东向运动，表明 2016 年熊本地震序列以 NE—SW 向右旋走滑为主，这与震前 GNSS 无旋转速度场结果一致；南北盘横向错动量和走滑量几乎一致，表明断层倾角近乎垂直；Futagawa 断层西北盘受南部地块俯冲导致地表沉降，东南盘轻微隆升，表明 Futagawa 断层运动以右旋走滑为主兼有正断成分。

同时，还利用最小二乘法（WLS）获取了 2016 年熊本地震序列的三维形变场（图 3.27(d) ~ (f)）。从结果图可看出最小二乘法和 ESISTEM 方法获取的三维形变场变化趋势基本一致，表现为沿断层两侧相反方向的错动，并且主要形变区在震中与 Futagawa-Hinagu 断层带附近。在图 3.27(d) ~ (f) 中，可看出三维形变结果中存在大量的失相干区域，特别

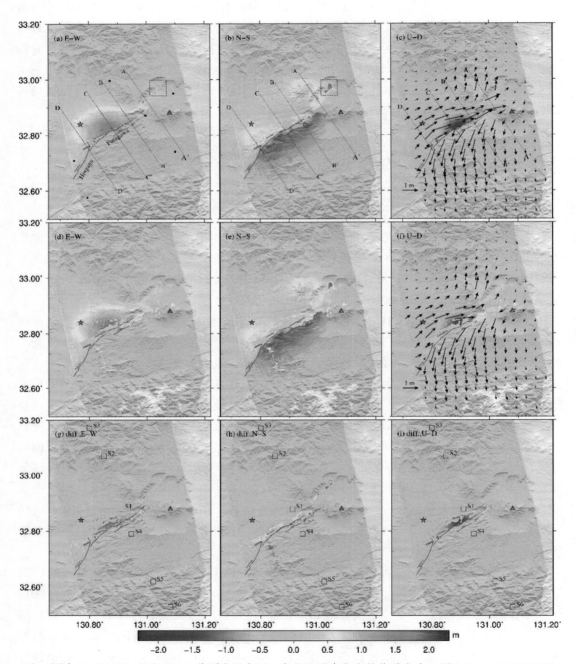

注：图中 E—W、N—S 和 U—D 分别表示东西、南北和垂直方向的位移方向；图（a）～（c）ESISTEM
方法的三维形变场；图（d）～（f）WLS 方法的三维形变场；图（g）～（i）ESISTEM 方法与 WLS 方法的
三维形变场残差；箭头为水平位移矢量，其中 S1～S2 为选定的精度评估区域。

图 3.27　熊本地震序列的三维形变场和残差（袁霜等，2020）

是在震中附近和破裂断层两侧，限制了对地震形变特征的解释。除了失相干区域，图 3.27 (d)东西向形变分量主要表现为向东运动，断层北部向东最大位移约 2 m，断层南部向西最大位移约 0.9 m；图 3.27(e)南北向形变分量显示东南盘为南向运动，最大位移约 1.3 m，断层西北盘主要呈现出两个北向运动的形变中心，最大形变量为 1 m；图 3.27(f) 中黑色箭头表示水平位移，颜色表示垂直形变场，垂向上断层北部最大沉降约 2 m，南部最大隆升约 0.6 m，这与 Scott 等(2018)的结果一致。

图 3.27(g)~(i)是 ESISTEM 与 WLS 的三维形变残差结果，可以看到 ESISTEM 方法恢复了断层附近以及东南盘的失相干信息，断层附近地表破裂带形变信息的恢复，有利于分析发震断层机制和解释地震形变特征。除了失相干区域，其他区域的形变近似一致(残差都小于 10^{-3} m)。残差标准差对比得出 ESISTEM 方法与 WLS 方法在影像相干区域的精度相当，对于盲破裂研究区域，这两种方法都可以有效地获取地表三维形变场，例如 Luo 和 Chen(2016)利用 ESISTEM 方法成功获取了 2015 年 Mw 7.9 尼泊尔 Gorkha 地震高精度的三维形变场，据报道此次地震中断层没有破裂到地表(Feng et al.，2015)；He 等(2019)利用 WLS 方法获取了 2017 年伊朗 Ezgeleh 地震盲断层的高精度三维形变场。但是对于地表发生破裂的失相干区域，ESISTEM 方法能有效地恢复失相干区域的形变信息，更利于对同震三维形变场的特征进行分析。

根据离发震断层的距离远近，分别在断层两侧选取三个区域来计算同震三维形变场残差(图 3.27(g)~(i))的均值和标准差，结果如表 3.9 所示，每个区域的大小为 20 × 20 像素。西北盘于垂直断层方向由近到远选取 S1、S2 和 S3 三个区域，东南盘于垂直断层方向由近到远选取 S4、S5 和 S6 三个区域(图 3.27(g)~(i)中的实线黑框)，断层两盘的三个区域关于断层大致对称，且都选在影像相干区域。从表 3.9 可看出西北盘区域(S1~S3)分别在三个形变场分量上的均值相同，标准差几乎没有差异且都小于 1 cm；东南盘区域(S4~S6)分别在三个形变场分量上的均值和标准差都几乎没有差异。这些统计结果表明了三维形变场残差的精度跟断层远近没有关系，ESISTEM 方法和 WLS 方法在影像相干区域的效果具有高的吻合度，也证明了 ESISTEM 方法的合理性。对于盲破裂区域的研究，这两种方法都可以成功获取地表三维形变场，区别在于当地表发生高形变失相干区域时 ESISTEM 方法能有效地恢复失相干区域的形变信息。

表 3.9 同震三维形变场残差比较(袁霜等，2020)

位置	标准差/cm			均值/cm		
	东西向	南北向	垂直向	东西向	南北向	垂直向
S1	0.35	0.50	0.21	0.00	0.02	0.00
S2	0.42	0.87	0.14	0.00	0.02	0.00
S3	0.44	0.86	0.16	0.00	0.02	0.00
S4	0.35	0.64	0.12	0.00	0.01	0.00

续表

位置	标准差/cm			均值/cm		
	东西向	南北向	垂直向	东西向	南北向	垂直向
S5	0.58	1.08	0.18	0.00	0.05	0.00
S6	0.75	1.35	0.23	0.00	0.05	−0.01

利用 ESISTEM 方法除了得到同震三维形变场外，还可以得到三个无量纲的应变场分量(图 3.28)，即体应变、旋转量和最大剪切应变。首先这三个应变场直观地反映了发震断层的位置，和断层为 NE—SW 走向。图 3.28(a) 显示了此次地震的体应变分量，揭示了体内的膨胀和收缩，其中膨胀系数在断层处呈现为负值，最大数值约 2.8×10^{-1}，表明断层处发生收缩，由于断层附近西北盘向北东向运动，东南盘向南西向运动，所以断层近场地区发生膨胀现象。旋转量如图 3.28(b) 所示，在 Futagawa 断层东部有最大值约 9.4×10^{-2}。图 3.28(c) 是最大剪切应变分量，在断层处及其附近剪切作用明显，最大值约 9.8×10^{-1}。

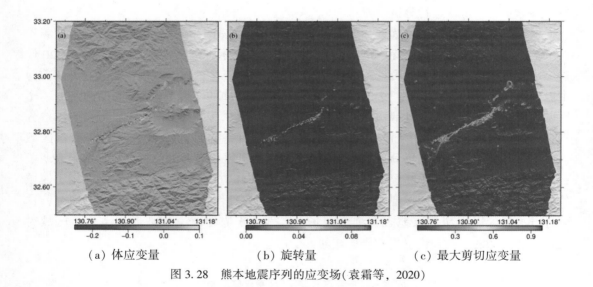

（a）体应变量　　　　　　（b）旋转量　　　　　　（c）最大剪切应变
图 3.28　熊本地震序列的应变场(袁霜等，2020)

3.5.2　小结

InSAR 观测在地震同震形变场测量中占据重要地位，其中同震三维地表形变场对解释地震形变特征和掌握地震发生机制具有重要意义。由于地震同震形变场具有形变幅度大、形变梯度大和构造背景复杂等特点，导致 InSAR 观测在震中区域和主要破裂区域会出现严重的相位失相干现象，这时利用 WLS 方法来构建同震三维地表形变场仍然对失相干严重区域无能为力。基于 SISTEM 和 ESISTEM 方法的研究，本案例成功地获取了 2016 年

Mw7.0 熊本地震的同震三维地表形变场和三个应变场分量，并且将 ESISTEM 与 WLS 方法进行比较，表明 ESISTEM 能获取可靠的同震三维地表形变场，并且能够对近断层的失相干信号进行一定程度的恢复。研究结果表明熊本地震主要发生在以右旋走滑为主的 Futagawa 断层中部和 Hinagu 断层最北端，其中 Futagawa 断层兼有少量正断成分，地震走向为 NE—SW 走向，断层倾角近乎垂直；东西向形变主要表现为西北盘的东向运动，最大形变量约 2 m；南北向表现为南北方向的扩张性拉伸，两盘的横向错动量和走滑量几乎一致；垂向形变中西北盘沉降高达 2 m，东南盘最大抬升 0.55 m。而 ESISTEM 方法得到的应变场分量表明破裂断层处受到了明显的收缩力和剪切力的作用，同震形变场和应变场结果表明 Futagawa 断层破裂是右旋剪切兼少量正断的应变释放结果。利用多尺度球面小波方法解算震前 GNSS 速度场和应变率场，得到发震断层两侧存在明显的差异运动，显示为右旋走滑的运动特征，并且熊本地震发生在第一剪应变率负高值和面压缩率最低值区域的边缘。ESISTEM 方法获取的同震位移场和应变场与多尺度球面小波方法获取的 GNSS 速度场和应变率场都反映了熊本地震发生在存在明显差异运动、剪切应变和面应变作用强的区域附近。

第4章　影像大地测量与地震活动

在板块运动和陆内造山构造驱动力作用下，地壳内的应变能发生逐渐积累，进入临近状态和快速释放的过程，从而产生地震活动。地震具有突发性、成灾瞬时性、破坏性大等特点，同时会诱发山体滑坡、崩塌、建筑物破坏等，是最具毁灭性的自然灾害。随着全球城市化进程的加快、人口对土地占用的急速增长以及社会经济活动的日趋频繁，地震的灾害效应急剧扩大，伤亡也格外惨烈。现代地震灾害呈现三大特征：一是发达国家经济损失大、发展中国家人员伤亡重；二是次生灾害重、衍生灾害难以估量；三是地震灾害损失非线性加速增长，严重威胁着人类生命安全，并制约着经济社会发展（中国地震局地震应急救灾局，2015）。

中国是世界上地震最活跃的国家之一，也是受地震影响最严重的国家之一。历史上曾发生过几次特大地震，给中国人民造成了巨大的生命财产损失。例如，1976年唐山7.8级大地震，造成约24.2万人死亡，16.4万人重伤，630万间房屋损毁，直接经济损失约470亿元人民币；2008年汶川8.0级地震，造成约6.9万人死亡，37.6万人受伤，1.8万人失踪，直接经济损失接近1万亿元人民币（中国地震局地震应急救灾局，2015）。随着中国城市化进程的加快，地处地震带内的大中城市拥有越来越多的人口和资源。如果这些地方发生新的破坏性地震，社会和经济损失将是不可估量的。

地震与地壳运动，危及人身财产安全和社会稳定，大的破坏性地震更是全人类的共同灾难，然而地震与地壳运动也是照亮地球内部的盏盏明灯，大地震更是揭示自然规律的难得机会，为地球科学发展、减灾技术创新创造条件（王琪等，2020）。地震主要产生了两种可测量的物理现象：一是地震波从震源传播，向外辐射，可以用地震仪在全球范围内测量；二是跨断层累积的弹性能量导致断层面上的突然滑动引起地表的永久位移。在大地震中，地面震动和地表破裂对建筑物造成主要的直接危险。地震造成的长期永久变形，不仅调整板块和地壳块体的平移，也导致地质构造和山脉的增长（Elliott et al.，2020）。相比地震波观测仅限于滑动破裂的持续时间，地震活动的地壳变形可能在地震发生时、发生前和发生后被广泛观测到，因此对地震机理和灾害评估具有重要意义。

对于地震断层活动的研究，首先需要了解地震（形变）周期的概念，该概念最早出现于1910年，由Reid（1910）利用三角观测资料和现场地质考察结果分析了1906年旧金山大地震的力学机制，发现圣安德烈斯断层北段断层两侧发生相对错动，认为该地震是圣安德烈斯断层上累积的弹性应力能释放所造成的结果，从而提出了著名的弹性回跳理论（elastic rebound theory），同时进一步将地震周期划分为震间、震前、同震和震后四个阶段（Thatcher，1983；Scholz，2002）。地震周期四个不同阶段的变形和应变累积具有不同的特点：震间阶段形变在断层两侧呈现连续的特征，应变累积平稳、缓慢、经历时间长；震前阶段由于经历时间短在断层活动区也难以观测到异常的形变，应变累积表现为在同一方向上速度加快；同震阶段即地震发生的过程，在断层两侧发生较大的形变错动，是由于应力累积达到极限，介质破裂，应变能突然发生释放的过程；震后阶段断层以较慢的速率继续滑动变形，并释放剩余的应变能，之后逐渐恢复并进入下一个地震周期的震间应变累积（图 4.1）。

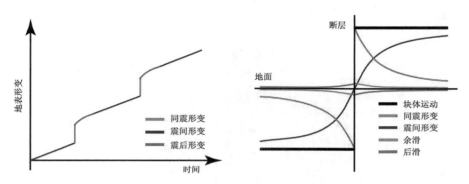

图 4.1　地震周期中地表形变的时空演化特征（Feigl，Thatcher，2006）

由于地震地壳变形过程在时间和空间上具有高度非线性的特征，传统的大地测量观测（如水准测量）并不总是适用。由于空间对地观测提供了大范围覆盖的可能性，且具有高空间分辨率和快速响应的优势，提高了地表监测能力的精确性和准确性（图 4.2）。根据《空间与重大灾害国际宪章》，在发生重大事件时，卫星影像被迅速提供给各国政府和人道主义机构，用于灾害评估。随着空间大地测量的繁荣，尤其是影像大地测量的飞跃发展，有望实现地震周期的全过程监测（Elliott et al.，2016，2020）。由于震前阶段经历的时间短暂，难以准确观测到异常的地壳形变，故目前对地震断层活动的研究主要集中在同震、震间和震后三个阶段。

影像大地测量可以提供亚厘米级精度的高空间分辨率近场地表形变观测，允许识别和刻画与近场相对应的最大滑动区域，已成为同震活动研究的常规手段之一。利用影像大地测量获取的同震形变，可以圈定较大位移集中的震中区域。利用 InSAR 条纹图像，发现椭圆形变形区域一般与倾滑（正断和逆冲）事件相关，四棱形变形区域一般与走滑事件相关，在这三类事件中，同震级情况下逆冲断层近场区域最大（Petricca et al.，2021）。值得注意的是，地震震中很少与较大震动的区域重合，而较大震动的区域对应较大的垂向位移，其宏观地震烈度更高。地震波形数据有极高的时间分辨率和精度，但是地震射线受传播路径和场源距离的影响，其空间分辨能力远低于空间大地测量数据（Funning et al.，2014）。尽管近场强地面运动观测对地震震中区域约束有重要作用，但在许多情况下，特别是在较偏远、无人居住和/或难以到达的地区，这种近场数据通常是难于获得的。因此，影像大地测量是监测地震的一个强有力工具，主要包括以下几个方面的作用：①精确确定

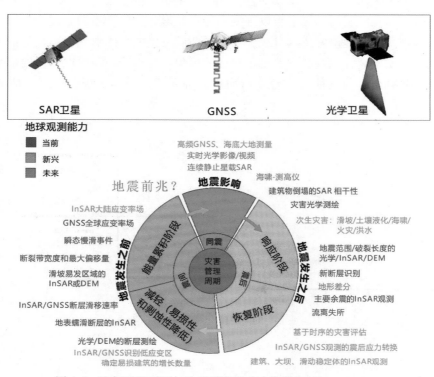

图 4.2　空间对地观测与地震周期活动响应研究（Elliott et al.，2020）

地震的地理位置；②研究复杂断裂带的破裂；③确定是否发生了地表破裂，并约束断层滑动的深度；④确定震源的主破裂节面（Elliott et al.，2020）。

　　地震目录（包括发震时间、位置、深度和震源机制等）是地震学研究的基础，随着近实时自动发布的 InSAR 形变数据和日趋成熟的反演模型，有望构建基于 InSAR 的地震目录（Meyer et al.，2019；Weston et al.，2011；Ferreira et al.，2011；Zhu et al.，2021）。利用震源机制解，在空间上可以用于确定构造板块边界，圈定发震断层，识别地震空区，约束地壳和地幔速度结构等；在时间上可用于研究地震迁移方向，前震、主震和余震之间的触发关系，地震活动周期等（Zhu et al.，2021）。在此基础上，可以探索断层应力的积累和释放、地震机制和地震风险概率等。常用的全球地震目录如 USGS、GCMT 和 ISC 等通过利用地震波来确定，受台站数量、分布、区域地壳速度等因素影响，震源参数具有较高的不确定性，无法独立确定主节面，在深度上偏差可以达到十几千米，从而限制了对地震机理和灾害评估的理解（Duputel et al.，2012）。例如，2019 年四川威远 Mw 4.9 级地震，中国地震台网中心和美国地质勘探局将震源深度分别定为 5 km 和 10 km，而 InSAR 形变数据显示深度仅为 1 km（Yang et al.，2020）。此外，对于特殊的地震活动——慢滑移事件，它可以产生较大的位错但几乎不会辐射地震波，对此类事件的监测超出了当前地震波的地震目录范围，而影像大地测量可以提供有效约束（Zhu et al.，2021）。考虑到影像大地测量技术对断层滑动的几何和空间模式很敏感，有利于约束滑动的空间模式，与地震波数据具有互补优势，近年来开始联合反演确定地震破裂过程。联合反演的地震模型，不仅对滑动的空间模式有很强的控制，而且还包含了地震破裂随时间传播的信息（Funning et al.，2014）。

　　影像大地测量观测具有大面积、空间上密集且分布均匀、时间上连续和精度高等优势，在地震活动发生前地壳经历的长时间缓慢构造变形监测中同样大放异彩。利用大范围的影像大地测量，可以约束地块的应变、膨胀和旋转速率和刚性运动（Wang et al.，2019）。通过测量主断裂带的形变速率，可以确定其是否活跃，滑动亏损速率和耦合状态（Tong et al.，2013），是否存在显著的蠕滑和持续性滑动（Harris，2017；Jin，Funning，2017）。基于地震周期理论，利用块体模型对活动断层的滑动率进行预测，结合地震活动性和断层滑移率的长期地质估计，可以为中长期强震发生规律研究提供重要的基础（Field et al.，2014）。另一个方面，构造地质学家关心现时构造的生长，包括褶皱分支如何旋转、断层破坏区域如何演化、拉张滑脱带和冲断带是如何起作用等，影像大地测量观测有助于提供地质结构运动过程的约束（Allmendinger et al.，2009）。尽管地质学与大地测量学在时间尺度上仍存在较大的差异，但是它们的差异可能反映了变形在空间和时间上的真实变化，为理解山脉构造的有限过程提供有效约束（Allmendinger et al.，2009）。此外，影像大地测量还允许对地震周期震后变形阶段的瞬态变形过程进行详细识别和深入探究。地震后的形变位移在一段时间内往往表现为非线性，震后形变的瞬态测量为地壳形变的流变特性和动力学过程提供了重要见解。空间和时间上密集的影像大地测量数据揭示了地震周期中广泛发生的震后变形行为，如余滑、孔隙弹性和黏滞松弛等。震后过程改变了震区应力的性质，研究震后形变可以获得流体、岩性和断层摩擦的作用过程（Freed，2005）。

　　地震周期的准静态部分跨越了从天到几千年的时间尺度和从千米到几千千米的空间尺度，为了模拟地震的周期性过程，提出了一系列的模型方法（Sandwell et al.，2018）。其中，同震形变主要用弹性位错模型模拟，目前使用最多的为均匀弹性半空间的矩形位错模型（Steketee，1958；Chinnery，1961；Savage，Hastie，1966；Okada，1985，1992）以及角位错模型（Maerten et al.，2005）。震后形变模型主要有三种：震后余滑（Reilinger et al.，2000）、孔隙弹性回弹（Peltzer et al.，1996；Jónsson et al.，2003）、下地壳或上地幔的震后黏弹性松弛（Nur，Mavko，1974；Deng et al.，1998）。根据弹性回跳理论，震间应变累积阶段发生线弹性形变，Savage 和 Burford（1973）建立了弹性震间形变模型，Nur 和 Mavko（1974）建立了黏弹性震间形变模型，之后 Savage 和 Prescott（1978）又在前两者的基础上提出了黏弹性耦合模型解释震间应变累积过程。

　　本章包含三部分内容：①影像大地测量的同震形变研究案例：联合 InSAR 与 GPS 的日本 Tohoku 地震研究、联合 Envisat 和 ALOS 卫星影像确定 L'Aquila 地震震源机制；②影像大地测量的震间形变研究案例：CRInSAR 的鲜水河断层震间变形、时序 InSAR 的喀什坳陷震间变形与模拟；③影像大地测量的震后形变研究案例：InSAR 时间序列观测 2001年可可西里 7.8 级地震震后变形、InSAR 约束下的 2008 年汶川地震同震和震后形变分析。

4.1　同震形变场监测与机理解释

4.1.1　2009 年意大利拉奎拉 Mw 6.3 级地震

2009 年 4 月 6 日，意大利中部拉奎拉（L'Aquila）地区发生 Mw 6.3 级强烈地震，震中位于（42.334°N，13.334°E），震源深度为 8.8 km（来自美国地震调查局，USGS）（图 4.3）。该地区地质结构复杂，构造运动由欧亚板块和非洲板块的相互作用主导。USGS 震源机制解初步推断此次地震为一个正断层机制。此次地震造成 300 多人死亡，1000 人受伤，成千上万的房屋倒塌，给当地造成了巨大的经济和人员损失（Walters et al.，2009）。在 L'Aquila 地震主震发生后的一周内，该区域又发生了 7 次 Mw>5 级和 11 次 Mw 4.0~4.9 级的余震，其中最大的一次余震（Mw 5.6）发生在 4 月 17 日，震源深度为 5 km，位于主震东南 15 km 处。余震分布显示了活动断层为 NW—SE 结构、SW 倾向（图 4.4）（温扬茂等，2012）。历史上，L'Aquila 地区地震频发，如 1461 年 M 6.4 级地震，1703 年 M 6.7 级地震，在 1762 年、1916 年、1958 年又分别发生了多次 5.2~5.9 级地震（Stucchi et al.，2007）。大地测量观测揭示亚平宁山脉区域地壳扩张速率为 3~5 mm/a（Hunstad et al.，2003；D'agostino et al.，2008）。

图 4.3 显示 L'Aquila 位于两条大山脉之间的峡谷地区。SAR 成像特征表明，在山区雷达影像易受到叠影、前视收缩、阴影以及茂密的地表植被等因素影响。在实践中，这类因素对 C 波段雷达影像（波长 5.6 cm）的影响较 L 波段雷达影像（波长 23.6 cm）更为严重。本案例根据 PALSAR 数据的优势，在数据源中联合 PALSAR 数据与 ASAR 数据生成观测数据集，有效增加了观测数据量。

4.1.1.1　数据处理

本案例收集了 ESA 公布的 ASAR 影像数据，同时向日本宇宙航空研究开发机构（JAXA）申请了 3 幅震后 ALOS 卫星的 PALSAR 影像，一起用于研究此次地震的几何结构和运动学特征。根据干涉效果选取升降轨 ASAR 影像和 PALSAR 影像各两幅组成干涉影像对。所选取的 SAR 数据具体参数见表 4.1。图 4.3 显示了选取的 SAR 影像覆盖区域与震中的相对位置，从中可以看出这三对 SAR 影像均较好地覆盖了此次地震主要影响区域。

表 4.1　　　　　　　　　　　　选取使用的 SAR 卫星数据（温扬茂等，2012）

卫星	主影像 /YYMMDD	辅影像 /YYMMDD	垂直基线 /m	时间基线 /天	轨道号 /(A/D)	中误差 /cm	衰减距离 /km
Envisat	090201	090412	167.9	70	079(D)	0.68	7.3
Envisat	090311	090415	−224.7	35	129(A)	0.68	3.9
ALOS	080703	090521	−354.4	322	638(A)	2.16	10.2

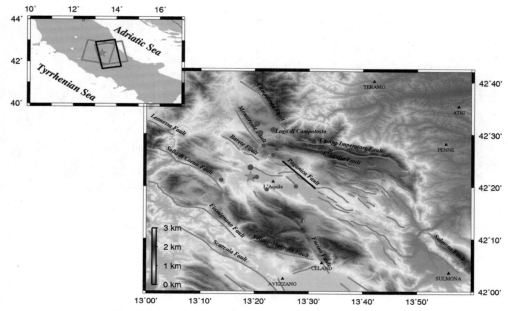

注：左上方中矩形框所在区域为 SAR 影像覆盖区（粉色为 ASAR 数据、黑色为 PALSAR 数据），五角星为震中位置，蓝色圆点为主震后一年内的 4~5 级（蓝色小点）和 5~6 级（蓝色大点）余震，黑色线条为 Paganica 断层，其他粉色线条为区域内的相应断层，黑色三角形为行政区域分布。

图 4.3 L'Aquila 地区地质和地震分布图（温扬茂等，2012）

本案例采用二通法（Massonnet et al.，1993）对获取到的 ASAR 和 PALSAR 影像进行差分干涉处理来获取同震形变场，处理平台为瑞士的 GAMMA 软件（Werner et al.，2000）。在数据处理过程中，为了获得较高的信噪比，在干涉图处理过程中首先对 ASAR 图像和 PALSAR 影像在方位向和距离向上分别进行多视，多视数分别为 10∶2 和 8∶4。利用90 m 分辨率的 SRTM DEM 去除地形的影响（Farr et al.，2007）、基于能量谱的局部自适应滤波（Goldstein，Werner，1998）对干涉图进行滤波、枝切法（branch-cut method）来解缠得到的差分干涉相位。最后得到三幅经过地理编码的同震形变图（图 4.4）。

4.1.1.2 同震形变场分析

图 4.4 干涉图显示了 C 波段的 ASAR 和 L 波段的 PALSAR 数据获取的同震形变。ASAR 干涉图中的干涉条纹较 PALSAR 条纹更为密集，原因在于其缠绕波长尺度的差异。其中 PALSAR 干涉图较 ASAR 干涉图像更清晰，覆盖区域更全面，这是因为 L 波段在地形复杂区域成像效果较 C 波段要好，不易受到植被覆盖茂密造成的失相干因素影响。此外，从图 4.4 中可以看出 L'Aquila 地震地面形变的变形趋势，差分干涉条纹以 Paganica 断层断裂带为中心环绕分布，形变主要集中在一个长约 35 km、宽约 30 km 的 NW—SE 向区

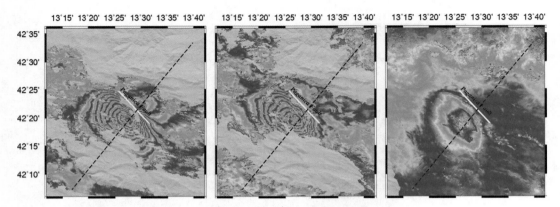

注：左图为 ASAR 的 T079 降轨，中图为 ASAR 的 T129 升轨，右图为 PALSAR 的 T638 升轨，白线
为 Paganica 断层显示，虚线为垂直断层迹线，用于后述分析。ASAR 和 PALSAR 的反缠绕尺度分别
为 2.8 cm 和 11.8 cm。

图 4.4　DInSAR 干涉图（温扬茂等，2012）

域内，并且距离断层位置越近条纹越密集，距离断层位置越远条纹越稀疏。比较断层两侧的椭圆变形区域，发现其具有明显的不对称性。图 4.4 中的右边两幅升轨干涉图仅显示一个清晰的椭圆形变区，另一幅降轨干涉图显示了不对称的两个椭圆形变区，这是由于升降轨的卫星方位角的不同造成的。

　　在 InSAR 差分干涉图中，同时包含有大气、轨道、DEM 残差、热噪声等多种误差，这些误差对干涉相位的影响方式和量级是各不相同的，常规的误差估计方法难以研究干涉图的误差大小。假定差分干涉图的中误差（主要为残余大气效应和轨道误差）的统计特征在整个影像中具有相同的空间结构（Hanssen，2002；Parsons et al.，2006），则可以使用 1D 协方差函数来描述每个轨道中误差的特征（包括量级和空间尺度）。从表 4.1 中可以看到，Envisat 卫星 T079 和 T129 轨道的同震位移场的方差中误差分别为 0.68 cm、0.68 cm，协方差衰减距离为 7.3 km 和 3.9 km。将本研究结果与 Walters 等（2009）的结果相比可知，T079 的干涉图中误差和衰减距离两者类似，而 T129 的干涉图结果得到的中误差较 Walters 等（2009）的 0.48 cm 大，衰减距离短。ALOS 卫星的 T638 轨道的同震位移场的方差中误差为 2.16 cm，协方差衰减距离为 10.2 km。比较 ALOS 卫星和 Envisat 卫星数据获取的同震位移场的中误差结果可知，前者近似为后者的 3 倍，可能是由两者波长之间的差别造成。利用获取的三幅不同轨道差分干涉图中误差将用于后续震源反演中的参数定权。

4.1.1.3　模型反演

　　本案例采用 Okada 的弹性半空间矩形位错模型（Okada，1985）来进行发震断层的运动学的同震形变场及滑动分布反演。在具体反演过程中，主要包括以下两步：一是由非线性反演约束统一滑动的断层几何参数；二是在获取到断层几何参数的基础上，利用线性反演来提取断层面上的精细滑动分布量，从而确定发震断层的运动学特征。

图 4.4 中的同震形变场包含有几十万个观测数据，考虑到计算效率和反演的可行性，首先需要对三幅 InSAR 干涉图进行降采样生成一个点数适当的观测数据集。在 InSAR 观测数据采样中，常用的有均匀采样和四叉树采样（Welstead，1999）。均匀采样即给定适当的步长，在东、北向上以此步长为基准等间隔地对整幅图像取点，均匀采样能有效降低部分误差较大观测区域结果对整体结果的影响，但是不能最大地保留图像的空间特征。四叉树采样主要通过限制采样窗口的大小和窗口的阈值方差来进行采样，该方法在高形变梯度区域采样量大，在低形变梯度区域采样数据小，能最大限度地保留观测数据特征和采样密度。

为顾及干涉图中近场数据和远场数据的空间分布特征，本案例结合四叉树和均匀采样两种采样方法，分别对远场数据进行均匀采样，对近场数据利用四叉树采样，采样结果如图 4.5 所示。由图 4.5 可知，T079、T129、T368 三个轨道的原始干涉图经采样后的数据点数分别为 1254、1282、1667 个，且近场点数密度大，远场点数密度小，能有效地代表整个形变场的特征和量值。

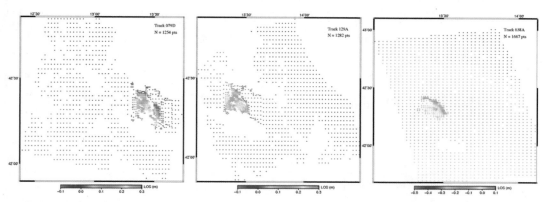

图 4.5　结合四叉树与均匀采样点位分布（从左到右分别为 T079D、T129A、T638A）（温扬茂等，2012）

1. 均匀滑动反演

利用上节采样得到的三幅干涉图的数据，首先采用均匀滑动模型来获取 L'Aquila 地震的断层参数，寻求理论形变量和实际观测值的最佳拟合。断层几何参数是理解地壳同震形变的主要依据之一，具体包括断层位置（经度、纬度）、长度、深度（埋深和底界深度）、走向、倾角；断层的运动参数包括滑移量、滑动角和张裂分量，张裂分量在地震形变中一般不予考虑。由于此次地震规模较小，这里采用单断层模型来进行反演。虽然 InSAR 数据处理过程中使用了精密轨道信息，但是干涉图中仍然存在残余的轨道误差，因此在反演模型中加入了线性函数来估计轨道误差。这里总共需要估计的参数有 9 个断层参数和 9 个轨道参数。反演模型所用到的断层参数初始值范围由图 4.6 确定。由于地表形变与断层几何参数之间是非线性的关系，案例采用单纯型算法（Wright et al.，1999）来搜索断层参数的最优解。此外，为克服反演过程中的局部最优，同时使用蒙特卡洛方法，通过 100 次随机地选取开始参数反演，以确定最终的解。在单纯型算法中，还需要对断层的深度、长度和宽度进行约束(给出上下限)以保证这些参数值具有物理意义,其他参数则不需要进行约束。

反演过程中,需要解如下方程:

$$d_{InSAR} = Gm + \varepsilon \qquad (4.1)$$

其中,d_{InSAR} 为 InSAR 同震形变观测值,G 为设计矩阵,m 为包括断层位置、深度、长、滑动量和轨道参数等的参数集,ε 为观测误差。反演的最终目的是使观测数据和模型最佳拟合,从而达到目标函数最小。

研究采用 OKINV 程序(Clarke et al.,1998;Wright et al,1999)来进行反演,均匀滑动模型反演得到的参数值见表4.2,从表4.2中可知断层的走向近似为 NW—SE 方向,倾角为 54.1°±0.2°,发震断层是一个以正倾滑为主兼有少量右旋走滑的断层。从表4.2中与其他研究机构获取的断层几何参数的比较可知,震中位置与 GNSS 测量结果一致,断层走向、倾角和深度同 Walters 的 InSAR 结果一致但大于其他的研究机构结果,Walters 等(2009)研究结果表明,当利用体波数据反演,同时将走向角固定为 144°时,得到的滑动角会发生极大的变化以补偿走向角的变化,从而证明在走向角的约束上 InSAR 数据具有更强的能力。确定的断层平均滑动量为(0.657±0.005)m,滑动角为−113.5°±0.1°,滑动量同 Walters 利用 InSAR 确定的 0.66 m 结果一致,与 Walters 和 Atzori 单独利用 InSAR 反演得到的−105°和−103°相比更大一些,而滑动角大小则与 USGS 研究机构发布的−112°结果相一致,可确定发震断层为正倾滑为主兼有少量右旋走滑的断层。最后均匀滑动模型得到的地震矩为 $2.96×10^{18}$ N·m(Mw 6.25),与地震学(表4.2体波研究结果)结果相近。

表4.2　　　　　　　　　断层几何参数(温扬茂等,2012)

模型	走向/(°)	倾角/(°)	滑动角/(°)	滑动量/m	经度/(°)	纬度/(°)	长度/km	上边界/km	下边界/km	地震矩(×10¹⁸ N·m)	震级 Mw
InSAR[u]	143.3 ±0.1	54.1 ±0.2	−113.5 ±0.6	0.657 ±0.005	13.4773 ±0.0004	42.3645 ±0.0002	13.38 ±0.05	3.09 ±0.02	11.59 ±0.06	2.96	6.25
InSAR[d]	143.3	54.1	−104.49	0.31	13.4773	42.3645	20	3.09	11.59	3.14	6.27
InSAR[w]	144	54	−105	0.66	13.449	42.333	12.2	3.0	11.7	2.80	6.23
InSAR[a]	133	47	−103	0.56	13.468	42.363	12.2	1.9	21	2.7	6.22
Bodywave	126	52	−104	—	13.31	42.33	12	0	9	3.02	6.25
GCMT-Q	127	50	−109		13.32	42.33				3.42	6.29
USGS	122	53	−112		13.37	42.40				3.4	6.29
GNSS	134	49	−100	0.72	13.47	42.36	11.1	1.5	11.8	3.73	6.31

注:表4.2中 InSAR[u] 和 InSAR[d] 分别为均匀滑动和分布式滑动结果,InSAR[w] 和 InSAR[a] 分别为 Walters 等(2009)和 Atzori 等(2009)结果,其他为 Bodywave、GCMT、USGS、GNSS 结果。

一般来说在非线性反演中还没有很好的方法可以将观测值的误差传递给模型参数，这里利用100组合成的带误差观测数据来估计断层参数的不确定性。图4.6给出了由三幅InSAR数据反演获得的断层参数不确定性。图4.6中的散点显示了断层参数之间的权衡，从图中可以看到，最小深度（Mindepth）与最大深度（Maxdepth）间有极强的正相关性；断层的经度（Lon）与断层走向（Strike）、最小深度（Mindepth）间亦存在着正相关关系；断层的纬度（Lat）与断层滑动量（Slip）、最大深度（Maxdepth）、断层长度（Length）间表现为极强的负相关。由图4.6中的统计直方图可以看出确定的断层参数具有较高的可信度。

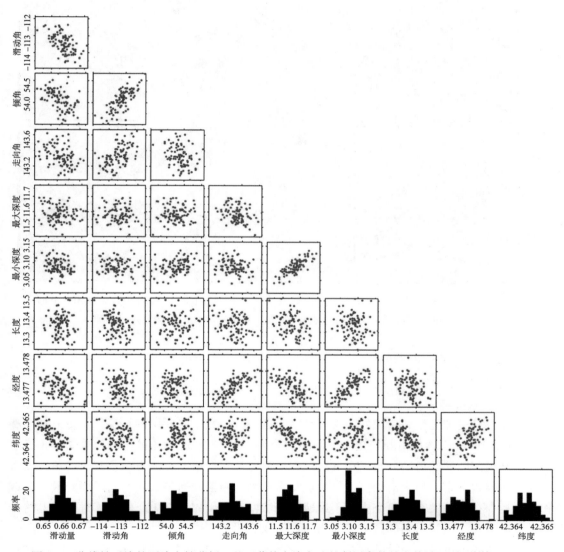

图4.6　非线性反演的不确定性分析，基于蒙特卡洛方法的断层参数精度估计（温扬茂等，2012）

利用表4.2反演的断层几何参数正演，得到拟合的干涉图和残差图见图4.7。由图

4.7 可以看出，简单均匀滑动模型反演获取的结果总体上与观测值拟合良好，三幅残差图的均方差分别为 1.1 cm、1.3 cm、2.0 cm。残差图中靠近断层线两侧部分出现了约 1.5 个条纹的误差，主要由于形变的中心位置形变梯度较大，破裂情况复杂，均匀模型对同震形变场细节上的精度不够。

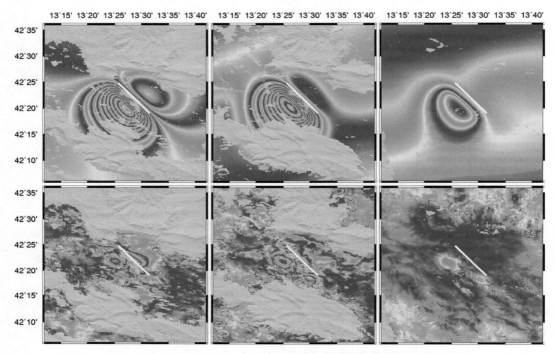

注：左上图为 T079 拟合干涉图、中上图为 T129 拟合干涉图、右上图为 T638 拟合干涉图，下面三幅残差图为对应轨道观测数据与反演结果残差，ASAR 和 PALSAR 的反缠绕尺度分别为 2.8 cm 和 11.8 cm。

图 4.7　均匀滑动模型拟合的干涉图和残差图(温扬茂等，2012)

2. 分布式滑动反演

为了得到更加完整和精细的断层滑动空间分布，研究中将断层的长度和宽度分别拓展为 20 km、16 km，然后沿断层走向和倾向划分为 1 km × 1 km 大小的格网，采用分布式滑动模型来反演断层的滑动分布。在反演过程中只估计每个格网上的滑动量和滑动角，而将其他几何参数固定为均匀滑动模型的最优解。在固定断层几何参数后，断层面的滑动参数和形变场存在线性关系。研究中基于最速下降法(Wang et al. , 2010)来求解断层面上的分布式滑动分布，最终得到的同震滑动分布如图 4.8 所示。

从图 4.8 中可以看到沿断层剖面的同震滑动分布主要发生在 5 ~ 14 km 深度范围内，平均滑移量为 0.31 m，平均滑动角为 − 104.49°，最大滑动量达 1.06 m，滑动角为 − 108.84°，深度为 6.88 km。分布式滑动分布结果显示了断层为正倾滑和少量的右旋走滑。与野外调查结果一致(Emergeo Working Group，2009)。为了估计分布式滑动反演获取

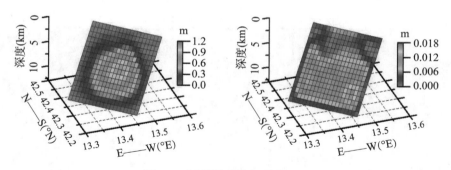

图 4.8　同震滑动分布及残差图

的断层面滑动分布的精度，对原始观测数据生成 100 组带随机扰动误差的新数据，通过这些数据计算出相应的滑动空间分布结果，从而估计出模型的精度，得到同震滑动分布的残差如图 4.8 所示。由图 4.8 中的残差图可以看到模型的最大残差为 0.016 m，平均精度为 0.012 m，说明分布式滑动模型反演得到的滑动分布是可靠的。

为了研究分布式滑动反演得到的断层精细结构与观测值之间的拟合度，利用反演得到的地表形变结果计算了拟合干涉图及残差图如图 4.9 所示。从图 4.9 中可以看到，分布式滑动反演结果与观测值之间拟合得非常好，模型生成的干涉条纹非常清晰，同时残差结果也很小，T079、T129 和 T638 的数据拟合模型残差方差分别为 0.9 cm、1.1 cm、2.0 cm，数据拟合率达到了 98.5%。从图 4.9 的残差干涉图中可以看到，残差分布显示出很强的随机性，这主要与大气延迟、电离层异常、DEM 误差等因素相关。

比较图 4.7 和图 4.9 可知，分布式滑动反演拓展了断层线的长度和宽度，同时对断层的几何参数进行固定约束，将断层划分为更多的小格网单元，从而确定这些格网单元的滑动量和滑动角反演，得到的断层运动参数更为精细，而均匀滑动分布将整个断层面上的滑动分布和滑动角作为一个固定的值，所以以图 4.9 的结果优于图 4.7 的结果。两图中的残差图直观反映出目标函数拟合的情况，比较图 4.9 和图 4.7 中的残差均方差结果可知，Track 079 和 Track 129 残差均方差都减小了 0.2 cm，拟合结果显示分布式滑动模型能更加圆满地解释 L'Aquila 地震同震形变场。

4.1.1.4　小结

利用强地动和 GNSS 数据的联合反演结果，Cirella 等（2009）推断此次地震破裂沿 SE 方向以 2 km/s 的速度传播，持续约 6.5 s，相当于破裂长度为 13 km，与本研究确定的 13.38 km 断层长度吻合。Walters 等（2009）利用 ASAR 数据反演得到断层的滑动量为 0.6 m，地震矩为 2.80×10^{18} N·m，Atzori 等（2009）联合 ASAR 数据和 COKMO-SkyMed SAR 数据研究得到断层滑动值为 40~60 cm，主要位于断层从西北边缘到南部 6 km 的深度，在 7 km 深度，滑动量达到最大值 0.9 m，地震矩为 2.7×10^{18} N·m。Cirella 等（2009）利用强位移数据反演得到最大滑移量 1 m，这三者与反演得到的最大滑动深度 6.88 km、

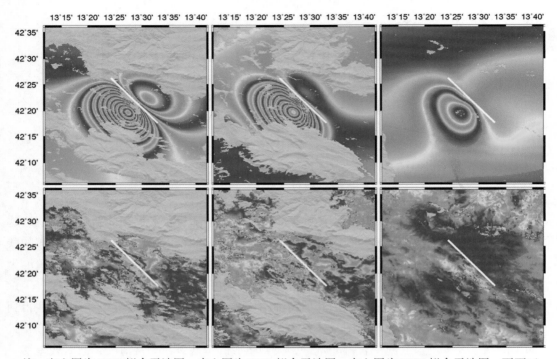

注：左上图为 T079 拟合干涉图、中上图为 T129 拟合干涉图、右上图为 T638 拟合干涉图，下面三幅残差图为对应轨道观测数据与反演结果残差，ASAR 和 PALSAR 的反缠绕尺度分别为 2.8 cm 和 11.8 cm。

图 4.9　分布式滑动模型拟合的干涉图和残差图

最大滑移量 1.06 m 相一致，更好地支持了强位移反演结果，但是与地震矩比较，本案例的地震矩为 2.96×10^{18} N·m，大于 Walters 和 Atzori 研究的地震矩结果，可能是由于利用的 PALSAR 数据跨度时间更长，同震形变结果中包含了部分震后位移。综上，研究确定此次地震的震源机制为 SE 走向、SW 倾向的正断层，与其他已有研究结果较为一致。

由地质野外考查结果发现该地震造成了地表 7~10 cm 的破裂（Emergeo Working Group，2009），而研究得到的最佳拟合分布式滑动结果表明，发震断层位错并没有达到地表。根据已有的 GNSS（Anzidei et al.，2009；Cheloni et al.，2010；Cirella et al.，2009）、InSAR（Atzori et al.，2009；Walters et al.，2009）反演得到的滑动分布结果，断层位错没有达到地表，从而可分析 Paganica 断层的最浅深度靠近地表，而野外考查的地表破裂是由于地下的滑动能量传递到地表的脆性区域造成的。部分学者认为 Paganica 断层与相邻断层比较在地形活动上更弱（Walters et al.，2009），但此次地震恰好发生在 Paganica 断层。这次地震观测使得在 L'Aquila 以及相似地质区域，确定潜在危险地震断层这一问题更加突出，应该提高多种测量手段对震间应变积累进行研究。

4.1.2 2011 年日本 Tohoku-Oki Mw 9.0 级地震

2011 年 3 月 11 日，日本本州东海岸附近海域发生 Mw 9.0 级大地震（USGS：38.322°N，142.369°E）（图 4.10）。该地震震中位于日本东北部宫城县附近海域，由一系列的前震和余震构成，地震后引发巨大海啸（Song et al.，2012），截至 4 月 16 日，已造成 13705 人死亡，14175 人失踪，成千上万的家庭断水断电。此次 Mw 9.0 级地震主要是由于太平洋板块在日本海沟俯冲入日本下方，并向西侵入欧亚板块造成。此次地震提醒人们潜在的 9.0 级地震可能会沿其他的海沟系统发生，为了更好地认识此次日本地震的震源机制及其震后响应，探索沿太平洋海沟地区地震发生动力学机制，详细的同震形变及其滑动分布研究显得较为重要（许才军等，2012）。

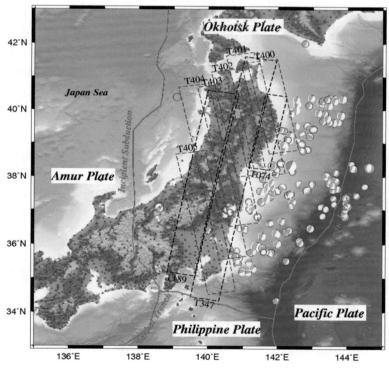

注：图中红色沙滩球表示 Harvard 对此次地震的震源机制解。黑色和橙色排球表示 1900—2011 年间主震前和主震后（M≥5）的地震事件。红色线为板间断层迹线（Bird，2003）。红色的三角形为 GPS 站点分布。虚线矩形框分别为升轨的 PALSAR（Track 400-405）和降轨的 ASAR（Track 074，347，189）影像覆盖区。

图 4.10 2011 年日本 Tohoku-Oki 地震地质背景图（许才军等，2012）

对于此次地震的最大滑动分布，不同的研究学者得出的结果各不相同。Pollitz 等（2011）基于 GNSS 数据利用最小二乘加权模型反演得到此次地震的最大滑动量为 35 m；

Diao 等（2011）基于 GNSS 数据利用介质分层模型反演获得的最大滑动量为 23.3 m；Shao 等（2011）基于 GNSS 数据利用敏感性迭代反演获得的最大滑动量为 25.8 m；Charles 等（2011）利用地震波资料反演得到的最大滑动量为 40 m；而 Simons 等（2011）基于 GNSS 和海底传感器数据反演推断此次地震的最大滑动量超出 50 m。同时当时公布的反演结果中还没有加入 InSAR 同震形变资料进行反演约束。在部分已有的 InSAR 同震形变结果中，Feng 等（2011）利用覆盖整个区域的 ASAR 和 PALSAR 数据进行同震形变研究，并利用 GNSS 对同震形变结果进行校正，其余 SAR 同震监测结果没有利用整个地区可用 SAR 数据（如升降轨数据）进行此次地震的同震形变研究，同时由于轨道误差影响，不同研究机构利用相同的 SAR 影像给出的干涉结果也存在一定差别。

　　本案例利用 Envisat 和 ALOS 卫星的 SAR 影像资料，获取日本 Mw 9.0 Tohoku-Oki 地震的同震形变，同时联合已有的 GNSS 同震观测资料一起反演此次地震的同震滑动分布。首先利用了 3 个轨道的 ASAR 数据和 6 个轨道的 PALSAR 数据，采用二通差分干涉法进行干涉处理提取 InSAR 同震形变场，再利用 GNSS 数据修正 SAR 数据中的卫星轨道误差影响，同时对干涉图中包含的残差形变量进行分析，从而获取高精度的完整 InSAR 同震形变场。最后基于 Okada 弹性半空间矩形位错模型（Okada，1985），联合 GNSS 和 InSAR 同震形变结果对此次地震的滑动分布进行约束反演，确定断层滑动分布。

4.1.2.1　差分干涉数据处理

　　图 4.10 显示了选取的 SAR 影像覆盖区域与震中的相对位置，从中可以看出 SAR 影像覆盖此次日本地震的整个东北震域。其中 ASAR 数据为 T074、T347、T189 共三个条带，PALSAR 数据为 T400～T405 共 6 个条带。所选取的 SAR 数据形成的干涉像对具体参数见表 4.3。

表 4.3　　　　　　　　　　　　　　覆盖日本 3·11 地震的同震干涉像对

传感器	干涉像对 （yymmdd—yymmdd）	$B_{\perp}$ （m）	时间基线 （day）	轨道号 A/D	影像帧号
ASAR	110302—110401	−106	30	074D	2763—2889
ASAR	110219—110321	−120	30	347D	2763—2889
ASAR	110310—110409	−300	30	189D	2763—2907
PALSAR	110111—110413	1117	92	400A	790—800
PALSAR	101028—110315	1452	138	401A	760—800
PALSAR	100929—110401	1193	184	402A	760—800
PALSAR	110303—110418	347	46	403A	730—800
PALSAR	110202—110320	834	46	404A	700—770
PALSAR	110219—110406	390	46	405A	690—750

注：其中 $B_{\perp}$ 表示垂直基线，A/D 表示升/降轨。

研究中，采用二轨法（Massonnet et al.，1993）对获取的 ASAR 和 PALSAR 影像进行差分干涉处理来获取地震的地表同震形变场。InSAR 处理平台为瑞士的 GAMMA 软件（Werner et al.，2000）。为了获得较高的信噪比，在干涉图处理过程中对 ASAR 图像和 PALSAR 影像在方位向和距离向上分别进行多视，多视数分别为 20：4 和 16：6；采用了基于能量谱的局部自适应滤波（Goldstein，Werner，1998）对干涉图进行滤波。在干涉处理过程中，利用 90 m 分辨率的 SRTM DEM（Farr et al.，2007）来去除地形的影响，采用最小费用流算法（minimum cost flow algorithm）（Chen，Zebker，2001）来解缠得到的差分干涉相位，最后对同震干涉形变图进行地理编码（图 4.11（a）和图 4.12（a））。由于此次地震产生了巨大的同震位移，从图 4.11（a）和图 4.12（a）的干涉形变图中可以看出同震形变条纹非常密集。在条纹缠绕尺度一样的情况下，PALSAR 数据差分干涉图的干涉条纹相比 ASAR 数据的干涉条纹更为密集，原因在于两个卫星的视角和方位角参数的差异。

由图 4.10 中的 SAR 影像数据覆盖长度可以看出，此次 InSAR 干涉结果的条带较长，轨道误差在干涉结果中将产生较大的影响，从表 4.3 中干涉像对可看出 T400~T402 三幅干涉图的垂直基线较长，可引起约 2 cm 的地形误差（Feng et al.，2011），同时大气误差和电离层扰动也对干涉结果有一定的影响。以上几项误差中，除轨道误差外，其余几项误差相对于此次地震形变的幅度可以不予考虑。

4.1.2.2 基于 GNSS 数据的 InSAR 轨道误差校正

为了估计干涉结果的轨道误差影响，利用 ARIA 提供的 GNSS 同震位移结果进行校正。首先将 GNSS 结果转化到视线向形变量 d_{GNSS}，并利用提取干涉图中每个 GNSS 点位置的 3×3 窗口的 InSAR 像素形变平均值 d_{InSAR}，然后基于利用 InSAR 观测值与 GNSS 观测值计算轨道误差 d_{orbit}，如式（4.2）：

$$d_{InSAR} - d_{GNSS} = d_{orbit} + d_{residual} \qquad (4.2)$$

其中，$d_{residual}$ 为残差，包括有轨道模型残差，大气延迟误差，地形误差，震前形变、余震形变、震后形变等。本研究采用二次多项式对轨道误差模型进行校正。在计算过程中，剔除大于 2 倍中误差的 GNSS 校正点，消除由于 InSAR 观测值粗差对校正系数的影响，以保证结果的可靠性与精度。对图 4.11（a）和图 4.12（a）的结果进行轨道校正后，得到校正后的 InSAR 观测结果为 $d_{correction}$，如式（4.3）：

$$d_{correction} = d_{InSAR} - d_{orbit} \qquad (4.3)$$

比较轨道校正前后的结果可以看出，进行轨道校正后，相邻条带干涉条纹吻合得更好。由于是以 GNSS 观测结果为基准进行的校正，所以校正后的 InSAR 结果不再是自由基准（由于 InSAR 为相对观测，与解缠起算点有关），不同条带之间的观测结果也统一到相同的 GNSS 基准下。GNSS 进行的是单点观测，可以提供东西、南北和垂直向的观测值，而 InSAR 观测为视线向的连续观测量。以 GNSS 观测为参考值，对校正的 InSAR 观测进行评价。为了进行两者之间的比较，首先要对 GNSS 观测值进行插值计算，转化为视线向观测量，进而评价校正后的干涉图残差 $d_{residual}$，即

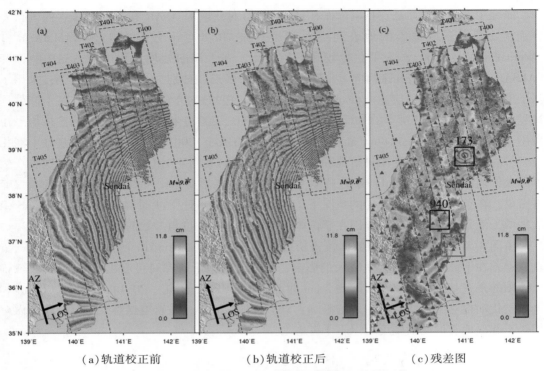

（a）轨道校正前　　　　　　（b）轨道校正后　　　　　　（c）残差图

图 4.11　基于 PALSAR 数据的同震形变干涉结果(许才军等，2012)

$$d_{\text{residual}} = d_{\text{correction}} - d_{\text{GNSS}} \qquad (4.4)$$

计算得到 PALSAR 干涉图 T400~T405 共 6 个条带的残差中误差依次为：6.8 cm，9.1 cm，8.3 cm，8.1 cm，5.8 cm，5.2 cm；ASAR 干涉图 T074、T347、T189 共 3 个条带的残差中误差依次为：3.1 cm，9.4 cm，3.4 cm。从残差图中可以看出，校正后的干涉结果与 GNSS 观测结果拟合良好。在残差图中同时也存在残差较大的区域，主要原因是受 GNSS 站点和余震形变的影响，例如 GNSS 站点 173、940 和 228 位置产生了较大的残差条纹，主要原因在这三个 GNSS 站点具有与邻近 GNSS 站点强异常的上升或沉降信号(图 4.11~图 4.12)。在 PALSAR 的残差图中可以看到 T404 区域的右下角存在两个残差大的条纹区(红色方框范围内)，是由于在 2011 年 4 月 11 日发生了 Mw 5.3~6.6 级余震和 2011 年 3 月 19 日发生了 Mw 5.3~6.1 级余震，在 ASAR 数据获取的时间范围内不包括这些残差。

尽管 Tohoku-Oki Mw 9.0 级地震发生在距离仙台市以东 130 km 的日本海沟地区，但由于其巨大的能量释放，在引起海啸的同时也造成了日本东北部陆地大的同震形变，如图 4.11(b)和图 4.12(b)干涉图中显示的密集条纹。从图 4.11(c)和图 4.12(c)中的 GNSS 和 InSAR 干涉图的残差结果可看出，InSAR 技术用于同震形变研究中具有巨大的优势，虽然精度上要略弱于 GNSS 观测结果，但是对于陆地同震形变达约 4 m 的日本 Tohoku-Oki Mw 9.0 级地震来讲，InSAR 技术的亚分米级精度是远远足够的，同时其高空间分辨率能够捕

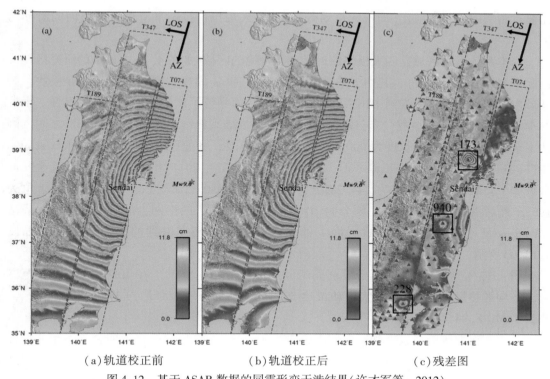

（a）轨道校正前　　　　　　（b）轨道校正后　　　　　　（c）残差图

图 4.12　基于 ASAR 数据的同震形变干涉结果（许才军等，2012）

捉到余震形变信息。与获取的干涉结果相比，校正后的干涉结果更为连贯，与 GNSS 观测的同震形变一致性更好。

4.1.2.3　同震滑动分布反演及分析

在同震滑动分布反演中，同时利用 InSAR 观测和收集的 GNSS 观测数据。GNSS 观测来源包括日本 GNSS 网络的 1223 个陆地观测点数据和 5 个海底 GNSS 近场观测点（Sato et al.，2011）。此外，基于图 4.11（c）和图 4.12（c）的残差分析，三个产生异常上升或沉降信号的 GNSS 点（173、940 和 228）也被剔除。考虑到此次地震活动位于海底，陆上 InSAR 观测数据距离震中较远且影响区域较大，因此采用均匀采样方法对观测数据进行采样，分别获取到了 PALSAR 和 ASAR 干涉图的 3167 个和 2494 个点。联合 GNSS 三维观测，共有 9360 个观测点参与联合反演。

研究采用弹性半空间矩形位错模型来进行发震断层的同震形变场滑动反演（Okada，1985）。当固定断层几何参数后，未知参数仅为滑动量和滑动角，震源模型反演简化为线性反演问题：

$$d = Gm + \varepsilon,\ \varepsilon \sim N(0,\ E) \tag{4.5}$$

其中，d 为同震形变观测值（包括 GNSS 和 InSAR），G 是格林函数，m 表示每个子断层上的滑移量，ε 表示观测误差及与模型构建有关的误差。为了描述断层模型的滑动分布细节，需要对断层面进行离散化（即单元格划分），此外采用拉普拉斯平滑进行断层面的滑动约束。

日本及其附近区域是四大板块俯冲活动和碰撞的区域（如图4.10 中显示的研究区地质概况）（Kanamori，1977），其中太平洋板块以 8~9 cm/a 的速度向西俯冲到欧亚板块，俯冲带主要集中在日本海沟到中国大陆东部地区，从而导致了该俯冲带的地震多发性。根据日本 Tohoku-Oki 地震余震分布（图4.10），同震海底破裂介于北纬 40° 到北纬 35° 之间，因此本研究确定断层模型长度为 600 km。根据地震波及，其他已有研究资料（Pollitz et al.，2011；Diao et al.，2011；Shao et al.，2011；Simons et al.，2011）给定断层模型的其余几何参数如下：断层起点经度为 144.2872°，纬度为 39.8307°，宽度为 200 km，走向角为 198°，然后沿断层走向和倾向划分为 10 km × 10 km 大小的格网，最后基于最速下降法（Wang et al.，2009）来求解断层面上的分布式滑动分布，得到的同震滑动分布如图 4.13（a）所示。

图 4.13（a）中可以看到沿断层剖面的同震滑动分布主要发生在 40~50 km 深度范围内，平均滑移量为 3.1 m，最大滑动量达 50.3 m。估计地震矩张量为 3.20×10^{22} N·m，相当于 Mw 8.94。

对于此次地震的最大滑动深度范围，由 Suwa 等（2006）研究结果表明，日本东北地区海沟板块边界的闭锁深度范围是 50~60 km，同时 1978 M7.4 Miyagi-Oki 地震的破裂深度约 50 km（Ueda et al.，2001），这可以很好地解释反演获取的滑动分布范围集中在 40~50 km 的浅源范围内，相比于 Pollitz 等（2011）获取的 <35 km 的深度更为合理。

对于此次地震的最大滑动分布，不同的研究学者得出的结果各不相同。由于海底近场 GNSS 数据的缺乏，Pollitz 等（2011）、Diao 等（2011）、Shao 等（2011）等分别基于 GNSS 数据反演得到的最大滑动量均不超过 40 m，Charles 等（2011）等利用地震波资料反演得到的最大滑动量为 40 m；在加入海底传感器的 GNSS 数据后，Simons 等（2011）基于 GNSS 和海底传感器数据反演推断此次地震的最大滑动量超出 50 m，本研究结果与 Simons 等（2011）的结果较为接近。同时从滑动分布的区域和集中度来看，本研究结果的滑动量更为集中。

为了估计分布式滑动反演获取的断层面滑动分布精度，对原始观测数据生成 100 组带随机扰动误差的数据集，通过这些数据计算出相应的滑动空间分布结果，从而估计出模型的精度，得到同震滑动分布的误差如图 4.13（b）所示。由图 4.13（b）误差图可以看到模型的最大误差为 2.47 m，平均精度为 0.64 m，误差量级远小于最大滑动分布，表明反演结果的可靠性好。

图 4.14 和图 4.15 分别为联合反演给出的 GNSS 和 InSAR 拟合观测图，可以看出，模拟的同震形变对观测数据有较好的解释。图 4.15 中局部区域出现偏移的主要原因是不同条带卫星扫视时方位角与视角有一定的偏差。整体上，利用 GNSS 和 InSAR 同震观测量进行滑动分布反演可以较好地提高单一数据源的系统性偏差，获取更加可靠的同震滑动分布结果。

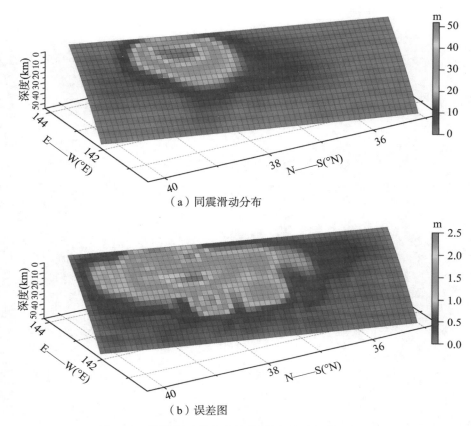

（a）同震滑动分布

（b）误差图

图 4.13 同震滑动分布及其误差图（许才军等，2012）

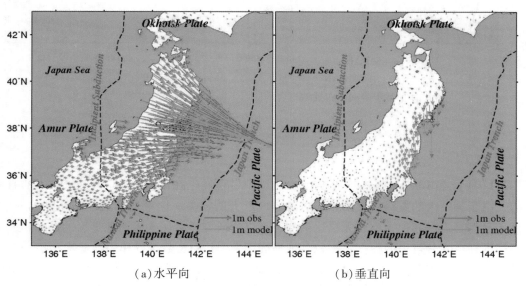

（a）水平向 　　　　　　　　　　（b）垂直向

图 4.14 GNSS 观测（红色矢量）与模型拟合（绿色矢量）形变图（许才军等，2012）

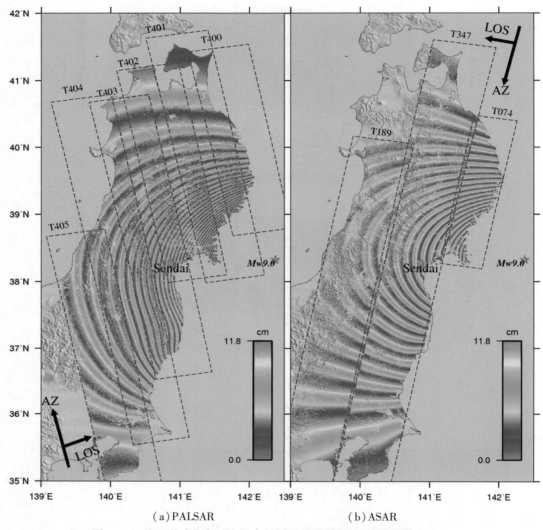

（a）PALSAR　　　　　　　　　　　（b）ASAR

图 4.15　基于滑动分布反演拟合的同震干涉形变图（许才军等，2012）

4.1.2.4　小结

　　2011 年日本 Tohoku-Oki Mw 9.0 级大地震，尽管发生在离仙台市以东 130 km 的日本海沟，由于其巨大的震级仍然给当地居民造成巨大的损失。记录日本地震所用到的 GNSS站点十分丰富，是其他大地震无法比拟的，可以为研究学者深入了解该地区的动力机制提供高精度高空间分辨率的数据，相较其他地震而言，InSAR 数据的作用在此次地震中的作用被削弱。但从本案例可以看出，高密度的 GNSS 站点数据为研究 GNSS 和 InSAR 技术的联合有着非常重要的意义：一是在长条带大范围的 InSAR 数据处理过程中，轨道误差对同震干涉形变有着重要的影响，高密度的 GNSS 观测网络为研究利用 GNSS 数据校正评估长条带 InSAR 中存在的轨道误差提供了条件，利用 SAR 数据获取了 2011 年 Tohoku-Oki 的同震形变干涉结果，并基于 GNSS 站点数据进行轨道误差的去除，使得 InSAR 同震观测结果精度大为提高；二是对比 InSAR 和 GNSS 的观测结果，从残差结果中可以发现 GNSS 观测的异常点，同时可以探测到 GNSS 网内部难以监测的余震形变（图 4.11（c）、4.12（c）），两者结合可以从大尺度（几十千米以上）到小尺度（几千米范围内）进行全面的同震及余震形变监测。本案例联合了 GNSS 和 InSAR 观测结果进行此次地震的滑动分布反演，反演的结果与观测结果拟合良好，有效地增加了约束条件，获取了更为稳健的同震滑动分布结果。

4.2 震间形变场监测与机理解释

4.2.1 CRInSAR 的鲜水河断层震间变形

鲜水河断裂是青藏高原东缘的一条重要断裂带，是一条具有多期活动的左旋走滑断裂，该断裂的滑动速率高，地震强度大，是中国大陆地震活动最强的断裂之一，一直以来都是地学研究的热点。鲜水河断裂位于川西高原，由于该地区平均海拔高，地势起伏较大，同时植被茂密，上述大地测量监测手段在该地区的应用都受到了极大的限制。本案例以 CRInSAR 技术对鲜水河断层的震间形变监测为例，利用在鲜水河地区安装的 CR，建立 CR 点观测模型并解算 CR 点的形变量，最后利用水准监测展开结果验证。

4.2.1.1 CR 布设与识别

鲜水河地区布设的 CR 点位于鲜水河地区的道孚、七美和瓦日地区，垂直于鲜水河断层。由于传感器或者地形等原因影响，在雷达影像中存在大量的噪声，CR 点的正确识别是 CR 研究的重要基础（图 4.16）。CR 点的识别和相位提取，需要将 CR 点从附近的 PS 点及其他各种噪声中自动识别出来，特别是当把 CR 点布设在靠近城区和岩石众多的山上时，CR 点的识别将是一个难题。

图 4.16　野外 CR 点布设示例

CR 点的识别主要根据 CR 点的幅度特征进行提取，再确定其位置。当布设 CR 点地区周围大片范围内不存在较强散射点且影像幅度特征明显时，可以直接通过目视对比查找。在实际应用中，布设 CR 点的地区为地形较为复杂的地区，CR 点的周围也往往存在叠影以及斑点噪声等影响，一般可利用 GNSS 测量进行辅助识别。GNSS 测量有助于在识别 CR 点前进行快速定位和提高准确性。本研究在 GNSS 辅助测量进行 CR 点识别的基础上，首先利用常用的单幅影像幅度特征进行 CR 点识别；另外还提出了利用安装 CR 前后的多幅影像的幅度平均对比法进行 CR 点的识别，以改进单幅影像在 CR 点上识别的困难。

1. 单幅影像的 CR 点识别

单幅影像的 CR 点识别方法的基本思路：首先将 CR 点的 GNSS 坐标转到 SAR 图像（幅度图像）中相应像素的行列号中，再判断对应选定的行列号上及附近是否存在能识别的 CR 点（圆形亮点或星形亮点）。具体的数据处理步骤为：（1）利用 GAMMA 软件的 MSP 模块生成了该幅影像的强度图（幅度图像）；（2）将 GNSS 测定的 CR 坐标向影像幅度图像上转化，计算角反射器在强度图中的坐标标定位置；（3）改变图像的对比度获取最佳目视结果。利用上述方法处理了安装 CR 点后鲜水河地区的 ASAR 影像数据，提取了在龙门山地区的汉旺、茂县、南新、郫县四个点和鲜水河地区的道孚、瓦日、七美三个点安装的共七个 CR 点识别结果，如图 4.17 所示。

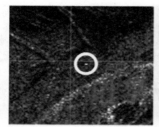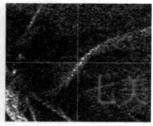

图 4.17　单幅影像的 CR 点识别

CR 点在 SAR 影像中应显示为一个亮点，研究先利用 GNSS 测量坐标（当安装 CR 点的区域地形特征较明显时也可不用 GNSS，直接目测 CR 点的安装位置）识别安装 CR 点的粗略位置，即图 4.17 中交叉的十字线位置，再通过十字交叉点附近 10 像素范围内判断是否有亮点即 CR 点，由图 4.17 可以看出，利用该方法仅能识别道孚一个 CR 点（圆环内的亮点），对于瓦日和七美两点由于山顶叠影影响无法识别。由此可知当背景噪声影响较大时，单幅影像幅度亮度识别方法在确定具体的 CR 点时有一定的局限性。

2. 多幅影像的幅度平均对比法的 CR 点识别

为解决利用单幅影像 CR 点识别能力的不足，这里采用了一种新的方法来确定 CR 点的位置，基本思路为：通过安装 CR 点前后的多幅 ASAR 影像进行幅度平均对比确定出 CR 点的位置，由于在幅度平均前要进行影像的配准，该方法能同时克服点位偏差太大无法有效地进行点位定位和单幅影像的幅度图强度受到的干扰因素过多的缺点。改进方法的数据处理步骤为：（1）对获取的所有影像数据进行处理生成 SLC 数据；（2）选取其中一幅影像为主影像进行图像配准；（3）将配准后数据按安装 CR 点前后分为两部分，分别对两个时间段的幅度图多视平均；（4）将 GNSS 测定的 CR 坐标向影像幅度图像上转化，计算角反射器在强度图中的坐标标定位置；（5）比较安装前后的两幅平均幅度图，进行 CR 点识别（何平等，2012）。

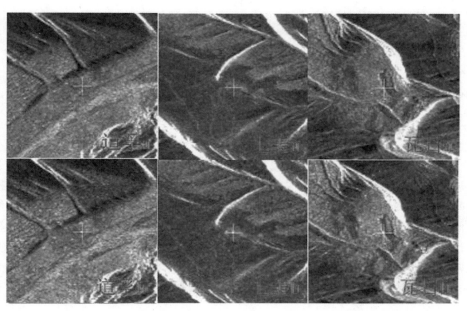

注：图中带 a 的表示安装 CR 前获取的数据影像幅度平均，带 b 的表示安装 CR 后获取的数据影像幅度平均。

图 4.18　多幅影像幅度平均对比法的 CR 点识别

　　对安装 CR 前后的多幅 ASAR 影像数据分别进行幅度平均方法处理，获取安装 CR 前、后的影像幅度平均图如图 4.18 所示，从而识别 CR 点的位置。从图 4.18 可以看出，单幅影像的目测法确定 CR 点位置严重受周围噪声的干扰，而利用安装 CR 点前后的多幅影像幅度平均能对影像的幅度特征进行加强，削弱噪声的影响，通过安装前后的图像对比，可以准确识别的 CR 点有鲜水河地区的道孚、七美、瓦日，该方法较单幅影像的 CR 点识别效果大大提高。

　　从以上结果可以看出，改进的 CR 点识别方法清晰可靠，较大地改进了利用单幅影像识别 CR 点的方法强依赖于数据处理者经验的问题。人工角反射器应尽量安置在背景反射特性较弱的地方，远离卫星正对的山包或山脊的坡面，以便于在 SAR 影像中提取其位置，CR 可以采用 GNSS 辅助测量帮助识别。

4.2.1.2　鲜水河断裂的震间形变

　　为研究鲜水河断裂的震间形变，利用道孚、七美和瓦日识别的 3 个角反射器进行

CRInSAR 处理，并进行了水准联测。

1. CR 点差分相位提取

在干涉处理中，采用 GAMMA 软件进行处理。表 4.4 为处理时的干涉像对及时空基线，其中以 091215 的影像为主影像，其他为从影像，共形成 5 个干涉像对。

表 4.4　　　　　　　　　　　　　　　Envisat 的 T104 降轨数据

卫星	参考影像	第二影像	时间基线/天	垂直基线/m
Envisat	091215	100119	35	570
Envisat	091215	100330	105	690
Envisat	091215	100504	140	589
Envisat	091215	100608	175	586
Envisat	091215	100713	210	309

通过干涉处理，提取各 CR 点（白十字为 CR 点所在位置）及其周围上下左右各 60 像素范围的干涉结果，如图 4.19~图 4.21 所示。由图 4.19~图 4.21 可以看出，由于鲜水河地区的低相干性，干涉图中显示的形变条纹不显著，无法获取有效的相位值进行解缠处理，这也是传统 InSAR 方法在该地区的研究受局限的原因。本案例基于的是 CRInSAR 技术的研究应用，并不对图 4.19~图 4.21 中的整幅干涉图进行研究，只用提取图 4.19~图4.21 干涉结果中相应 CR 点的相位值，再利用 CRInSAR 模型进行后续处理。

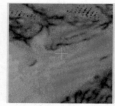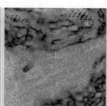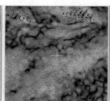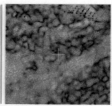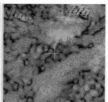

图 4.19　道孚 CR 点差分相位结果（干涉像对从左至右以表 4.4 的时间为序）

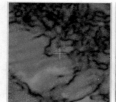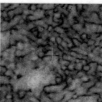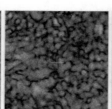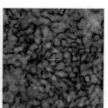

图 4.20　七美 CR 点差分相位结果（干涉像对从左至右以表 4.4 的时间为序）

2. CR 点大气影响校正

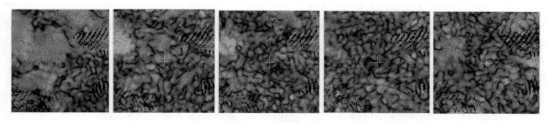

图 4.21 瓦日 CR 点差分相位结果(干涉像对从左至右以表 4.4 的时间为序)

对于 CR 点大气的影响处理方法有两类:一类是利用外部数据集进行去除;另一类是基于近距离间的 CR 点间作差消除。本研究中采用第二类方法进行 CR 点数据处理,为验证第二类方法在本研究中去除大气的可行性,同时利用中分辨率成像光谱仪(Moderate Resolution Imaging Spectroradiometer,MODIS)数据估计 CR 点的大气影响,对 CR 点间作差方法去除大气影响的可靠性进行检验。

MODIS 水汽数据产品有两种:来自 TERRA 平台的 MOD05_L2 和来自 AQUA 平台的 MYD05_L2,均通过近红外水汽算法生成。考虑到与 ENVISAT 过境时间一致性的问题(二者过境时间相差半小时左右),采用了来自 TERRA 平台的 MOD05_L2 水汽产品进行大气改正研究(表 4.5)。表 4.5 中的两景数据在本研究区内的云覆盖率较低,仅为 2% 和 3%。

表 4.5 MODIS 数据列表

日期	卫星	数 据 名 称
2010.01.19	TERRA	MOD05_L2. A2010019. 0405. 005. 2010023153009. hdf
2010.03.30	TERRA	MOD05_L2. A2010089. 0330. 005. 2010089184238. hdf

研究中,对 MODIS 水汽产品进行数据处理与计算,提取出云掩膜后的水汽湿延迟值,并利用克里金插值法插值,结果见图 4.22。从图 4.22 中可知,左图中的湿延迟量较小,而右图中的大气湿延迟量较大。同时在图 4.22 右图中可以看出瓦日点受大气湿延迟较另外两点大。由于道孚点位于三个角反射器中间,分别距七美和瓦日两点的距离为 7.6 km、9.2 km,同时历史资料表明,道孚点位移量小、较稳定,被选为参考基准点。通过图 4.22 提取得到各 CR 点的湿延迟见表 4.6。由表 4.6 可以看出,七美点与道孚(基准点)间的大气延迟量很小近于 0,可以忽略;瓦日与道孚(基准点)间的大气延迟量很小,约 4 mm。

表 4.6 CR 点插值出的大气湿延迟 (单位:cm)

	道孚(基准点)	七美	瓦日
100119	0.39	0.39	0.64
100330	3.81	3.77	3.63

续表

	道孚(基准点)	七美	瓦日
大气相位延迟差	3.42	3.38	2.99
相对大气延迟差	0	0.04	0.43

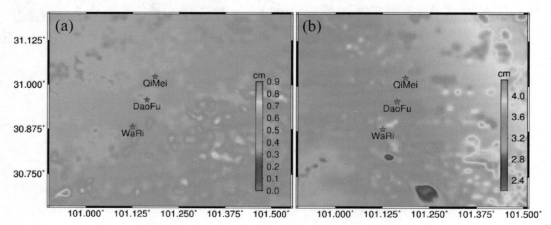

图 4.22　MODIS 反演的大气湿延迟(左图日期为 2010.01.19，右图日期为 2010.03.30)

上述结果验证发现，区域所在 CR 点间的大气变化趋势基本相同，故可以利用基于 CR 点间作差建立 CRInSAR 模型去除大气误差的影响。由研究也可知当 CR 点间的大气跳跃不显著时，可以扩大布设的 CR 点间距离，利用 CRInSAR 技术能够改善大气延迟相位的影响。由于数据量的原因，没有对每个时间段的大气延迟量进行估算以确定 CRInSAR 去除大气的精度大小。

3. CR 点形变结果解算

由上节提取的 CR 差分相位值，将道孚 CR 点选作参考基准点，解算另外两 CR 点相对道孚点的形变量。采用 LAMBDA 方法进行相位解缠处理，得到 CR 点形变时序结果见图 4.23、图 4.24。由图 4.24、图 4.25 可以看出，七美和瓦日两点相对基准点呈上升趋势但非直线上升，上升过程中具有一定的波动，CR 监测结果保留了研究区的形变细节。推断出现这种变化的原因为：七美和瓦日两点相对基准点的形变量是上升，但结果受季节性形变量的影响。通过线性拟合结果可知，七美和瓦日在 210 天内的形变量分别为 2.3 cm、1.5 cm，线性速率分别为 0.109 mm/day、0.071 mm/day。

4. CR、水准结果比较

为检验 CR 的监测效果，在安装 CR 点后，对鲜水河断层组织了两期二等精密水准测量，第一期测量从 2009 年 12 月 25 日至 2010 年 04 月 17 日，第二期测量从 2010 年 10 月 12 日至 2010 年 11 月 3 日，水准的具体施测路线及各水准点垂直形变情况见图 4.25。

通过水准测量，得到了各角反射器沉降量见表 4.7。由表 4.7 可以看出：经过半年多的时间，三个角反射器位置均有不同程度的沉降和上升，其中道孚角反射器下沉了 2 mm，

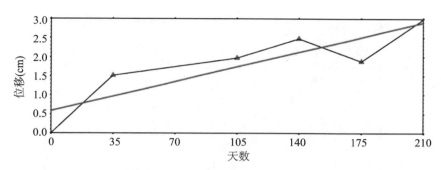

注：黑线为解算结果，红线为线性拟合结果。

图4.23 七美 CR 时序结果

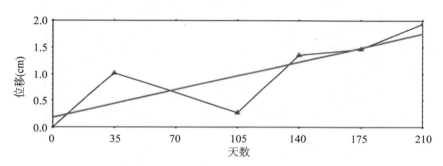

注：黑线为解算结果，红线为线性拟合结果。

图4.24 瓦日 CR 时序结果

七美角反射器上升了 19.1 mm，瓦日角反射器上升了 3.2 mm。七美和瓦日两点相对道孚的线性速率分别为 39.1 mm/a、9.6 mm/a。

表4.7 角反射器沉降情况

点名	2010.04 高程/m	2010.11 高程/m	沉降量/mm	时间间隔/天	沉降速度 /(mm/a)
道孚	3030.7674	3030.7654	−2	197	−3.7
七美	3892.7962	3892.8153	19.1	197	35.4
瓦日	2975.7257	2975.7289	3.2	197	5.9

InSAR 所得形变为雷达视线向，为了与水准结果比较，需要转化到垂直向。当已知水平向形变量为 $U_{\text{horizontal}}$ 时，InSAR 的 LOS 向变形可简写为：

$$d_{\text{los}} = U_{\text{horizontal}}\sin\theta + U_u\cos\theta \tag{4.6}$$

由 Gan 等（2007）可取鲜水河断裂的水平速率为 10 mm/a，取 θ 为 22.8°，利用式

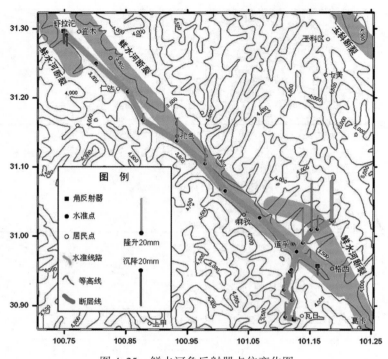

图 4.25 鲜水河角反射器点位变化图

(4.6)可将得到的 LOS 向 CR 点线性形变速率转化，得到七美和瓦日两点 CR 相对道孚点 CR 的垂直向形变速率分别为 39.2 mm/a、24.1 mm/a。由水准和 InSAR 结果比较可知，七美点两者的差异仅为 0.1 mm/a，而瓦日点两者的差异是 14.5 mm/a。七美点的结果吻合得非常好，而瓦日点的结果有一定的差异。引起瓦日点水准和 InSAR 监测结果差异的可能原因有两个：一是由于瓦日点与道孚点地形条件相差较大，两者间的大气影响差异通过插值计算不能很好地消除；二是瓦日点与道孚点的水平速率实际上有一定的差异。

4.2.1.3 小结

CR 点在 SAR 图像中具有散射性强、反射相位稳定的特点，能克服时空去相干的影响，在低相干地形复杂区域有巨大的应用价值。在 CR 模型解算中，CR 点间的距离是影响 CR 点结果的重要因素，选取合适的 CR 点间隔进行布设才能有效地去除大气延迟的影响。本研究结果发现，当 CR 点间距离足以消除大气延迟影响时，CRInSAR 与水准获取的线性形变速率结果基本一致，具有较高的精度。足够密度的 CR 点是建立 CR-InSAR 模型成功的关键。本研究的结果表明，七美所在位置存在明显的上升趋势，而瓦日所在位置上升变化速率可以忽略，即断层上盘相对于下盘有明显的上升趋势，鲜水河断层存在垂直向拉伸运动。

本案例还存在以下不足：CR 点稀少密度不够，无法进行空间维的解缠，同时数据获取的时间不够长，无法提取更多的细节信息。在后续研究中，发展观测模型从只考虑了线性形变到考虑非线性形变；解决针对不同研究区如何设计最大的 CR 点间距离，当 CR 点相隔较远时合理估计大气延迟影响的问题；同时考虑对研究区数据进行 PSInSAR 处理，并将 CR 点与 PS 点进行联合，利用 CR 点校准提高 PS 结果精度。

4.2.2 时序 InSAR 的天山喀什坳陷震间变形

天山造山带主要位于中亚边境及我国新疆边缘地区，全长 3000 多千米，是世界上最年轻、最宏伟、最活跃的陆内造山带之一，其良好的自然露头和强烈的构造活动使其成为研究大陆内部构造变形和动力学的理想区域(雷显权等，2012)。在南天山造山带前缘、帕米尔高原和塔里木盆地的汇聚地带，形成了喀什坳陷区(图 4.26)。受印度板块向欧亚大陆的楔入作用，喀什坳陷区存在强烈的构造隆升，发育了大量近 EW 向逆冲断裂和薄皮式褶皱构造，从而反映该区域由塔里木和南天山之间相对挤压为主的构造活动(Yin et al.，1998；Allen et al.，1999；陈杰，丁国瑜，2001；乔学军，2010)。根据活动断层地质考察资料(沈军等，2001)，喀什坳陷区存在的活动断层主要有塔拉斯-费尔干纳(F1)，迈丹(F2)，喀拉铁克(F3)，托特拱拜孜-阿尔帕雷克(F4)，阿图什北翼(F5)，阿图什南翼(F7)，卡兹克阿尔特(F8)等活动断层(图 4.26)。喀什坳陷区自 1980 年后发生过多次 M5~6 级地震，震源深度 4~10 km，为浅源地震区。一系列的地震活动表明该区域的构造活动至今仍然非常强烈。但由于该地区的构造活动受天山褶皱带、帕米尔弧形构造和塔里木块体三个构造单元的影响(王琪等，2000)，造就了该地区复杂而又独特的构造特征(田勤俭等，2006)。

喀什地区构造活动的复杂性吸引了大量研究学者的关注。例如，Jia 等(1998)基于石油地质资料认为在南天山的挤压构造前缘存在大规模的走滑活动；赵瑞斌等(2000)对活动断裂的地表研究未发现明显的走滑活动，而存在大量低角度逆冲断裂；Wang 等(2001)利用 GNSS 的现今中国大陆变形的结果表明，西北天山广泛的活动断层、褶皱和高地震活动性证明该地区存在快速的地壳缩短，在南天山与塔里木西北缘之间的地壳缩短速率为 6~8 mm/a；乔学军(2010)利用 InSAR 数据，采用 Stacking 方法获取该地区 2003—2007 年间的形变速率场，其结果表明喀什坳陷区的垂直运动具有明显的分界特征，坳陷区外围以隆升为主，幅度为 1 mm/a，隆升速度由西往东逐渐减小，塔里木盆地基底与南天山及帕米尔高原交界的前缘界线分别为阿图什南翼断层及乌泊尔断层。

本案例利用高级时序 InSAR SBAS 技术分析 2004—2010 年间的 Envisat ASAR 数据，提取喀什坳陷的速率场，分析研究区构造活动运动的空间分布特征，同时基于震间二维弹性运动模型研究构造分界断层对南天山的构造变形控制作用。

4.2.2.1 时序 InSAR 分析

1. 数据源与干涉处理

本案例数据源为 48 景 Envisat 卫星的 ASAR 影像，影像覆盖区域见图 4.26。影像获取的时间段为 2003 年 10 月—2010 年 6 月。考虑到干涉像对相干性随时间越长相干性越低和

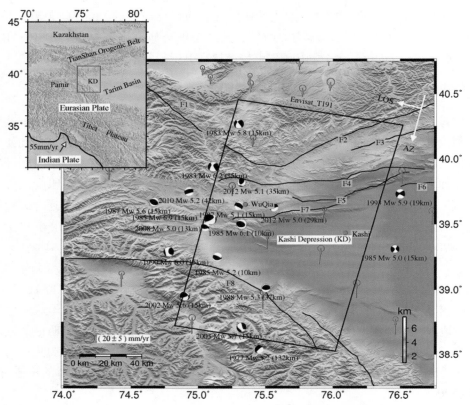

注：F1：塔拉斯-费尔干纳，F2：迈丹，F3：喀拉铁克，F4：托特拱拜孜-阿尔帕雷
克，F5：阿图什北翼，F7：阿图什南翼，F8：卡兹克阿尔特。

图 4.26　喀什坳陷地区的构造活动（He et al.，2015）

空间基线越短相干性越高的特点，根据以下时空基线阈值选取干涉像对：时间基线小于两年的，空间垂直基线要求小于 400 m；时间基线小于 4 年大于 2 年的，空间垂直基线要求小于 200 m；时间基线小于 6 年大于 4 年的，空间基线小于 100 m。考虑到短基线集的网形，最后共选取干涉像对 142 景，SAR 数据 40 景。干涉数据处理基于 ROI_PAC 开发的 NSBAS 平台。轨道来自 ESA 的 DOR 精密轨道数据，外部 DEM 来源于 SRTM 的 90 m 分辨率的 DEM。与 PS 技术不同，在利用 SBAS 方法进行数据处理时，一般可以对数据进行多视来提高相干性，研究中对数据多视数（距离向∶方位向）采用 8∶40，最后利用枝切法对干涉图进行相位解缠。

2. 解缠、大气及轨道误差校正

对于缓慢形变的监测，基于多幅差分干涉结果的分析处理，利用相位闭合技术（Wen et al.，2012）来探测已解缠相位中存在的相位解缠误差，即进行干涉图的一致性检测。一致性检测的原理：假设有 A、B、C 三景 SAR 影像，形成 φ_{AB}、φ_{BC}、φ_{CA} 三幅干涉图，三幅干涉图的干涉相位应满足式（4.7）：

$$\varphi_{AB} + \varphi_{BC} + \varphi_{CA} = 0 \tag{4.7}$$

如果某幅干涉图像中存在相位解缠的误差，则式（4.7）的结果就会是 2π 的整数倍。通过这个原理，在对时序分析进行误差处理前，可以通过对干涉图的不同组合，探测出相位解缠的误差，进而加以改正。

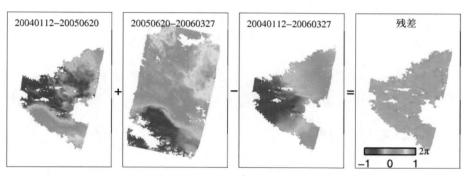

图 4.27　干涉图一致性检测示意图

对于干涉图中的大气误差，采用了 Jolivet 等（2014）的大气校正策略，即利用从 ECMWF 中获得的 ERA-I 全球大气模式再分析产品（Dee et al.，2011）来估计相位延迟图。ERA-I 模型可以克服经验模型的局限性（Walters et al.，2013）。对于干涉图中的轨道误差，采用了 Biggs 等（2007）提出的全局网络轨道校正方法。

3. 时序分析模型

本研究的时序分析处理是基于考虑大气估计模型的时序 InSAR 方法（InSAR Time Series with Atmospheric Estimation Model，InSAR TS + AEM）（Li et al.，2009）。Li 等（2010）和 Hammond 等（2012）利用 GNSS 站点观测，分别独立地验证了 InSAR TS + AEM 方法 LOS 向精度约 0.5 mm/a。Wen 等（2012）利用该方法成功进行了 2001 Mw 7.8 级 Kokoxili 地震的震后形变研究。该方法是在传统 SBAS 算法（Berardino et al.，2002；Mora et al.，2003；Lundgren et al.，2009）基础上的进一步发展，重点考虑了大气误差的校正。假设获取 SAR 影像数据的时间矢量为 t，利用 S 景不同时刻的 SAR 数据生成 N 幅干涉图，获取其差分解缠干涉相位。对主影像获取时间为 t_M，从影像获取时间为 t_S 的像素（x，r）的差分干涉相位可以表示为：

$$\begin{cases}
\delta \varphi_{t_M t_S}(x,\ r) = \delta \varphi_{t_M t_S}^{\text{topo}}(x,\ r) + \delta \varphi_{t_M t_S}^{\text{disp}}(x,\ r) + \delta \varphi_{t_M t_S}^{\text{atm}}(x,\ r) + \delta \varphi_{t_M t_S}^{\text{noise}}(x,\ r) \\[2mm]
\delta \varphi_{t_M t_S}^{\text{topo}}(x,\ r) = \dfrac{4\pi}{\lambda} \dfrac{B_{\perp t_M t_S} \Delta Z(x,\ r)}{r \sin \theta} \\[3mm]
\delta \varphi_{t_M t_S}^{\text{disp}}(x,\ r) = \dfrac{4\pi}{\lambda} [d(t_S,\ x,\ r) - d(t_M,\ x,\ r)] \\[3mm]
\delta \varphi_{t_M t_S}^{\text{atm}}(x,\ r) = \dfrac{4\pi}{\lambda} [d_{\text{atm}}(t_S,\ x,\ r) - d_{\text{atm}}(t_M,\ x,\ r)]
\end{cases} \tag{4.8}$$

其中，λ 为雷达波长，$d(t_S,\ x,\ r)$ 和 $d(t_M,\ x,\ r)$ 分别表示时间 t_S 和 t_M 相对于参考时刻 t_0

的视线向的累积形变，其中 $d(t_0, x, r) = 0$，$\forall (x, r)$；$\Delta Z(x, r)$ 是 DEM 误差，其对形变的影响是垂直基线 $B_{\perp t_{M}t_S}$、雷达目标距离 r 和视角 θ 的函数；$d_{\mathrm{atm}}(t_M, x, r)$ 和 $d_{\mathrm{atm}}(t_S, x, r)$ 表示像素 (x, r) 的大气(和轨道)随时间变化，$\delta \varphi_{t_{M}t_S}^{\mathrm{noise}}(x, r)$ 表示时间去相关和热噪声影响。

对于位移项可以表示为两个分量：线性和非线性位移：

$$
\begin{aligned}
\delta \varphi_{t_{M}t_S}^{\mathrm{disp}}(x, r) &= \frac{4\pi}{\lambda} v_{\mathrm{mean}}(x, r) \times (t_S - t_M) + \sum_{k=M}^{S-1} \delta \varphi_{k, k+1}^{\mathrm{nonlinear}}(x, r) \\
&= \delta \varphi_{t_{M}t_S}^{\mathrm{linear}}(x, r) + \delta \varphi_{t_{M}t_S}^{\mathrm{nonlinear}}(x, r)
\end{aligned}
\tag{4.9}
$$

其中，$\frac{4\pi}{\lambda} v_{\mathrm{mean}}(x, r)$ 表示给定像素点的平均速率，$\delta \varphi_{k, k+1}^{\mathrm{nonlinear}}(x, r)$ 表示 k 到 $k+1$ 时间段内的非线性分量。因此式(4.8)可以表示为：

$$
\varphi_{t_{M}t_S}(x, r) = \delta \varphi_{t_{M}t_S}^{\mathrm{topo}}(x, r) + \delta \varphi_{t_{M}t_S}^{\mathrm{linear}}(x, r) + \delta \varphi_{t_{M}t_S}^{\mathrm{nonlinear}}(x, r) + \delta \varphi_{t_{M}t_S}^{\mathrm{atm}} + \delta \varphi_{t_{M}t_S}^{\mathrm{noise}}(x, r)
\tag{4.10}
$$

InSAR TS + AEM 方法解算每个像素不依赖时间变化的地形误差和常数速率，再加上非线性地表位移(nonlinear surface motion，NSM)分量和每景 SAR 影像的大气延迟影响。式(4.10)中的前两项利用解缠相位通过迭代算法可以较好地估计，对于后三项则不同：非线性位移同时在时间和空间上是相关的，大气只在空间上相关，而热噪声则在时间和空间上都是不相关的。考虑到大气的空间结构，大气相位可以利用时间线性模型估计(Li et al.，2009)，从 NSM 中区别开来。

4. 震间形变速率

基于 InSAR TS + AEM 的时序分析方法获取得到了喀什坳陷区 2004—2010 年的形变监测结果，如图 4.28 所示。由于帕米尔高原以及天山山脉地区高海拔区域受降雪覆盖影响，时序结果存在部分失相干。在观测时间内该区域的平均速率范围为 -2 ~ 2 mm/a，形变速率中误差<0.5 mm/a，形变集中于三大构造体的交界处。喀什坳陷区 LOS 向形变为负值(相当于沉降)，速率约为 1.5 mm/a；坳陷区外围区域即阿图什南翼断层以北南天山地区形变速率为正值，即为隆升，速率约为 1 mm/a。由震间结果可以看出塔里木盆地与天山造山带的构造运动集中于阿图什南翼断层(F7)，其他断层的形变较弱。

喀什地区有五个由非构造活动引起的变形信号突变区，即图 4.28 中的 A1~A5。通过实地调查，这几个信号异常区分别为盐矿(A1)、铁矿(A2)、农田(A3)、喀什市区城市建设(A4)和雪山冰川(A5)。目前 A1 和 A2 地区仍有一些零散开采活动，A5 地区位于贡格尔雪山脚下，积雪融化导致冰川洪水。为了避免建模过程中非构造活动的影响，将图 4.28 中 A1~A5 的观测值进行掩膜剔除后，再进行断层参数反演。

4.2.2.2　二维弹性刃位错模型

在天山山前逆冲-褶皱带内，地表分布逆断层特征为上陡下缓，形成典型的薄皮构造(张培震等，1996)。在一个地震周期内，主滑脱面在盆地一侧闭锁，并进入天山下一定

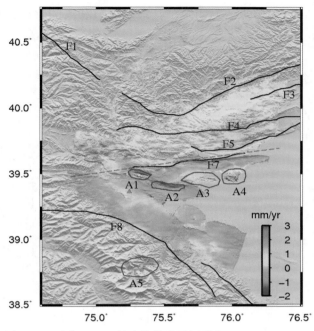

图 4.28 时序 InSAR 的喀什坳陷震间形变(He et al.，2015)

深度，刚性基底沿滑脱面自由蠕滑(杨少敏等，2008)。假设活动断层位于各向同性的均匀弹性半空间内，且断层走向无限长，可建立地表位移与断层滑动位错之间的关系，二维弹性刃型位错模型的一般公式为(Singh et al.，1993)：

$$
\begin{cases}
u_1 = 0 \\
u_2 = \dfrac{b}{\pi} \left[\cos\delta \cdot \arctan\left(\dfrac{x_1 - s\cos\delta}{s\sin\delta} \right) + \sin\delta(s - x_1\cos\delta)\dfrac{s}{R_0^2} \right] \Bigg|_{s_1}^{+\infty} \\
u_3 = \dfrac{b}{\pi} \left[\sin\delta \cdot \arctan\left(\dfrac{x_1 - s\cos\delta}{s\sin\delta} \right) + x_1\sin^2\delta\dfrac{s}{R_0^2} \right] \Bigg|_{s_1}^{+\infty}
\end{cases}
\tag{4.11}
$$

其中，u_1、u_2、u_3 分别为沿走向、跨断层迹线和垂向地表的变形速率；b 为断层面上的滑移速率，δ 为倾角，h 为闭锁深度，$s_1 = h/\sin\delta$，$R_0^2 = (x_1 - s\cos\delta)^2 + s^2\sin^2\delta$(图 4.29(a))。设 n 为断层走向；速度矢量的三个分量与二维弹性倾角滑移模型的关系如下(图 4.29(b))：

$$
\begin{cases}
u^n = u_2 \cdot \cos(\alpha - 90°) \\
u^e = u_2 \cdot \sin(\alpha - 90°) \\
u^u = u_3
\end{cases}
\tag{4.12}
$$

其中，u^n、u^e、u^u 分别代表北、东、垂直方向的变形分量。利用 InSAR 获得的 LOS 上的观测可以用以下三维地表位移来进行描述(图 4.29(c))：

$$d_{los} = u^n\sin\varphi\sin\theta - u^e\cos\varphi\sin\theta + u^u\cos\theta \tag{4.13}$$

其中，θ 为卫星轨道方位角，φ 是入射角。结合式(4.12)和式(4.13)，二维弹性倾滑模型的 InSAR 观测可表示为：

$$d_{los} = (\cos\alpha\cos\varphi\sin\theta + \sin\alpha\sin\varphi\sin\theta) \cdot u_2 + \cos\theta \cdot u_3 \tag{4.14}$$

为了求解南阿图什断层的运动学特征，需要估计三个断层参数：倾角(δ)、滑移率(b)和闭锁深度(h)。

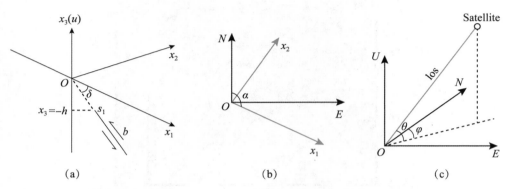

图 4.29　无限倾断层的几何形状(a)，笛卡儿坐标系与局部大地坐标系之间的坐标转换
(b)，以及 InSAR 几何(c)(He et al.，2015)

4.2.2.3　模型反演分析

为了简单起见，研究将整个南阿图什断层近似为一个均匀倾向的逆冲断层。设定的初始参数范围为：倾角 $20°\sim50°$、滑动速率 $0.5\sim5$ mm/a、闭锁深度 $5\sim35$ km，然后利用模拟退火算法进行搜索(Shirzaei，Walter，2009)。搜索的最优模型对应的倾角为 $31°$，滑移速率为 2.3 mm/a，闭锁深度为 10.6 km。为了评估模型的精度，采用蒙特卡罗方法对断层参数的不确定性进行评估。基于 InSAR 平均速率观测，生成 100 个随机噪声为 0.5 mm/a (与 InSAR 速率标准差相同)的合成数据集。然后利用合成的数据进行模型反演。最后对这 100 组断层参数的均方根值进行估计。对应的倾角、滑移速率和闭锁深度的 RMS 分别为 $0.6°$、0.1 mm/a 和 0.4 km(图 4.30)，拟合曲线如图 4.31(a)所示。图 4.31(b)和图 4.31(c)显示了建模速率图以及 InSAR 速率与模型预测之间的差异。速率残差(图 4.31 (c))小于 0.3 mm/a，这表明建模结果与观测结果基本一致。

4.2.2.4　小结

本案例反演结果显示天山南侧结合带的变形明显大于山体内部，山盆过渡带断层的剪切作用控制着天山缩短变形的空间分布。Brown 等(1998)对天山地区自 1990 年以来的大地震活动统计结果显示，除一次发生在塔拉斯-费尔干纳断层上，其余皆发生在天山向两侧盆地扩展前缘地带，山体内部基本少有地震活动(Ghose et al.，1998)。杨少敏等(2008)

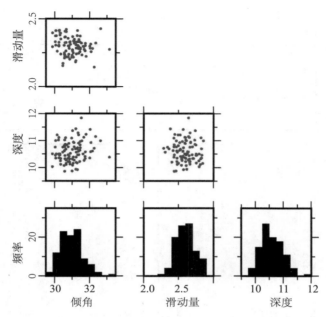

图 4.30　基于蒙特卡罗方法的非线性反演和参数精度估计的不确定性分析(He et al. , 2015)

认为由于决定区域变形特征的大地震主要发生在天山边缘，山盆交接地带的地壳变形主导天山构造变动样式，山盆过渡带积累的弹性应力最终以间歇性大震活动释放，导致山前永久性应变，盖层褶皱隆起，天山由此向两侧伸展，天山作为大陆内部造山带，其造山过程与板块边界带造山可能并无实质差异。

InSAR 时间序列结果显示，喀什坳陷区的变形速率范围为−2~2 mm/a，南阿图什断裂北侧相对于南侧抬升约 3 mm/a。区域的主要活动速率集中于天山造山带的山地盆地过渡带，恰位于南阿图什断裂上。因此，可以推断天山造山带南部向塔里木盆地的逆冲是由天山造山带南部的抬起所吸收调整的。部分早期研究将托特拱拜孜-阿尔帕雷克断层(F4)解释为南天山造山带与塔里木盆地之间的构造分界线，主要原因在于大尺度的地质资料和稀疏的 GNSS 水平观测无法确定喀什坳陷地区主要活动断层的位置(Bo , 1987 ; Yang et al. , 2008)。由 GNSS 研究结果与 InSAR 结果比较可以发现，喀什坳陷地区的缩短速率远大于抬升和沉降速率，推断南天山在快速的挤压力作用下，向塔里木盆地低角度逆冲，其能量由南天山的抬升和盆地的下沉吸收，显示了塔里木盆地与南天山两者之间相互耦合的作用机制。

天山造山带南部边缘发育了一系列倾角较低的褶皱逆冲断层。Mikolaichuk(2000)证实盆地边缘活动是由邻近的低角度逆冲推覆断层所控制。Zhao 等(2000)通过野外地质资料证实了南阿图什的倾角为 30°。Delvaux 等(2013)推断在天山与邻近地块之间的过渡带以低角度逆冲为主形成前陆盆地。然而，Zhang 等(2003)认为天山造山带向南、北两侧前陆盆地的逆冲均呈高倾角。利用二维弹性倾滑断层模型对喀什坳陷的构造活动进行模型反

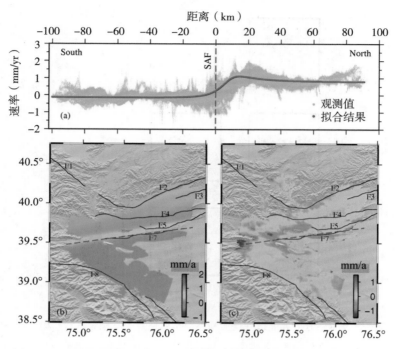

图 4.31 观测速率分布和模型预测(a),模型速率的空间分布(b)和
InSAR 导出速率和模型预测之间的差异(c)

演,获得阿图什南翼活动断层的平均倾角为 35°,为低断层倾角,接近于地质考察给出的断层倾角 30°。

在本案例中,反演南阿图什断层的闭锁深度为 10.6 km,表现为浅源逆冲断层。部分研究认为天山造山带上部脆性较厚的部位小于 30 km(Brezhnev,1995;Bragin et al.,2001;Bagdassarov et al.,2011;Sloan et al.,2011;Delvaux et al.,2013)。此外,GCMT 目录(Ekström et al.,2012)显示,自 20 世纪 80 年代以来,喀什坳陷地区发生的许多中强地震(M5~M6)的震源深度为 10~15 km。喀什地区具有发生强震的可能性(Buslov,De Grave,2011)。反演结果显示阿图什南翼断层为浅源逆冲活动断层,形变主要集中于断层前缘,即山盆过渡带,反演结果支持了杨少敏等(2008)的推断。本案例精细地给出喀什坳陷区的形变速率,确定出南天山与塔里木盆地在该地区的断层分界是阿图什南翼断层,利用模型同时获取了该区域的断层滑动速率及闭锁深度,研究结果为南天山造山带地区的地球动力学研究提供了基础。

4.3 震后形变场监测与机理解释

强震后的震后形变是围岩对同震应力重分布的一种响应。大地测量和地震学的观测均表明,与主震形变相比,震后形变在量级上要小一个数量级;并且震后形变在震后的数年时间内持续衰减。基于大地测量观测得到的震后形变通常表述为：①近地表未破裂区域或者沿同震破裂倾向的深部区域的余滑（Marone et al.，1991；Burgmann et al.，2001）；②下地壳和上地幔的黏滞性形变（Pollitz et al.，2000），同震应力变化使得热的下地壳和上地幔不能维持平衡以及用于驱动黏弹性流；③孔隙弹性回弹（Jonsson et al.，2003），同震压力变化驱使上地壳液体流动。其中的任何一种机制均可以产生显著的震后地表形变，并且这些机制可以单独或者以组合的形式存在。为了探究隐藏在震后形变背后的机制，极其有必要获取高时空分辨率的震后数天至数年间的震后地表运动资料。

4.3.1 2001年可可西里Mw 7.8级地震

2001年11月14日，昆仑山断裂带西端的可可西里地区发生了Mw 7.8级地震，该断裂带一直被认为是印度-欧亚板块碰撞所引起青藏高原东向挤出过程中形成的大型走滑断裂（Gan et al.，2007；Tapponnier，Monlar，1977；Van der Woerd et al.，2002b）。昆仑山断裂位于青藏高原北部的昆仑山地区，断裂全长约1600 km（图4.32），起始于高海拔、低起伏的高原地区，延伸至以南北向高立山山脉和山内盆地为特征的东部区域。该断裂同时还是沿昆仑山构造区的松潘-甘孜-可可西里地台的北部边界（Yin，Harrison，2000）。基于卫星影像、宇宙射线测年、放射性碳测年和探槽测量的研究表明，昆仑山断裂第四纪的平均滑动速率为10~20 mm/a（Van der Woerd et al.，2002a；Lin et al.，2006）。使用更新世晚期至全新世期间的河流沉积偏移^{14}C测年资料，Kirby等（2007）认为昆仑山断层东段约150 km区域内的滑动速率从>10 mm/a逐步减小到<2 mm/a。自20世纪90年代开始的GPS观测表明昆仑山断裂是一条具有10~20 mm/a滑动速率的大型左旋走滑断层（Wang et al.，2001；Zhang et al.，2004；Hilley et al.，2009）。地质学和GPS数据均认为昆仑山断裂带的活动速率在约10 mm/a的量级，表明昆仑山断裂在青藏中部的东向挤出过程中发挥着重要的作用（Li et al.，2005）。

昆仑山断裂是世界上地震活动密集的大型左旋走滑活动断裂之一。在过去的一百年间，除2001年发生在昆仑山断裂库赛湖段的可可西里地震外，还孕育了一系列的强震（M≥7）（图4.32左上小图中的红色圆圈）（国家地震局震害防御司，1995，1999）。1963年Ms 7.0级阿兰湖地震和1937年M 7.5级东溪措地震发生在昆仑山断裂的中段（Fitch，1970；Jia et al.，1988）。1973年Ms 7.3级玛尼地震发生在玛尼断层的西端，其地表破裂长度不明（Velasco et al.，2000）。但是其后发生的1997年玛尼Ms 7.6级地震发生在靠近昆仑山断裂西端的玛尼断裂上，地震的破裂长度为180 km，最大左旋滑动量达约7 m（Funning et al.，2007）。此外，基于探槽测量和地貌特征偏移的研究表明，昆仑山断裂的强震复发周期为300~400年（Van der Woerd et al.，2002a；Li et al.，2005；Li et al.，2006）。

2001年可可西里地震的地表破裂长度为约426 km，自震中位置（35.9°N，90.5°E）起至昆仑山口断层的起始处（35.6°N，94.5°E）（Van der Woerd et al.，2002b；Lasserre et al.，2005；Xu et al.，2006；Klinger et al.，2006）。地震波初始形成于太阳湖西侧，即昆仑山断层西端马尾系统中的次级走滑断层处，然后向东传播，产生一个45 km长和10 km宽的拉

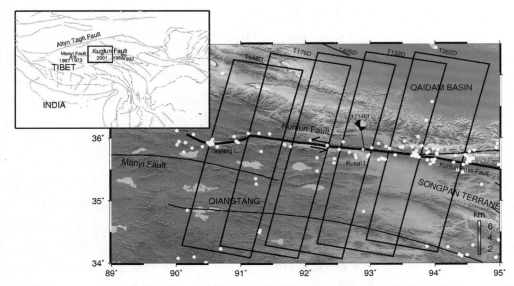

注：背景为 SRTM DEM 3″分辨率的地形数据，图中的震源机制是来自 NEIC 的震源机制解，白色圆圈为来自 ISC 的余震数据，黑色方框为覆盖震中区域的相邻 5 轨 SAR 影像的覆盖范围。

图 4.32　可可西里地震震中区域地质构造和雷达成像几何（Wen et al.，2012）

张破裂后并入昆仑山断裂的主支部分；地震波沿昆仑山南麓继续向前传播至昆仑山口断层，终止于 95°E 的位置（Van der Woerd et al.，2002b；Antolik et al.，2004）。在地面考察的研究中，Xu 等（2006）发现最大的水平左旋同震形变发生在 35.767°N，93.323°E 的位置，量级达到了 7.6 m。基于 1 m 分辨率的 IKONOS 和 0.61 m 的 Quickbird 卫星影像的分析表明同震走滑量在 2~16.7 m，大部分滑动量分布在 3~8 m（Lin et al.，2007）。Lasserre 等（2005）使用 4 轨相邻的 ERS-2 卫星影像基于分布式滑动模型给出的最大左旋滑动量为约 8 m，发生位置为地下 0~5 km 处。无论是从破裂长度，还是从最大同震位移来说，可可西里地震都是有记录以来发生的最大的内陆地震（Yeat et al.，1997）。

至 2008 年 12 月 31 日止，一共记录到了约 115 个发生在昆仑山断裂区内可可西里地震的余震（M≥4）（图 4.32）。在这些事件中，最大的余震（M 5.6 级，发生在主震后的 4~5 天内）发生在最大地表破裂的附近，该地震是一个逆冲型事件，其量级比主震低两个数量级。

4.3.1.1　InSAR 数据处理

可可西里地震发生在 2001 年 11 月 14 日，但是直到 2003 年才有覆盖该区域的 Envisat 卫星 SAR 影像（Envisat 是欧空局 2002 年 3 月发射升空的一颗资源卫星）。本案例使用 5 个相邻轨道（图 4.32 中的黑色方框，分别是 T448D、T176D、T405D、T133D 和 T362D）的 Envisat 影像来研究可可西里地震后的震后形变现象。研究中所处理的雷达影像为 ASAR Level 0 数据（原始数据），采用 JPL/Caltech ROI_PAC 软件（Version 3）（Rosen et al.，2004）来生成所有短垂直基线（≤400 m）的干涉图。处理过程中，采用 3 s（约 90 m）分辨率的数字高程模型(Farr et al., 2007)和 ESA 的 DORIS 精密轨道(VOR)来移除干涉图中的地形影响。

由于在干涉相位测量中是与 2π 取模,为了获取完整的地表形变场,一个众所周知的步骤——相位解缠被用来重建整周相位模糊度。当前通用的几种算法,如枝切法(Goldstein, Werner, 1998)和最小费用流法(Chen, Zebker, 2002)被开发出来用以在二维空间中重建单个干涉图的 2π 模糊度。但是对于使用相同主影像和从影像建立的多干涉图而言,相位观测值可以在三个维度中解缠,这其中的第三维是时间维(Hooper, Zebker, 2007; Pepe, Lanari, 2006)。在本研究中,首先采用 SNAPHU 软件包(Chen, Zebker, 2002)对每幅干涉图进行二维空间上的相位解缠,然后使用相位闭合技术(Biggs et al., 2007)来探测已解缠相位中仍然存在的较大的相位解缠误差。

在传统的差分干涉测量中,其中的大气效应(通常称为大气窗口贡献,APS)很难被准确地估计出来或者剔除干净。由于这些影响在量级和范围上的不稳定性,使得很难采用解析的方法来直接估计它们的大小。而在过去十年间,随着卫星数据的累积,一种新的多时相技术,也就是时间序列分析技术,可以通过使用大量的(几十幅)影像数据来解算地表形变随时间的演化过程(Ferretti et al., 2001; Berardino et al., 2002; Hooper, Zebker, 2004)。基于大气在空间上的统计相关和时间上的不相关性,该技术可以消除或者削弱干涉图中的 APS 影响。采用 InSAR 时序分析技术可以获取到任意两个成像时刻上的形变量,从而突破了空间临界基线的限制。本案例中利用 Glasgow 大学李振洪开发的带大气估计模型的时序 InSAR 方法(InSAR TS + AEM)(Li et al., 2009)来求解可可西里地震的震后地表形变场。

4.3.1.2 震后形变场

由于不同轨道获取到的卫星影像的成像时刻各异,研究中选取了各轨道的公共时间段来计算破裂区的累积 LOS 震后形变位移(2003 年 12 月至 2007 年 11 月)。震后形变场(图4.33)中的显著特征是断层上部(北边)的 LOS 地表形变为正(远离卫星),而断层下部(南边)的 LOS 地表形变为负。相对最大震后形变位于距离断层约 15 km 的位置,形变值为约8 cm(图 4.33 中的 T133D 轨道的靠近断层位置处)。

由于卫星轨道设计原因,两相邻轨道之间会存在一部分公共区域,通过对公共区域上的震后形变的比较分析可以得到累积 LOS 地表形变的精度水平。相邻轨道公共区域间的标准差为 0.26~0.56 cm。值得注意的是,由于卫星在成像过程中的视向角是变化的,如果假设 LOS 震后形变仅由地表的水平运动所造成,对 LOS 震后位移进行视向角改正后得到的相邻轨道间地表形变的直方分布图与文中的结果类似。如果累积 LOS 形变场中误差(主要为残余大气效应和轨道误差)的统计特性在整个影像中具有相同的空间结构(Hanssen, 2002; Parsons et al., 2006),则可以使用 1D 协方差函数来描述每个轨道中误差的特征(包括量级和空间尺度)。结果显示所有这些轨道的震后位移的方差中值为0.65 cm,并且协方差衰减距离为 8.6~15.3 km,该结果类似于前人的研究成果(Biggs et al., 2007; Hanssen, 2002)。

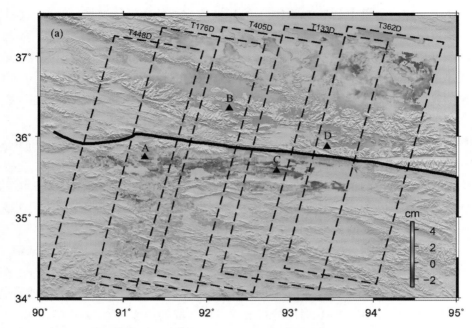

图 4.33　可可西里地震的累积震后形变场(2003 年 12 月至 2007 年 11 月)(Wen et al.，2012)

4.3.1.3　震后形变建模

原始的震后形变场(图 4.33)中包含了几十万个观测数据。在本研究中，首先去除了距离断层>105 km 外的点，然后使用四叉树分解的方法(Jónsson et al.，2002)对震后位移进行重采样，该方法在高形变梯度区域采样数据量大，在低形变梯度区域采样数据量小。完成采样过程后，观测值数目从 424261 减小到 6887。

1. 余滑模型

用于解释震后形变现象的力学机制之一是同震破裂面或者其延伸面上的余滑或者局部剪切。从图 4.33 中可以看到，在靠近断层 10~20 km 的位置具有非常明显的震后形变信号，而这个距离尺度远小于断层的长度。

在研究中，采用基于 Okada(1985)的弹性半空间矩形位错模型来进行运动学的震后余滑反演。采用的断层几何结构来自基于 4 轨相邻 ERS-2 降轨同震干涉图反演得到的断层参数(Lasserre et al.，2005)，但是在余滑模型中，需要将断层的深度从 20 km 拓展到50 km。然后将余滑破裂面沿走向和倾向离散成约 10 km×10 km 大小的断层片，并使用 Green 函数方法计算出各断层片在设计矩阵中对应的系数：

$$\begin{bmatrix} d \\ 0 \end{bmatrix} = \begin{bmatrix} G & H \\ k^2 \nabla^2 & 0 \end{bmatrix} \begin{bmatrix} m \\ t \end{bmatrix} \tag{4.15}$$

其中，d 是 LOS 震后位移，m 为待求参数(如滑动量)，矩阵 G 为模型滑动量与观测位移之间的格林函数。由于在震后形变图中仍然存在着残余轨道误差，可以将轨道误差参数 H 和 t 引入式（4.15）中，其中 H 是轨道线性面矩阵，t 为待求多项式系数。此外，还使用二阶拉普拉斯平滑算子 ∇^2 来避免滑动解出现振荡，平滑算子的约束因子 k 通过对观测值的拟合残差和断层面粗糙度之间的折中曲线来选取（图 4.34（a））。最后采用有界变量最小二乘法（Bounded Variable Least Squares，BVLS）（Stark，Parker，1995）来求解式（4.16）。

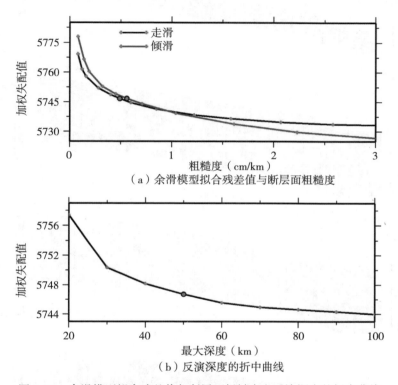

图 4.34　余滑模型拟合残差值与断层面粗糙度和反演深度的折中曲线

　　尽管昆仑山断层是一直立的、以左旋走滑为主的断层，但是根据多种不同类型数据（如体波和面波数据（Antolik et al.，2004），野外调查（Xu et al.，2006）和 InSAR 地表形变（Lasserre et al.，2005）得到的同震破裂均表明该断层具有一定的倾滑分量。为了在余滑模型中反映这个特征，需要求解每个断层片上倾角 45° 和 -45° 上的两个滑动分量，这样就相当于允许滑动量在纯走滑两侧 45° 的范围内自由滑动（Biggs et al.，2009）。对于每个断层片，这两个分量的和即为该断层片上的总滑动量。

　　为了确定余滑所在的最佳深度，采用了一系列的反演深度，从 20 km 到 100 km（Ryder et al.，2007）来进行反演计算。图 4.34（b）显示的是观测值拟合残差与最大反演深度之间的折中曲线。从图 4.34（b）中可以看到，当反演深度低于余滑发生的深度（20～40 km）的时候，观测值拟合残差较大，意味着反演结果与观测值之间相差较大；而随着反演深度的增加，观测值拟合残差将缓慢减小，这与 Ryder 等（2007）研究中得到的结果相一致。在最后的余滑模型中，将最大反演深度固定为 50 km，这个值与玛尼地震的 30 km（Ryder et al., 2007）和 Denali 地震的 60 km（Biggs et al., 2009）相当。

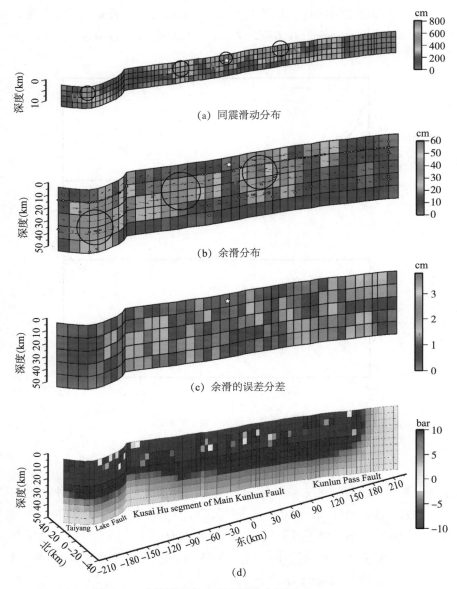

图 4.35　余滑模型给出的滑动分布图（Wen et al., 2012）

基于余滑模型的滑动分布见图 4.35（b）。从图 4.35（b）中可以发现，可可西里地震的震后余滑以左旋走滑为主，兼有细微的倾滑运动；并且最大余滑发生的位置位于同震滑动中最大滑动所在区域的周边。通过对比同震和震后的滑动分布（图 4.35（a）、（b））可以看见，震后余滑影响的区域远大于同震滑动的影响范围。同震滑动在深度 0~5 km 的位置达到最大值约 8 m(Lasserre et al., 2005);而反演得到的最大余滑所在的深度为 10~20 km,远大于最大同震滑动所在位置;其值为约 0.6 m(相当于最大同震滑动的 7%)。该滑动分布模式与应力驱动的余滑模型非常吻合,即应力产生在同震期间的闭锁区域并通过其后的非震运动而释放。最大的同震和余震滑动均出现在昆仑山断层的库赛湖段的中央位置。此外,在库赛湖的西端也出现了一些余滑较大的区域,这些余滑可能与断层结合位置的复杂性有关。

由于基于 InSAR 得到的 LOS 地表形变量具有很强的空间相关性,由此不能采用反演过程中给出的协方差作为模型误差,在本研究中采用蒙特卡罗方法(Parsons et al., 2006)来估计余滑模型给出的滑动分布的模型误差。在该方法中,首先根据上节中给出的一维协方差函数生成 100 组带误差的 LOS 地表形变;然后计算每组 LOS 地表形变的余滑分布;最后根据这些参数的分布给出余滑模型的模型误差(图 4.35(c))。从图 4.35(c)中可以看到,与余滑分布相比,余滑模型的蒙特卡罗误差要小一个量级,这意味着反演给出的余滑分布是可靠的。

根据余滑滑动分布正算得到的 LOS 地表形变和拟合值残差见图 4.36(b)和图 4.36(c),对应的加权残差中误差为 0.92 cm。从图 4.36(b)和图 4.36(c)中可以看到,该模型可以基本拟合 2003 年 12 月至 2007 年 11 月间的 InSAR 震后地表形变观测值。

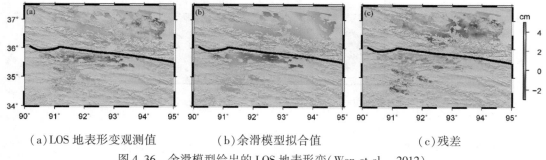

(a)LOS 地表形变观测值　　　　　(b)余滑模型拟合值　　　　　(c)残差

图 4.36　余滑模型给出的 LOS 地表形变(Wen et al., 2012)

2. 黏弹性模型

上地壳和下地幔的黏弹性松弛通常也被用来解释观测到的震后位移。研究使用 PSGRN/PSCMP 程序(Wang et al., 2006)来计算可可西里地震因黏滞性流变分层的应力松弛所造成的 LOS 地表位移。PSGRN/PSCMP 程序通过拉普拉斯或者傅里叶变换将弹性模量转换成复模量的方式来求解一组线性黏滞性边界变量问题,该程序在许多研究(Lorenzo-Martin et al., 2006;Fay et al., 2008)中得到了成功的应用。在黏弹性模型中,弹性参数固定为常量(包括剪切模量为 40 GPa,泊松比为 0.25),并且使用基于 4 轨相邻 InSAR 数据的同震滑动分布 (Lasserre et al., 2005)作为输入参数。

为了模拟麦克斯韦流体的应力松弛过程,采用了一系列的三层流变模型(文中称为三层模型,图 4.37)来求解介质的黏滞系数。在这一系列的模型中,最上层是厚度为 15 km

的弹性层，这个深度包含了绝大多数的同震滑动(图4.35(a))。第二层为黏弹性层，位于下地壳的位置，黏滞性系数介于$1\times10^{17}\mathrm{Pa\cdot s}$(弱地壳)和$1\times10^{29}\mathrm{Pa\cdot s}$(弹性体)之间。基于宽频地震体波资料(Zhu，Helmberger，1998)和重力数据(Braitenberg et al.，2002)的研究表明该地区的地壳深度为$60\sim80~\mathrm{km}$，为此在研究中固定地壳的深度为$70~\mathrm{km}$。最后一层对应于上地幔的位置，为黏弹性半空间，其黏滞系数介于$1\times10^{17}\mathrm{Pa\cdot s}$和$1\times10^{21}\mathrm{Pa\cdot s}$之间。对于这些流变结构，计算出模型值与观测得到的LOS地表形变量之间的带权残差和(Weighted Misfit，WRMS)：

$$\mathrm{WRMS} = (d_o - d_m)^T\Sigma^{-1}(d_o - d_m) \tag{4.16}$$

其中，d_o和d_m分别为观测和拟合的LOS形变。Σ为根据上节的1D协方差函数计算得到的观测值方差-协方差矩阵。

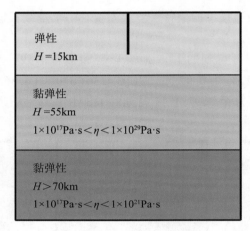

图4.37　三层黏弹性模型介质分布图(Wen et al.，2012)

图4.38为三层模型的黏滞性系数与拟合值带权残差之间的关系图。从图4.38中可以看到，具有较小的拟合带权残差的黏滞系数倾向于落在一个条状区域中，对应的下地壳黏滞系数为$2\times10^{19}\sim5\times10^{19}\mathrm{Pa\cdot s}$，上地幔黏滞系数为$2\times10^{18}\sim1\times10^{21}\mathrm{Pa\cdot s}$。最佳三层模型(上地壳和下地幔的黏滞系数均为$2\times10^{19}\mathrm{Pa\cdot s}$)给出的LOS地表形变和拟合残差见图4.39，对应的加权残差中误差为0.92 cm。从图4.39中可以看到，与观测值相比，三层模型给出的LOS地表形变具有更小的量级和更长的波长；并且在近场区域，可以看见该模型对观测数据的拟合效果较差，没有反映出近场的细节特征。

3. 混合模型

Shen等(2005)采用下地壳黏弹性松弛和同震破裂区下部余滑的组合模型来分析可可西里地震的震后形变机制。在本章节中，也计算了类似模型的LOS地表形变。在混合模型中，假设不同的力学机制在震后区间分布在不同的空间区域上：上地壳表现为余滑运动以及下地幔为黏弹性松弛。

在模型计算中，首先利用PSGRN/PSCMP程序(Wang et al.，2006)计算出覆于黏弹性

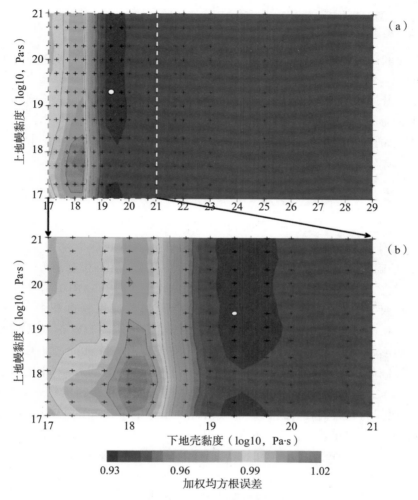

图 4.38 三层黏弹性模型黏滞系数分布图(Wen et al., 2012)

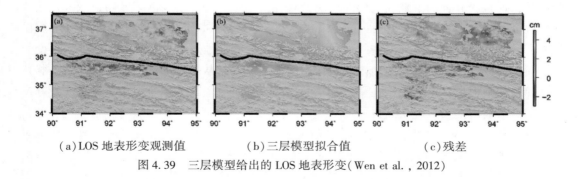

（a）LOS 地表形变观测值　　　　（b）三层模型拟合值　　　　（c）残差

图 4.39 三层模型给出的 LOS 地表形变(Wen et al., 2012)

半空间上的弹性体造成的松弛形变，然后将其从观测的 LOS 地表形变中移除出去，最后根据这个地表形变采用余滑模型来计算上地壳的余滑运动。对于这一系列模型，将余滑反演深度和弹性层的厚度固定为 15 km、50 km 和 70 km，然后通过改变黏弹性半空间的黏滞系数来获取最佳拟合值。

图 4.40 为最佳混合模型对应的余滑分布，该模型等效黏滞系数为 2×10^{19} Pa·s。余滑平均值为 16 cm，最大滑动量分别为 49 cm、54 cm 和 57 cm，其所处位置与上节中余滑模型的最大滑动量所在位置一致。这些模型对应的加权残差中误差分别为 0.94 cm、0.93 cm 和 0.93 cm。结果表明，15 km 和大于 50 km 的弹性层厚度对模型拟合没有实质性差异，尽管越厚的弹性层模型具有越小的加权残差中误差，这可能也意味着相对于中下地壳的黏弹性松弛模型，余滑模型可以更好地拟合近场形变。

4.3.1.4　小结

大型走滑地震的震后形变机制可能为孔隙弹性回弹、余滑、黏弹性松弛以及这些机制之间的组合。基于 InSAR 时间序列获取到的可可西里地震的震后 2~6 年间的震后形变数据并不能明确地确定该地震的具体震后形变机制，而表现为各种机制都可以产生与观测值相吻合的结果。在前人的研究中，垂向位移的形变模式，即 InSAR 观测中的敏感量，被用来区分 1999 年 Hector Mine 地震震后形变的余滑和黏弹性松弛机制（Pollitz et al.，2001）。然而，在本研究中，所有的这些模型都可以给出和地表 LOS 形变观测值相一致的结果，类似于 Denali 地震（Biggs et al.，2009）和玛尼地震（Ryder et al.，2007）的研究成果。

震后形变机制中的孔隙弹性回弹，通常具有很明显的时间和空间上的限制（Freed et al.，2006a）。由于孔隙弹性回弹造成的震后形变通常发生在距断层几千米的周边区域，其发生时间一般仅为震后的几个月内。而本研究中得到的 InSAR 的 LOS 形变具有更大的空间尺度和更长的时间间隔（震后 2~6 年）。因此对本研究而言，孔隙弹性回弹模型的影响是微小的，所以在本研究中没有考虑震后形变的孔隙弹性回弹机制。

根据余滑反演给出的非震滑动是震后 LOS 地表形变观测值的一个较为合理的震后形变机制。尽管反演模型给出的结果是纯运动学的，但是可以看见高同震滑动量区域和高余滑运动区域之间的强相关性，以及余滑主要发生在同震破裂区域的下部。对于下地壳的形变特征，现有研究表明下地壳的形变可以分布在一个很宽的剪切发散区域内；或者是位于一个狭窄的脆性剪切区内（Burgmann et al.，2008）。但是本研究中来自可可西里地震的 LOS 震后地表形变很难区分出这两种可能性的差别，震后地表形变更倾向于下地壳形变是离散断层片或者狭窄的剪切区域内余滑作用的结果。并且从拟合的震后形变场来看，相比于黏弹性松弛模型，余滑模型在量级和空间尺度上都具有最好的拟合效果，尤其在近断层位置的细节表现上。

在一些地震中，如西藏玛尼地震（Ryder et al.，2007）和土耳其的 Izmit 地震（Hearn et al.，2002），下地壳是震后响应的主要发生区域。根据三层模型的结果，发现上地幔的等效黏滞系数与下地幔的等效黏滞系数无关，可以认为可可西里地震 2003—2007 年间的震后松弛主要发生在下地壳。基于 InSAR 资料的流变学研究表明，在震后形变的早期（最初的 0~3 年），其等效黏滞系数约为 10^{18} Pa·s，而在后期，等效黏滞系数大于 10^{19} Pa·s

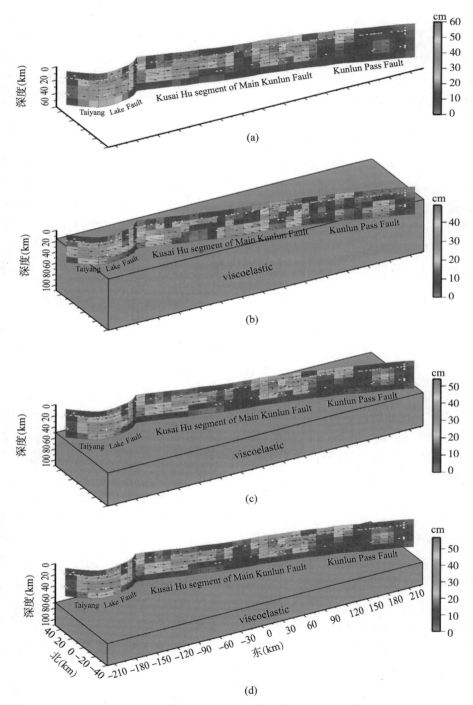

图 4.40　混合模型给出的滑动分布图(Wen et al. , 2012)

（Deng et al.，1998；Pollitz et al.，2001；Fialko，2004；Ryder et al.，2007；Biggs et al.，2009）。如果流变是非线性和瞬变的，则等效黏滞系数可能是应力和时间相关的（Freed et al.，2006b）。通过 1997 年玛尼地震的震后响应的分析，Ryder 等（2007）发现震后 3~4 年的等效黏滞系数是早期的 3 倍。而基于 GPS 数据的流变学研究表明震后 7~20 年的等效黏滞系数比最初 1 年间的高出 2 个数量级（张勇等，2008）。按照这个规律，基于可可西里地震震后 LOS 地表形变场得到的下地壳等效黏滞系数为 $2\times10^{19}Pa\cdot s$，与 Ryder 等（2007）和张晁军等（2008）等的结果相吻合。

本案例采用 InSAR 时间序列技术获取了 2001 年 Mw 7.8 级可可西里地震震后 2~6 年间的震后 LOS 地震形变场。该形变场基本覆盖了可可西里整个震中破裂区，覆盖面积达 300 km×400 km，精度约为 0.5 cm，是迄今为止覆盖范围最宽、精度最高的震后形变场。分别采用余滑模型、黏弹性松弛和混合模型来解释地表形变，发现三个模型均可以产生与观测值相吻合的结果，对比震后形变场，余滑模型可以认为是一个较为合理的震后形变机制。最佳下地壳黏滞系数为 $2\times10^{19}Pa\cdot s$。结合 GPS 以及其他的观测资料，尤其是震后早期的观测数据，也许可以更为明确地确定地震的震后形变机制。

4.3.2　2008 年汶川 Mw 7.9 级地震

2008 年 5 月 12 日发生的四川省汶川 Mw 7.9 级地震给当地带来了巨大的灾难，这是新中国成立以来中国大陆地区发生的灾害最为严重的地震灾害之一，其重灾区面积达到 12.5 万平方千米，死亡人数超过 8 万人，受灾人口为 2961 万（Daniell et al.，2011）。震后野外地质考察（Xu et al.，2009）表明，青藏高原东缘龙门山推覆构造带上，沿北川-映秀断裂和灌县-江油断裂两条倾向 NW 的叠瓦状逆断层发现了显著的地表破裂。其中，北川-映秀断层的地表破裂长度约 240 km，以兼有右旋走滑分量的逆断层破裂为主，最大垂直位移达到 6.5 m，最大右旋走滑位移达到 4.9 m. 而灌县-江油断裂的地表破裂长度约 72 km，为典型的逆断层，最大垂直位移为 3.5 m。

汶川地震所在的龙门山逆冲推覆断裂带位于青藏高原的东边界，南起四川泸定，向北延伸至陕西勉县一带，划分四川盆地与川西高原，构成华南地块和巴颜喀拉地块的分界线（张培震等，2008）。龙门山断裂带经过长期的地质演化，具有十分复杂的地质结构和演化历史。新生代以来在造山作用的持续作用下形成了现代龙门山陡倾地貌，现今构造活动继承并限制于这一过程。地质（徐锡伟等，2008）和大地测量资料（Shen et al.，2005）所给出的龙门山缩短速率<3 mm/a，表明龙门山断裂带的活动性一直很弱，四川盆地和龙门山之间在震前几乎没有明显的相对运动。

汶川地震发生后，大批国内外研究人员通过利用 GNSS 和 InSAR 技术研究了该地震的详细地表形变场特征和其震源机制（Fielding et al.，2013；Feng et al.，2010；Shen et al.，2009；Wang et al.，2011；Xu et al.，2010）。在这些研究中，所采用的 ALOS/PALSAR 雷达数据或多或少包含了较为明显的电离层扰动影响，这使得获取到的 InSAR 同震形变场很难精确地反映地震所造成的同震地表形变特征。此外，在生成 InSAR 形变场过程中所使用像对的震后成像时间距地震时刻为数天和数月不等，因此获取到的 InSAR 地表形变场中不仅包含有同震形变信息，还包含了震后及余震等多种形变成分。而在地震震源参数反演时，大多数的同震滑动分布模型（如 Fielding et al.，2013；Feng et al.，2010；Shen et al.，2009；Wang et al.，2011；Xu et al.，2010）均假设只有同震形变信息存在，而忽略了震后形变等的影响。

4.3.2.1　InSAR 形变场

汶川地震发生在青藏高原东缘的龙门山地区，该区域的地形起伏非常剧烈，发震断层上下两盘的地形起伏在 4000 m 以上。在上盘山区，由于雷达影像的叠掩、前缩、阴影以及茂密的地表植被的影响，在得到的雷达回波中存在着较大的噪声。Envisat/ASAR C 波段雷达影像（波长 5.6 cm）在近场几乎得不到任何有意义的同震形变信号（如 Fielding et al.，2013）；而对于 L 波段（1270 MHz）的 ALOS/PALSAR 雷达而言，由于其较长的波长（23.6 cm）以及较大的雷达波入射角（约 34°），可以有效地克服上述问题，从而获取到高质量的干涉信号。

汶川地震发生后，JAXA 为该地震启动了危机响应观测计划，获取了大量的覆盖震中区域的雷达影像。而由于 PALSAR 雷达的波长较长，其受电离层扰动的影响远大于 C 波段雷达（约 16 倍），因此如果在卫星数据获取的两个时刻上电离层发生了较强烈的活动，将会在其形成的干涉图中出现明显的电离层扰动条纹。由于汶川地震前后该地区电离层的不规则活动，导致在很多覆盖汶川震中区域的干涉图中出现了明显的电离层扰动条纹，如 Shen 等（2009），Xu 等（2010）和 Fielding 等（2013）等研究中指出的那些明显与地震活动不吻合的非构造条纹。

电离层扰动的影响除了出现在视线向的干涉图中，还会引起方位向和距离向上不同程度的失焦和位置偏移，从而影响到偏移量的计算。特别地，在方位向的偏移量中会出现密集的条纹（Meyer et al.，2006）。电离层引起的变化在距离向一般具有良好的一致性，但是在方位向上则非常不连续，整体表现为一根一根的长形条纹（azimuth streaks，即"电离层条纹"）。因此可以通过方位向偏移量的分布模式来判断该干涉像对是否受明显的电离层扰动影响。基于该方法，首先对所获取到的 PALSAR 数据进行组合生成方位向偏移量，从而实现电离层效应检测。然后选取了覆盖震中区域的 6 条轨道的 36 景较少受电离层影响的 PALSAR 影像数据（表 4.8）。这些数据与 Feng 等（2010）研究中所采用的数据的主要不同之处是 P475A 的数据，在 Feng 等（2010）研究中 P475A 所采用的数据仍然包含较为明显的电离层扰动的影响，而所选取的数据则几乎不含有电离层扰动。

表 4.8　　　　　　　　　研究中所使用的 ALOS PALSAR 数据的详细信息

轨道号[†]	主影像 /（年/月/日）	从影像 /（年/月/日）	垂直基线 /m	时间基线 /days	震后间隔 /days	中误差 /cm	衰减距离 /km
P471A	2007/01/11	2008/12/01	417	690	203	2.0	5.9
P472A	2007/01/28	2009/02/02	−293	736	266	2.1	8.7

续表

轨道号[†]	主影像 /（年/月/日）	从影像 /（年/月/日）	垂直基线 /m	时间基线 /days	震后间隔 /days	中误差 /cm	衰减距离 /km
P473A	2006/12/30	2009/01/04	421	736	237	1.5	8.9
P474A	2008/03/05	2008/06/05	301	92	24	2.2	8.2
P475A	2007/12/21	2010/02/10	−81	782	639	2.4	10.0
P476A	2007/01/04	2008/11/24	355	690	196	1.6	9.3

注：[†]A 表示升轨。

由这 36 景 SAR 影像组成的干涉像对的垂直基线分布在 81~421 m 之间；其时间跨度为 92~736 天，覆盖的震后时间为 24~639 天（表 4.8），这导致在获取到的干涉图中不仅包含了同震形变信号，还包含有一定震间、余震和震后形变信号。对于其中的震间形变信号而言，地质调查（Xu et al.，2008）和大地测量结果（Shen et al.，2005）均表明龙门山地区的活动性很低，因此这部分形变在后续的分析中忽略不计。而对于 InSAR 地表形变场而言，主震和余震所造成的地表形变通常也难以区分，因此在反演过程中把其作为一个整体，未加以细分。

在干涉数据处理过程中，采用了传统的二通法来获取覆盖汶川地震震中区域的地表 InSAR 形变场。所有 SAR 数据均为 JAXA 提供的 Level 1.0 原始格式（raw）数据，干涉处理软件是 JPL/Caltech 的 ROI_PAC 开源软件（Rosen et al.，2004）。同时，使用了 3″分辨率的 SRTM DEM（Farr et al.，2007）来移除地形的影响。轨道数据采用的是 ALOS 卫星的星载 GPS 提供的精密轨道文件。此外为了降低干涉相位的噪声，采用了基于能量谱的局部自适应滤波（Goldstein，Werner，1998）对干涉图进行滤波，最后采用 SNAPHU 软件（Chen，Zebker，2002）来解缠得到的差分干涉相位图。在完成整个干涉处理后，得到了 6 幅经过地理编码的 InSAR 形变图（图 4.41）。

虽然龙门山地区是一个地势陡峭、植被覆盖稠密的区域，对于 L-band 的 ALOS/PALSAR 干涉像对，大部分区域在较长的时间间隔内仍然保持了较好的相干性（图 4.41），而且，与 Shen 等（2009），Xu 等（2010）和 Fielding 等（2013）研究中的干涉图相比，图 4.41 的干涉图中没有出现与地震活动不一致的大尺度信号（即电离层扰动），在近断层区域各轨道间的条纹相互之间能够较好地吻合，连续性强；但是在下盘的四川盆地位置，条纹之间的吻合较差，其原因可能是轨道残余误差、大气延迟误差和轻微电离层扰动的影响。图 4.41 中的形变条纹清晰可辨，在发震断层两侧呈不对称分布。由于近断层地表剧烈变化导致数据失相干，从而在干涉图中央部分存在一条不相干的 NE 走向的条带（数据空白区），该条带在 SW 段较宽，而在 NE 段则较窄。如果不考虑地质滑坡等次生灾害的影响，可以推断这个条带就是地震的地表强破裂区域（Funning et al.，2007）。

在获取到的 InSAR 形变图中，除了构造形变信号外，还可能包含有各种误差，如大气误差、解缠误差、轨道残余误差，以及 InSAR 数据处理中引入的其他误差。据一维方差-协方差函数计算得到的 InSAR 形变场的误差在 1.5~2.4 cm 之间，其衰减距离在 5.9~

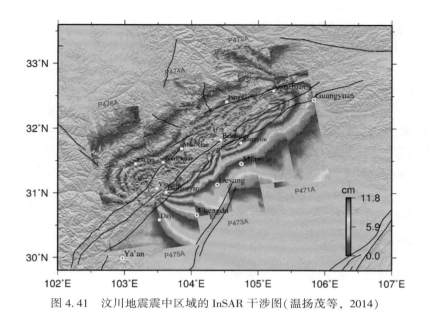

图 4.41　汶川地震震中区域的 InSAR 干涉图(温扬茂等，2014)

10.0 km 之间(表 4.8)。对于这些误差中占主导地位的大气误差和轨道残余误差等，将在模型反演中通过进行地形相关大气延迟相位的线性拟合和趋势性残余相位的线性拟合(Wen et al.，2013)来模拟并予以削弱。

4.3.2.2　同震和黏弹性震后松弛联合反演模型

由于得到的 InSAR 地表形变场(图 4.41)中包含有百万数量级的观测数据，考虑到计算效率和反演可行性，需要对该形变场进行四叉树降采样(Jónsson et al.，2002)来生成一个数量适中的数据集。同时，为了消除同一条轨道的卫星入射角和轨道方位角变化所引起的误差，还要根据降采样后得到的采样点位置来计算实际的卫星入射角及其轨道方位角，最终得到了 3759 个 InSAR 地表形变观测值。

表 4.9　　　　　　　　　　　　　　　　　**2008 年汶川地震断层参数**

#	起点纬度 /(°)	起点经度 /(°)	长度 /km	宽度 /km	走向角 /(°)	倾角 /(°)	最大应力降 /MPa	地震矩 /10^{20}N・m	矩震级 /Mw
1	32.6396	105.4453	81.0	39.0	228.8	60.0~20.0	19.8	1.54	7.39
2	32.1600	104.8000	81.0	39.0	221.1	46.0~20.0	20.1	2.36	7.51
3	31.6132	104.198	66.0	39.0	223.9	60.0~20.0	12.0	1.81	7.44
4	31.1809	103.731	72.0	45.0	227.1	42.0~20.0	19.5	2.62	7.55
5	31.6285	104.372	111.0	27.0	223.4	44.0~20.0	9.7	0.95	7.25
合计								9.28	7.91

为了更好地对反演模型提供数据约束，除了 InSAR 地表形变数据外，还采用了高精度的 GNSS 同震地表形变数据。研究中所采用的 GNSS 同震地表形变数据来自 Shen 等（2009），包括 158 个水平形变量和 46 个垂直形变量。这些地表形变的东西分量误差为 2.2~24.8 mm，平均误差为 5.7 mm；南北分量误差为 2.1~24.8 mm，平均误差为 5.6 mm；垂直形变误差为 3.0~35.3 mm，平均误差为 7.7 mm。不同数据之间的相对权对，通过赫尔默特方差分量估计（Xu et al.，2010）来给出，最终的 GNSS 水平形变，GNSS 垂直形变和 InSAR 形变之间的相对权比为 5.71∶4.24∶1。

考虑到所获取到的 InSAR 地表形变场中主要包含有同震形变和震后形变等信息，而 GNSS 观测值中主要包含同震形变信号，可以建立如下联合反演模型：

$$d_{\text{total}} = d_{\text{cs}} + d_{\text{ps}} \tag{4.17}$$

其中，$d_{\text{total}} = \begin{bmatrix} d_{\text{InSAR}} \\ d_{\text{GNSS}} \end{bmatrix}$ 为 InSAR 和 GNSS 地表形变观测值，$d_{\text{cs}} = \begin{bmatrix} d_{\text{InSAR}}^{\text{cs}} \\ d_{\text{GNSS}}^{\text{cs}} \end{bmatrix}$ 为同震地表形变，

$d_{\text{ps}} = \begin{bmatrix} d_{\text{InSAR}}^{\text{ps}} \\ 0 \end{bmatrix}$ 为震后地表形变。

在联合反演过程中，首先需要给出发震断层的几何结构参数，这里所采用的断层几何模型来自 Xu 等（2010），该模型综合野外地质考察结果、地震波数据、余震分布及 ALOS/PALSAR 偏移量等，将发震断层划分为 5 段，分别是青川段、北川段、岳家山段、虹口段和汉旺段，对应的参数见表 4.9。

在确定发震断层的几何参数后，先将断层面离散成约 3 km×3 km 大小的 1681 个断层片，在此基础上采用约束最小二乘法（Wang et al.，2009）来求解断层片上的滑动量与同震地表形变之间的关系：

$$\|Gs - d_{\text{cs}}\|^2 + \alpha^2 \|H\tau^2\|^2 = \min \tag{4.18}$$

其中，G 为格林函数，s 为断层片上的滑动量，H 为拉普拉斯二阶平滑算子，τ 为断层面上的应力降，α 为平滑因子。同时，采用 Xu 等（2010）的分层地壳结构参数（表 4.10）来计算格林函数。

表 4.10　　　　　　　　　　　龙门山地区的分层地壳结构模型

#	深度/km	P 波波速/(km/s)	S 波波速/(km/s)	密度/(g/cm³)
1	0~15	5.89	3.40	2.80
2	15~30	7.00	4.05	2.95
3	>30	7.95	4.60	3.25

震后形变机制可能是孔隙弹性回弹、余滑、黏弹性松弛以及这些机制之间的组合。对于孔隙弹性回弹而言，通常具有很明显的时间和空间限制（Freed et al.，2006），即孔隙弹性回弹造成的震后形变通常发生在距断层几千米的周边区域，而本研究所使用的 InSAR

地表形变在这部分区域是一条不相干条带区(数据缺失区),无法对孔隙弹性回弹模型进行很好的数据约束,因此在反演过程对其影响予以忽略处理。而对于震后余滑而言,由于其形成的 InSAR 形变场与黏弹性松弛所形成的形变场之间有很大的相似性,并且两类模型之间还可以相互转换(Savage,1990);同时还由于 InSAR 形变场中同震形变和震后形变的强耦合作用,同震滑动和震后余滑之间也很难精确区分。因此本研究主要尝试以黏弹性松弛模型来分析 InSAR 形变场中的震后形变(d_{InSAR}^{ps})的影响。

此外,由于所采用的 InSAR 形变场是单纯的干涉形变场,并不是一个震后形变的时间序列,这使得观测数据不能对震后形变的时空演化过程提供很强的约束,因此在这里仅采用一系列的简单两层流变模型(Ryder et al.,2007)来模拟麦克斯韦流体的应力松弛过程。这些流变模型的上部为弹性上地壳,厚度分布在 10~40 km 之间;而下部为黏弹性半空间,黏性系数范围为 10^{17}~10^{20} Pa·s,而弹性介质参数和同震滑动分布反演中所采用的分层地壳结构参数(表 4.10)一致。对于这些不同的流变结构,以同震模型反演给出的滑动分布作为输入,分别计算出不同流变结构下联合模型与观测值之间的残差中误差(rms),然后从中选出最优拟合模型。

在具体反演过程中,首先按照给定的初始同震滑动分布,采用麦克斯韦体模型来计算不同流变结构下的黏弹性震后松弛形变;然后对获取到的黏弹性震后松弛形变和观测的 InSAR 地表形变作差;最后以该差值作为输入数据,按照给定的断层几何结构(表 4.9),采用分层弹性半空间模型来反演同震滑动分布模型。需要特别指出的是,在联合反演过程中,由于震后形变的计算需要以同震滑动分布模型作为输入参数,而同震滑动分布模型又与同震形变相关,这使得同震模型和震后模型之间具有很强的耦合作用,因此经过多次迭代直到反演给出的滑动分布模型收敛后才能得到最后结果。

4.3.2.3 反演结果与分析

联合反演震后形变模型的弹性层厚度、黏性系数与拟合残差中误差关系见图 4.42(a)。从图 4.42(a)中可以看到,模型与观测值的拟合程度对弹性层厚度不是十分敏感,较好的拟合结果出现在深度 15~25 km 的区域,其中最小的拟合残差中误差(rms)对应的弹性层厚度为 20 km,而在这个厚度(深度)之上是绝大部分同震滑动的所在区域(图 4.43)。

图 4.42(b)显示的是弹性层厚度为 20 km 时不同黏性系数与拟合残差中误差的关系图。从图 4.42(b)中可以看到,随着黏性系数的增加,拟合残差中误差首先是快速下降,然而当黏性系数达到某一数值(如 $2×10^{18}$ Pa·s)后,拟合残差中误差的变化就非常平缓了,这意味着这个数值($2×10^{18}$ Pa·s)可以作为龙门山地区中下地壳黏性系数的一个可靠下限值。

采用 20 km 的厚弹性层厚度,$2×10^{18}$ Pa·s 的黏弹性半空间黏性系数分别计算了汶川地震震后 237 天和 639 天的震后黏弹性松弛形变,并将其投影到 InSAR 的 LOS 方向,结果见图 4.45(b)和 4.45(c)。从图 4.45(b)和图 4.45(c)中可以看到,较大的 LOS 震后形变发生在上盘的北川段和下盘距发震断层 30 km 的一个椭圆状区域内。震后 237 天和 639

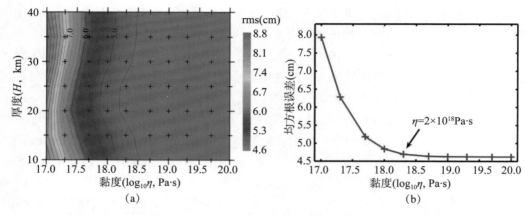

（a）弹性层厚度与黏性系数关系图　　　（b）弹性层厚度为 20 km 时 rms 与黏性系数关系图

图 4.42　黏弹性模型的反演结果

天的最大 LOS 震后形变达约 5 cm 和约 13 cm。

　　反演给出的汶川地震同震滑动分布模型见图 4.43。从图 4.43 中可以看到，汶川地震具有一个非常复杂的破裂过程，以南坝镇为界，发震断层的东南段，即北川段、岳家山段、虹口段和汉旺段这四段的滑动以逆冲为主，而发震断层西北段的青川段则是以右旋走滑为主，这表明汶川地震破裂由最初的逆冲为主兼有走滑转化为以走滑为主的破裂形式。

　　此外，图 4.43 还显示汶川地震的同震滑动分布存在着四个高速滑动区，其中第一个高速滑动区出现在青川段的南东段，最大滑动量为 7.1 m；第二和第三个高速滑动区分别出现在北川段的两端，最大滑动量为 6.3 m 和 9.5 m；最后一个高速滑动区则出现在虹口段的东北段，最大滑动量达 10.7 m。此外，在虹口段中部的 12 km 深度的位置存在着一个滑动量达 6 m 的深部滑动区，这部分的滑动可能与远场（>100 km）20 cm 以上的同震地表形变相关（图 4.44）。对于大部分区域来说，汶川地震是一个浅部破裂型的事件；除西南端的虹口段中部外，其大部分的滑动都发生在 10 km 深度以上的区域。

　　青川段、北川段、岳家山段、虹口段和汉旺段各自释放的能量分别为 1.54×10^{20} N·m、2.36×10^{20} N·m、1.81×10^{20} N·m、2.62×10^{20} N·m 和 0.95×10^{20} N·m，释放的总能量为 9.28×10^{20} N·m，相当于矩震级 Mw 7.91，与 GCMT 的 9.0×10^{20} N·m（Sladen，2008）和联合 GNSS、地震波和 InSAR 数据联合反演给出的 9.5×10^{20} N·m（Fielding et al.，2013）等都吻合得非常好。

　　利用联合反演得到的模型参数分别计算了拟合 GNSS 同震形变场和 InSAR 地表形变场，结果见图 4.44 和图 4.45。从图 4.44 中可以看出，对于 GNSS 同震形变而言，反演模型获取的结果总体上与观测值吻合良好，其中东西向、南北向和垂直向的残差中误差分别为 2.0 cm、2.5 cm 和 2.6 cm。图 4.45 显示的是模型给出的 InSAR 地表形变及残差分布图，拟合结果显示联合模型能较好地解释汶川地震的 InSAR 地表形变场，残差结果也较小，其中误差为 5.3 cm；主要残差集中在断层两侧 30 km 的区域，这可能是由于采用的

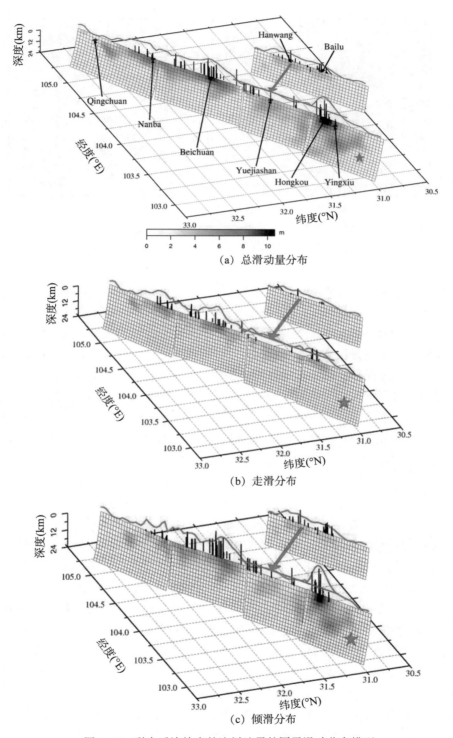

(a) 总滑动量分布

(b) 走滑分布

(c) 倾滑分布

图 4.43 联合反演给出的汶川地震的同震滑动分布模型

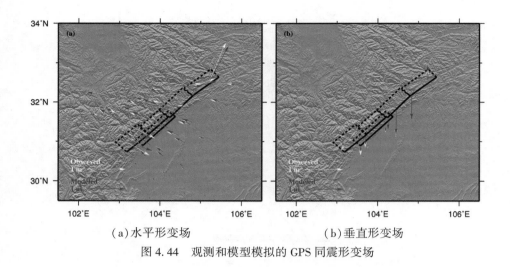

(a)水平形变场　　　　　　　　(b)垂直形变场

图 4.44　观测和模型模拟的 GPS 同震形变场

断层几何模型不够精确以及复杂的近地表破裂所造成的。联合反演的数据-模型相关系数达到了 99.3%。

由于基于 InSAR 得到的 LOS 地表形变量具有很强的空间相关性，不能在反演过程中给出模型误差，为了估计反演滑动量的精度，采用蒙特卡罗方法(Parsons et al.，2006)来估计滑动分布的模型误差，即根据原始观测数据及其精度生成 100 组带随机扰动误差的数据集，通过这些数据计算相应的滑动分布结果，从而估计模型的精度，得到的同震滑动分布误差见图 4.46。从图 4.46 中可以看到，断层滑移的误差分布比较均匀，平均误差为 5.8 cm，而最大误差出现在汉旺段的右上方位置，约为 0.28 m，仅为最大滑动量的 3%，表明反演给出的同震滑动分布模型是可靠的。

4.3.2.4　小结

本案例通过选择无明显电离层扰动影响的 ALOS/PALSAR 像对进行干涉处理，获取了覆盖汶川地震震中区域的高可靠性的 InSAR 地表形变场。在此基础上，结合高精度 GNSS 同震形变数据，采用同震形变和震后形变联合反演模式同时确定了汶川地震的同震滑动分布和龙门山地区的流变结构参数。与之前的研究(Fielding et al.，2013；Feng et al.，2010；Shen et al.，2009；Wang et al.，2011；Xu et al.，2010)相比，本研究利用的 InSAR 地表形变场能最大限度地反映地震同震破裂的影响，而且在同震模型反演中也考虑到了 InSAR 形变场中的震后形变信号的影响，因此能够获取到更为精确的同震滑动分布模型；并且还利用到 InSAR 地表形变场中的震后形变信号，为龙门山地区中下地壳的黏性系数提供了一个较为可靠的下限值。

将联合反演模型给出的近地表破裂与野外地质考察结果(Xu et al.，2009)进行比较，发现除个别点位外，两者在滑动模式上和量级上都基本吻合，这是由于联合 GPS 和 InSAR 形变场反演给出的近地表破裂值是一个数平方千米范围内的平均值，而野外地质考

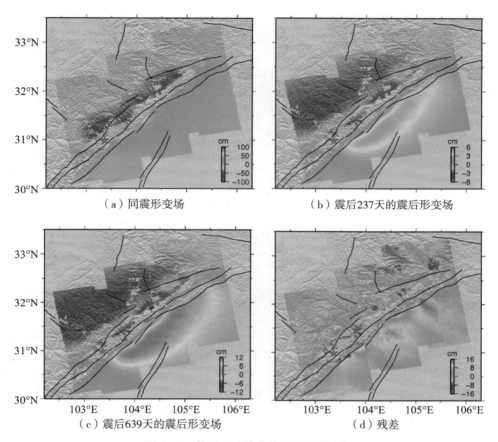

（a）同震形变场　　　　　　　　　（b）震后237天的震后形变场

（c）震后639天的震后形变场　　　　　　　（d）残差

图4.45　模型反演给出的InSAR形变场

察结果是单个点位的观测，可能受到了较大的小尺度近场效应的影响。与GCMT给出的结果（Sladen，2008）相比，发现地震波反演给出的滑动量更大（约16 m），其发生深度也更深（8～15 km），这可能与本研究采用的更多近场数据和更强光滑约束，以及地震波反演在深度上的约束不够强等有关。而与其他联合GNSS和InSAR观测等反演得到的滑动分布模型相比，本研究与采用相同断层几何模型的Xu等（2010）给出的9.7 m基本一致，大于Shen等（2009）和Feng等（2013）反演得到的约7 m，但是小于Wang等（2011）和Fielding等（2013）给出的约16 m，这主要是由于所采用的具体数据、断层几何结构以及平滑约束等的不同所造成的，如Wang等（2011）和Fielding等（2013）的反演过程中采用了一部分震后1年多的近断层三角点观测结果。

　　与青藏高原发生的2003年Mw 7.8级可可西里地震（Klinger et al.，2005）和2010年Mw 7.9级玉树地震（Wen et al.，2013）相比，汶川地震具有更明显的分段特征和更为复杂的地表破裂形式（Xu et al.，2009）。汶川地震中出现了两条相互平行的叠瓦状断层（岳家山-虹口段和汉旺段）同时破裂的情形。一般来说，这样一组平行破裂带在破裂过程中应该

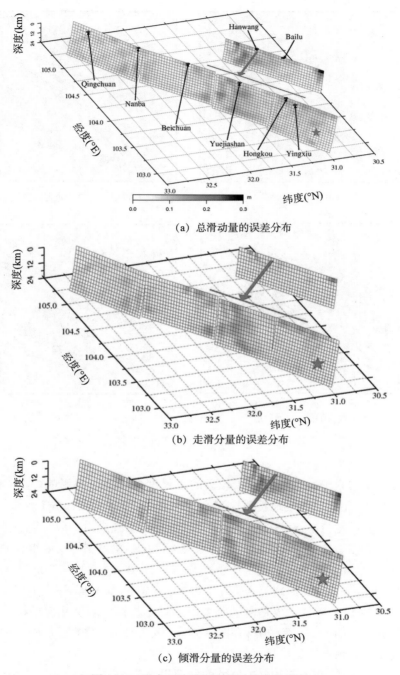

（a）总滑动量的误差分布

（b）走滑分量的误差分布

（c）倾滑分量的误差分布

图 4.46　联合反演的同震滑动分布的误差

以不同的破裂性质来进行滑移分解，如 2003 年可可西里地震，两条相距 2 km 的平行地表破裂带就是以一个断层走滑和一个断层正断的方式来进行滑移分解（Klinger et al.，2005）。

但是，在汶川地震中，岳家山-虹口段和汉旺段却具有相似的逆冲为主兼走滑的破裂性质，只有西北部的北川段和青川段才具有明显的走滑特征，这意味着汶川地震可能是不完全的滑移分解（Fielding et al.，2013）。

关于青藏高原的流变结构，不同的研究手段给出的流变参数有很大的不同。如几个基于青藏地区现今地形地貌的研究均认为整个高原的下部存在着一个较弱的中下地壳，其黏性系数为 $10^{16} \sim 10^{20}$ Pa·s（Bendick et al.，2008；Clark，Royden，2000；Cook，Royden，2008）。采用覆盖西藏北部的 GPS 震间形变观测数据，Hilley 等（2009）采用与时间相关的地震周期模型给出的地壳黏性系数 $\geqslant 10^{18}$ Pa·s。张晁军等（2008）利用 2001 年昆仑山地震震后跨断层 GPS 站点记录到的震后变形得到的下地壳黏性系数为 10^{17} Pa·s；而基于炉霍地震后的跨断层形变得到的下地壳黏性系数为 10^{19} Pa·s。Ryder 等（2007）利用 1997 年Mw 7.6 级玛尼地震的 InSAR 震后形变时间序列反演给出的玛尼地区的弹性层厚度为15 km，其等效黏滞系数为 $3 \times 10^{18} \sim 10 \times 10^{18}$ Pa·s。通过对覆盖 2008 年尼玛-改则地震的InSAR 数据的分析，Ryder 等（2010）认为西藏中部地区的黏性系数的下限为 3×10^{17} Pa·s。Wen 等（2012）通过对 2003 年昆仑山口西地震的震后 2~6 年 InSAR 震后形变的分析表明，柴达木盆地的等效黏性系数为 2×10^{19} Pa·s。本研究给出的青藏高原东部地区的黏性系数落在以上不同研究给出的黏性系数范围内。

对于青藏高原东缘地区而言，长期以来并没有很好的震后形变观测资料来进行该地区的黏弹性流变结构研究，而 2008 年汶川地震为此提供了一个良好的契机。利用 InSAR 技术获取到的汶川地震地表形变场，本案例采用同震形变和震后形变联合模型反演确定了龙门山地区中下地壳的流变结构，给出的黏性系数下限为 2×10^{18} Pa·s，这与利用震后最初14 天 GPS 观测给出的成都平原地区 4×10^{17} Pa·s 和川西地区 9×10^{18} Pa·s 的黏性系数（Shao et al.，2011）相吻合。与青藏高原其他区域的基于震后形变给出的黏性系数相比，本研究给出的黏性系数相对较小，这可能正好反映了震后形变初期的黏弹性松弛效应，如果在更长观测时间的震后形变时间序列的约束下，将可获取到该区域更为可靠的流变结构参数。

第5章 影像大地测量与火山形变

火山活动及其爆发是地球内部岩浆活动在地表的强烈响应。火山爆发一般描述为在岩浆流动、结晶和气泡生长的驱动下，岩浆压力不断变化，导致地面变形、地震活动，并从地表喷口喷出气体、火山灰和熔岩的过程。当岩浆从火山中涌出时，人类通过现场感官可以了解其多样性和复杂性。实际上，在火山爆发之前、期间和之后的整个时间段内，地下岩浆都在不停地发生着复杂的地球物理、地球化学和热液过程（Tilling，2008）。火山爆发对社会有重大影响，其结果不但会直接造成人员伤亡、财产损失，而且还会造成地区性甚至全球性气候异常，诱发泥石流、洪水、风暴、地震等一系列自然灾害。尽管火山科学在火山系统的组分研究方面已取得重大进展，但仍存在两个主要的问题未解决：一是岩浆系统是如何演化的；二是火山在什么条件下喷发（Lundgren et al.，2016）。

火山遍布全球，大多数火山活动发生于板块构造的边界，少量发生于板块内，包括偏远和人口稠密地区（Lisowski，2006）。据统计，全球约有8亿人居住在全新世火山100 km范围内区域，而这些全新世火山在过去10000年内都存在火山活动（Loughlin et al.，2015）。已有研究表明，火山系统在喷发前经常产生重要的信号（例如岩浆侵入到持久的岩墙溢流发生），剧烈的岩浆活动可引起周围区域化学组分、物理属性和地壳形变的指数响应。几乎所有的火山爆发都伴随有可测量的物理和（或）化学状态变化。通过对火山活动的监测和预测证明可以有效减少火山爆发造成的死亡人数（Auker et al.，2013；Mei et al.，2013）。火山研究的手段众多，有地质、地球物理、地球化学和地壳形变等方法。由于岩浆活动过程的高度非线性特征、活动范围广泛和时间带宽很宽。在全球约1500座全新世火山中，仅45%和10%有地面监测和日常观测（Brown et al.，2015a，b；Anantrasirichai et al.，2018）。需要特别指出的是，全新世火山并不是唯一活动的火山（Pritchard et al.，2014），因此对某些更新世和更老的火山监测也有一定的必要。值得注意的是，1980年以来世界上火山喷发呈明显增多趋势，特别是自1991年菲律宾Pinatubo火山爆发以来，亚洲乃至全球的火山活动进入了一个新的相对活跃期。中国幅员辽阔，历史上在五大连池、昆仑山和云南腾冲等地均有火山喷发的记载。

传统的观测手段由于受火山周围自然环境的影响，监测点密度和观测周期限制，对全球范围火山活动的监测显得捉襟见肘。卫星图像可以测量100 km宽的区域，提供火山区域的完整覆盖和频繁测量，为偏远和难以接近的火山提供了关键数据。利用卫星上部署的特定传感器，可以获取全球火山活动的地面变形、天然气产量和热特征（Furtney et al.，2018；Valade et al.，2019；Coppola et al.，2020）。Furtney等（2018）指出卫星图像监测实现了全球306座火山的独立监测，并能够探测到每年100次左右的火山活动。卫星图像为全球火山科学和减灾提供了统一尺度的观测。尽管近几十年地球化学监测在火山研究中展现了远大的前景，但地震和大地测量（地面变形）技术仍然是火山监测中使用最广泛的工具。影像大地测量观测获取火山区域内数百千米宽区域的亚厘米位移，提供了关于中上部地壳内岩浆或热液运动的信息。在足够的空间和时间分辨率下对内部过程的地表特征进行观测，加上物理模拟，将大大提高人们预测火山行为的能力。

地表形变是火山科学监测的关键观测之一。地壳浅层中的岩浆聚集常常导致地表的轻微运动，而火山喷发前期地面会有较大面积的隆起，且隆起速率在火山喷发前数天会急剧增大。因此，可以利用地壳形变测量来调查火山的不稳定性，并在活火山区域下寻找岩浆储层（Phillipson et al.，2013）。地壳形变观测能够有效约束火山源的一些重要属性，如形状、位置、深度和体积变化，被证明是监测和量化岩浆系统变化的重要工具。20 世纪初，日本和美国开始利用传统大地测量观测（如三角测量、水准测量、电子测距仪、倾斜仪、应变仪等）对一些活火山进行地表形变的系统测量。影像大地测量的出现，使得火山测量的多样性和精确性方面有了极大的提高。研究人员利用 InSAR 观测分别对美国安第斯中央火山带、夏威夷 Kiluea、意大利 Etna、冰岛 Alcedo、阿留申弧 Akutan 等火山进行了研究（如 Henderson et al.，2013；Wang et al.，2018），影像数据几乎包括了所有的 SAR 卫星数据（Furtney et al.，2018）。InSAR 观测使得世界范围内被监测的火山系统的数量取得很大的提高，从 1997 年的 44 座增加到 2016 年的 220 多座，促进了火山大地测量学研究的快速发展和成熟（Biggs et al.，2017；Fernández et al.，2017）。在过去的 30 年里，InSAR 广泛应用于火山变形和不稳定性探测的多个方面：如绘制地表特征、构造、喷发矿床和变形程度，岩浆管道系统的特征（位置、深度、几何形状和大小），岩浆运输的体积，变形的时间演化，导致危害产生的前兆变形。

尽管大多数岩浆无法到达地表，但一般岩脉和岩基的侵入以及岩体的生长在大地测量记录中都是可见的。利用 InSAR 识别不同的火山形变模式，如岩脉侵入、冷却熔岩/火山碎屑流或"岩浆储层"等（Biggs et al.，2017）（图 5.1）。InSAR 数据被证明对于识别以前未知的岩浆侵入岩或活火山深部源至关重要（Wicks et al.，2002；Lu et al.，2002；Lundgren et al.，2015，2016）。火山活动形变监测有一个前提假设，即地球表面的变形反映了地壳深部的构造和火山过程（例如，断层滑动和/或物质运输），通过地壳的力学性质传递到地表（Dzurisin，2003）。岩浆向上运移控制着活火山的喷发循环。这种迁移的特殊特征（脉冲）和火山周围的结构在地球表面产生了一种特殊的变形特征（响应）。引起火山的地表变形有不同的过程，如岩浆运动、滑坡、断层、水热系统以及加热、冷却、融化或结晶引起的热或热力学体积变化，可以利用"火山形变循环"模型解释并用于实践预测（图 5.2）（如 Dzurisin et al.，2006；Biggs et al.，2017）。在火山爆发前，岩浆在火山系统下方的岩浆房逐渐膨胀，直到达到一个阈值，岩浆房破裂，火山爆发迅速清空岩浆房，并释放出气体。膨胀阶段导致地表抬升和大量小地震（火山-构造地震活动），而喷发伴随着快速沉降（图5.2）。

火山形变的机制较为复杂，近年来用于拟合地表变形，以推断火山源位置、几何形状、深度和体积变化的火山形变机制模型发展非常丰富。活火山系统一般由岩浆库和向地

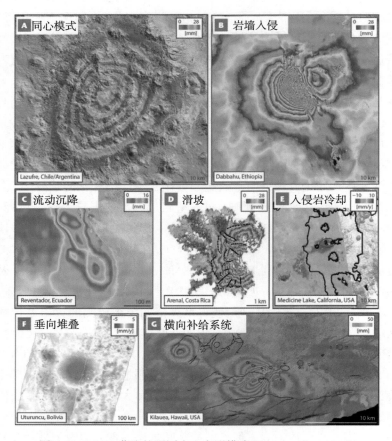

图 5.1　InSAR 获取的不同火山变形模式(Biggs et al.，2017)

表延伸的岩浆通道组成，其中岩浆库可分为岩浆储层和岩浆房；岩浆通道又可分为近垂向的岩浆墙和水平向的窗台状岩浆管道，如图 5.3 所示(Tibaldi，2015；Burchardt，2018)。常见的模型可以分为两类：一类是假设在各向同性弹性半空间内使用解析模型将源近似为均匀的、充满流体的弹性半空间中的受压腔压力过程。由岩浆库中不可压缩岩浆的扩张或收缩而引起的地表变形，主要有模拟圆球状岩浆房的 Mogi 点源模型(Mogi，1958)、有限(加压)球形源模型(McTigue，1987)、模拟封闭长腔的椭球岩浆房的 Yang 模型(Yang et al.，1988)、模拟有限扁球体的岩浆注入/流出的 Penny-crack 模型(Fialko et al.，2001)，以及由岩浆管道的岩浆活动引起的地表形变，主要是 Sill 模型和 Dike 模型，这两者可以用有限断层的拉张位错来进行描述(Okada，1985；Battaglia et al.，2013)。另一类是考虑非均匀弹性结构、地形、黏弹性、孔弹性、热弹性力学等复杂介质和几何情况影响，使用数值模型(例如：有限元模型)来模拟岩浆活动过程(Lu，Dzurisin，2004；Currenti et al.，2010；Albino et al.，2019)。

　　基于对火山运动机制和喷发前变形特征的了解，加之海量的 SAR 基础数据和快速发

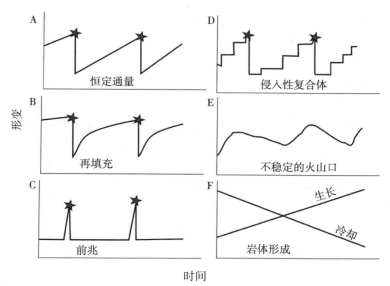

注：（A）经典喷发循环的模型，岩浆库的排空导致沉降，而在两次喷发之间，以恒定的速度重新填充岩浆库导致恒定的上升速度；（B）改变的喷发周期模型，当岩浆从深层储层沿压力梯度流动时，两次喷发之间的再填充速率呈指数衰减；（C）扰动式的喷发周期模型，岩浆迅速上升并立即喷发，使变形迅速恢复，有时可能不被发现；（D）脉冲岩浆供应，大量岩浆侵入引起抬升，直到达到一个阈值并触发喷发；（E）连续的不稳定，没有喷发，由相变化和混合在浅层岩浆储存或上覆热液系统造成；（F）由于深部岩浆体的生长或冷却，可能持续几十年恒定速率的上升或下沉。

图 5.2　火山活动周期性模型（星星代表火山喷发）（Biggs et al.，2017）

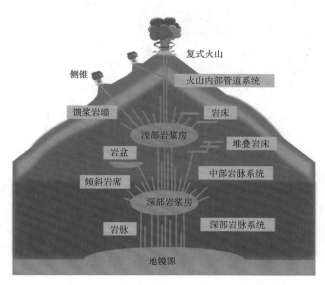

注：该模型显示火山系统有一系列可以存储岩浆的腔室，由岩浆管道系统（垂直、倾斜和水平的管道网络）将岩浆输送到地表。

图 5.3　火山系统概念模型（Tibaldi，2015）

展的 AI 技术，大量学者开展了 InSAR 数据中的火山信号自动探测研究，将有利于服务防灾减灾（如 Anantrasirichai et al.，2018，2019a，b；Albino et al.，2020；Beauducel et al.，2020）。总体而言，影像大地测量在火山活动研究中显现出巨大的发展前景和应用潜力，且研究范围不断扩大。

　　本章主要从 InSAR 在火山变形中的应用实例来介绍影像大地测量监测火山活动的冰山一角，包含两个案例和一个综述：意大利 Etna 火山的时序 InSAR 监测、时序 InSAR 的长白山火山与岩浆参数估计以及人工智能在火山形变监测中的研究进展。

5.1　意大利 Etna 火山的时序 InSAR 监测

　　意大利 Etna 火山（图 5.4）是一个非常活跃的玄武岩火山，在过去的 20 年里一直处于一个活跃的喷发时期，平均每 1.5 年爆发一次（Allard et al.，2006），岩浆喷发发生在顶端的火山口或斜坡上。自 20 世纪 90 年代开始，全球许多学者对该区域的形变与岩浆活动情况进行了研究（Massonnet et al.，1995；Lundgren et al.，2004；Neri et al.，2009）。

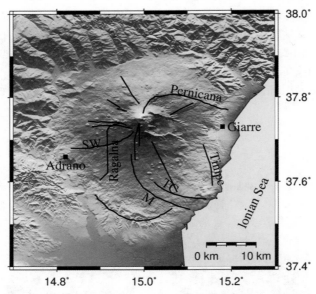

注：TC 是 Trecastagni 断层系统，M 是 Mascalucia 断层系统，SW 是东南断层系统。

图 5.4　Etna 火山区地形及断层分布图

5.1.1　数据源

　　数据来自 Envisat 卫星的 ASAR 数据，包括时间跨度为 2003 年 4 月 9 日—2010 年 1 月 27 日的 48 幅降轨数据（Track：222，Frame：2853）和时间跨度为 2003 年 1 月 22 日—2009 年 12 月 16 日的 57 幅升轨数据（Track：129，Frame：0747）。数据的时空基线如图 5.5 所

示，图 5.5 中降轨 T222 的空间垂直基线范围为 -755.1~1162.6 m，时间基线范围为 -1155~735 天。图 5.5 中升轨 T129 的空间垂直基线范围为 -1048.4~566.9 m，时间基线范围为 -770~1715 天。在数据处理过程中，使用的外部 DEM 为 SRTM 的 90 m 分辨率的数字高程模型(Farr et al., 2007)，轨道为 ESA 提供的 DOR 精密轨道，采用的软件包括 StaMPS(Hooper, 2007)、ROI_PAC(Rosen et al., 2004)和 DORIS(Kampes et al., 1999)等。

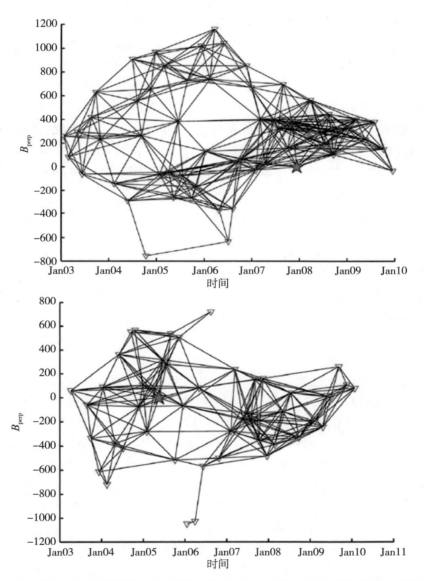

图 5.5　ASAR 数据时空基线(左，降轨，T222；右，升轨，T129)(许才军等，2011)

　　由 InSAR 的基本原理(Ferretti, 2007)可知 InSAR 处理中存在临界基线和较优的时间基线，可计算 ASAR 数据的临界基线为 1081m。实际数据处理过程中，空间垂直基线与时间基线越短，干涉效果越好，但是受到卫星轨道姿态、研究区地表后向反射特征随时间变化的影响，实际数据处理中会存在许多较长的空间（一般大于 500 m）和时间（一般大于 2~3 年）基线的干涉像对，甚至有些像对空间基线超过数据处理的临界基线。长时间和空间基线像对干涉质量较差或完全不相干，造成许多数据无法进行干涉处理，如 Neri 等（2009）利用 1992—2006 年间共 15 年 Envisat 卫星的 SAR 数据（T129 和 T222 的升降轨数据分别为 107 幅和 102 幅）采用短基线集法（Small Baseline Subset，SBAS）对 Etna 火山区域进行时间序列分析，由于对垂直基线的长度限制，导致许多影像无法得到有效的利用，而本案例所采用的 PSInSAR 技术，则对时空基线的要求大大降低，由图 5.5 可以看到，空间基线有超过临界基线的，同时数据处理中的时间基线可长达 5~6 年，从而大大提高了 SAR 数据的利用率。

同时从图 5.5 的时空基线像对可以看出，对于该区域，平均每年可以获取 7~8 幅数据；并且自 2006 年后，数据的空间基线都较短，同时基线的变化范围也较为集中。已有研究表明，PS 处理中能用较少的数据取得较好的结果，但是数据量越多越好（Ferretti，2000；Hooper，2007）。本案例所用数据足够丰富充足，因而能更为精确地估算各种误差项以及提高测量结果的精度。

5.1.2　PS 时序数据处理及形变量的提取

PS 时序数据处理的主要步骤有：

（1）差分干涉图的生成。首先调用 ROI_PAC 软件对原始的 raw 数据处理生成 SLC 数据，再根据主影像选取原则（Hooper，2007）：选取与其他影像组成的时空基线应该总体最小、且多普勒频率居中的影像为主影像，分别选取时间为 2005 年 5 月 18 日和 2007 年 12 月 12 日的影像为主影像（图 5.5 中五角星位置处），将其他影像作为从影像，依次调用 DORIS 软件进行差分干涉处理，得到时序差分干涉图。

（2）PS 点的选取。PS 点的提取在 PSInSAR 处理中十分重要，研究中首先利用振幅离差阈值（Ferretti，2000）选取初始的 PS 点像素集，在此基础上再利用相位离差阈值法（Hooper，2007）估计计算可靠的 PS 点。在（1）的基础上得到时序差分干涉图后，采用 StaMPS 软件调用 Matlab 脚本进行 PS 点的提取和分析。在进行 PS 点的处理过程中，通过多次试验来设置合理的幅度阈值和相位稳定阈值，使研究区域内所选取的 PS 点具有足够的密度和可靠度，选取的 PS 点密度和可靠性对结果精度有重要的影响，在保证可靠性的条件下 PS 点密度越高越好，处理得到的降轨、升轨 PS 点数量分别为 74545 个、44742 个。

（3）形变量的提取。PS 点选取后，分别进行相位解缠，对解缠结果进行时间上高通滤波和空间上低通滤波去除大气、轨道、DEM 等误差项的影响，得出时序 PS 点形变结果。所得的 PS 点形变结果如图 5.6、图 5.7 所示，PS 点年平均速率结果如图 5.8 所示。

5.1.3　形变结果分析

图 5.8 的降轨、升轨 LOS 方向的平均速率范围分别为 −15.5~10.6 mm/a、−17.0~8.8 mm/a。为了分析 Etna 火山各部分的具体活动情况，这里选取了有代表性的 A、B、

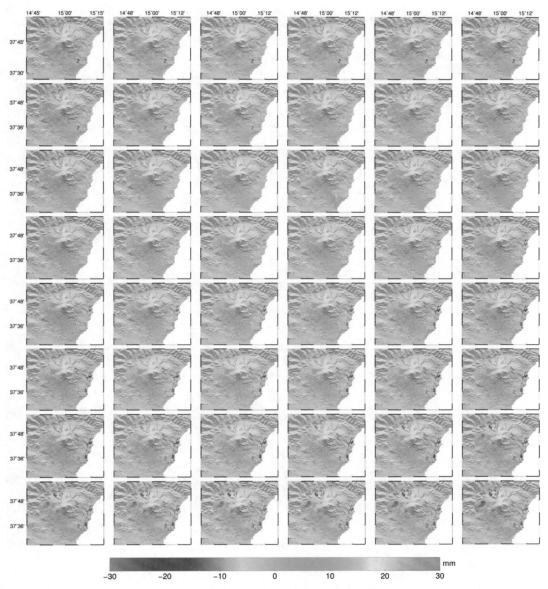

图 5.6　PS 形变时序图(降轨，T222)(许才军等，2011)

C、D、E、F 共 6 个特征点进行分析。图 5.8 中的年形变速率结果代表的是平均速率的变化，为研究不同区域各时间段内的相对变化，对所选的特征 PS 点进行时序形变分析，以获取各时间段内的形变速率及形变趋势。通过提取图 5.8 中的 A、B、C、D、E、F 点上的形变值，得到各点的时序变化结果如图 5.9~图 5.10 所示。

　　从图 5.8 中可以看到，B、D、E 三点所在的区域形变量较大，而 A、C、F 三点所在的区域形变量较小，由此推测火山活跃的部位位于研究区域的东部、东南部及南部区域，

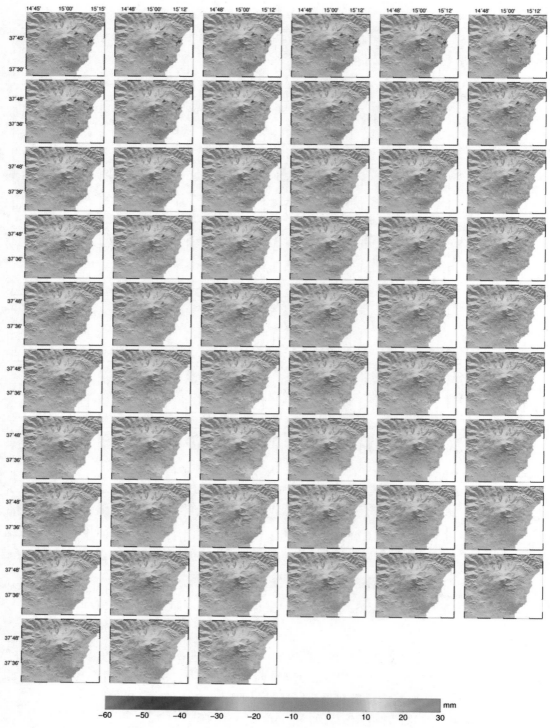

图 5.7　PS 形变时序图(升轨，T129)(许才军等，2011)

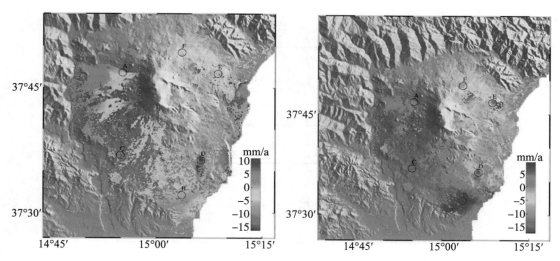

图 5.8 形变速率图(左,降轨,T222;右,升轨,T129)(许才军等,2011)

这些区域下面岩浆活动比较活跃,这与世界著名的火山探险科学家 John Seach 对 Etna 火山区活动的考察(http://www.volcanolive.com/etna.html)结果相吻合。

由图 5.9、图 5.10 可以看到,在 2003—2010 年监测期间,点 A、B、C、F 的升降轨中的形变范围分别为−6~5mm、4~5mm、0~6mm、−7~4mm 和 12~0mm、34~−16mm、14~−8mm、−26~16 mm,而点 D、E 的升降轨形变范围分别为−20~50mm、16~−26mm和−52~12mm、−50~14 mm。将这些区域与图 5.9、图 5.10 对比可发现,Etna 火山的东南及南部区域的形变量变化较大,LOS 方向形变速率都达到了 10 mm/a,西部区域变化较小,LOS 方向形变速率仅为 1~3 mm/a。

从图 5.9、图 5.10 中同时可以看到,由 PSInSAR 给出的形变监测结果平均每 1~2 月对应有一个监测结果,这与以前的研究成果在时间分辨率上有较大的改善。为了更精确地研究火山区的岩浆活动状况,还得到了时间间隔为 3 个月的东西方向和垂直向形变分量数据结果(图 5.11),与 Neri 等(2009)分解得到的时间间隔为 1 年的东西方向和垂直向形变分量结果相比,本案例的形变分量结果时间分辨率更高,其覆盖的时间更长,更加能够显示火山区形变的具体变化规律。

从图 5.11 中各点区域的垂直形变可知,在 2003—2009 年间,点 A 经历了先缓慢膨胀后缓慢收缩的过程,速率最大约为 2 mm/a,最小约为−2 mm/a;点 B 基本上可以认为是匀速收缩,速率约为 4 mm/a;点 C 则为缓慢收缩,速率约为 1 mm/a;点 D 则基本可以认为是匀速膨胀,速率约为 10 mm/a;点 E 则可分为两段缓慢膨胀过程,膨胀速率先约为 1 mm/a,后约为 2 mm/a;点 F 也基本可以认为是匀速膨胀,速率约为 4 mm/a。垂直形变量从大到小依次是点 D、F、B、C、E、A,前三点位于火山东南及南部,后三点位于火山北及西部,总体上表现为火山区东南及南部形变结果较大,这些地区下面的岩浆活动也更为活跃,火山源位于东南及南部。由图 5.8 可知,点 B 与 D、F 两点垂直形变量呈反向变

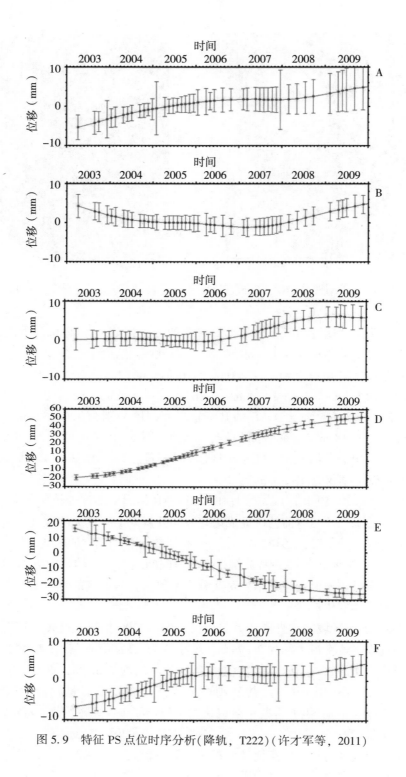

图 5.9　特征 PS 点位时序分析(降轨，T222)(许才军等，2011)

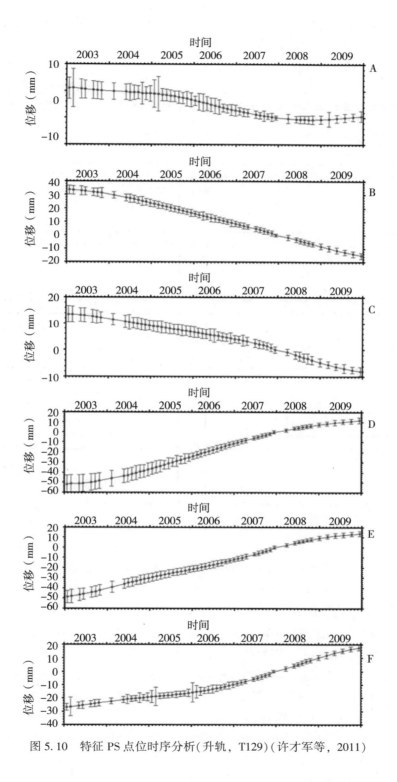

图 5.10　特征 PS 点位时序分析(升轨，T129)(许才军等，2011)

化，说明它们是由不同的岩浆房作用的结果。由图 5.11 中各点的东向和垂直向运动速率可以看出，各点的速率大小和运动趋势是不相同的，具有较大的差异。

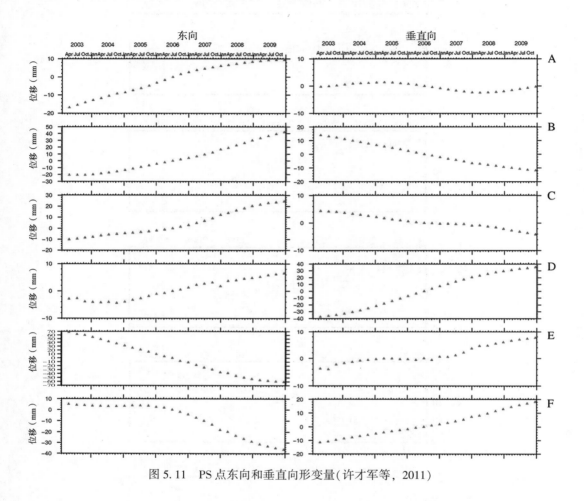

图 5.11　PS 点东向和垂直向形变量(许才军等，2011)

研究结果表明 2003—2006 年间火山西部 A、C 点所在区域仅有缓慢滑移；南部区域 B 点所在区域下降速率约 5 mm/a；东南部 D 点所在区域约 10 mm/a；火山区东北 E、F 点所在区域最大上升速率约 3 mm/a，这些结果与 Neri 等(2009)的总体趋势是一致的。此外由图 5.11 分析结果可知，2006—2010 年间，火山区西北处的 A 点和西南处的 C 点所在区域的垂直向位移约为 0 mm/a，无明显的膨胀或收缩活动，仅发生东向滑移，A 点滑移速率较 2003—2006 年间下降，而 C 点滑移速率较 2003—2006 年间要快；火山南部 B 点所在区域仍匀速收缩，同时东向滑移速率较 2003—2006 年间要快；火山东南 D 点滑移速率为约 0 mm/a，同时垂直向上升，速率为约 10 mm/a；火山东北 E 点滑移速率较快，为 -17 mm/a，垂直向较 2003—2006 年间上升速率要快，为约 2 mm/a；火山北部 F 点的东西向位移由 2006 年前的无滑移到 2006—2010 年间滑移速率为 -10 mm/a，垂直向速率为 5 mm/a，东南上升速率下降，东南部向西滑移速率变大，其他部分向东滑移速率变大。

由于火山区的岩浆活动与地表形变是直接相联系的，所以通过监测地表的形变，尤其是垂直形变量，能直观地反映火山区岩浆房的膨胀与收缩，从而推断火山区的岩浆是处于累积或收缩过程，对火山喷发灾害的预测有极大的作用。Allard 等（2006）获取的火山岩浆活动监测数据表明，自 2003 年后该火山区的火山活动变慢，同时显示自 2003—2006 年间，Etna 火山区岩浆存储速率为 3.7×10^7 m^3/a，由于 2002—2003 年间大的火山喷发活动后，火山内岩浆处于一个补充阶段，显示出对应的地面垂直形变是缓慢抬升的，该期间的岩浆变化与该火山 2003—2006 年间的垂直形变结果相吻合。由给出的 2006—2009 年的垂直形变结果可知，目前 Etna 火山区内的岩浆体积变化仍处于一个相对平稳的补充阶段。

5.1.4　小结

利用 2003—2010 年的 ASAR 数据获取了 Etna 火山区在 2003—2010 年间的东西向和垂直向形变量，表明在 2003—2010 年间火山东部及南部的垂直向形变量较大，西部及西南部等部的垂直形变量较小；而 2003—2006 年间火山区除东北部分的滑移量为 -20 mm/a 外，其余部分滑移量较小，2006—2010 年间火山区域的滑移速率较 2003—2006 年有所加快。结果显示 Etna 火山岩浆在 2003—2010 年间处于一个相对平稳的补充阶段，这意味着 Etna 火山岩浆在未来一段时间内仍将继续处于缓慢的补充期。

PSInSAR 结果给出了 Etna 火山区的年活动速率，直观显示了该火山区的形变分布和岩浆活动状态。基于 StaMPS 的 PSInSAR 技术，对 SAR 数据的时空基线长度要求大大降低，可以对大面积的火山区域形变规律进行有效的监测，从而获取研究区域的整体形变趋势，这对火山区域的岩浆活动规律研究有着极大的应用潜力。

5.2　长白山火山岩浆参数估计

长白山天池火山（以下简称天池火山）是坐落于中朝边界的一座具有潜在喷发能力的高危险大型复合式火山。近些年来，众多专家学者考察长白山火山后，一致认为天池火山是一座具有潜在灾害性喷发危险的活火山。前国际火山学与地球内部化学协会主席 Sparks 教授于 2000 年 7 月考察长白山后，认为长白山天池火山是中国最危险的火山。Kim 等（2007）利用 JERS 数据对长白山火山的缓慢形变进行了研究，探测出在 1992—1998 年间的火山膨胀速率为 3 mm/a。胡亚轩等（2004）利用 GNSS 及水准资料反演了长白山火山区的几何形变，推断长白山天池火山浅层目前为单一的压力源，位置仍在天池老火山口一带，2002—2003 年岩浆上涌活动比较明显，天池南侧的北西向隐伏断裂有一定的活动性。胡亚轩等（2007）采用 2002—2005 年共 4 期的水准和 GNSS 观测资料进行联合反演，并结合地质观测资料，分析该时间段内岩浆可能的活动特征，结果显示岩浆的位置在发生变化，体积增量逐年减小，表明火山岩浆在 2002 年后的活动逐年减弱。陈国浒等（2008）基于 InSAR、GNSS 形变场对长白山地区火山岩浆房参数进行了模拟研究，研究结果表明长白山火山活动存在时间上的间歇性和空间上的迁移性。韩宇飞等（2010）利用 InSAR 技术研究表明远离天池火山的平坦区域形变微弱；从天池火山的山脚到 2000~2200 m 高程处表现为逐渐增强的隆升形变，最高形变速率达到 5 mm/a。

在这些基于 InSAR 技术的天池火山的监测中，主要利用 JERS 和 Envisat 卫星数据进行 InSAR 研究，其中 JERS 卫星是日本第一代 L 波段的 SAR 卫星，定轨精度较低，Envisat 是欧空局 C 波段的 SAR 卫星，穿透能力低于 L 波段的 SAR 卫星，不适合于植被茂密地区的形变监测。ALOS 卫星作为日本第二代 L 波段的 SAR 卫星，较第一代的 JERS 卫星定轨精度更高，同时由于 ALOS 卫星其较长的波长(23.6 cm)以及较大的雷达波入射角(约 34°)，可以有效地克服在山区由于雷达影像的叠掩、前缩、阴影以及茂密的地表植被的影响，从而获取到干涉质量较高的干涉信号。由于长白山天池火山地区地形复杂，地势险峻，积雪期长，植被非常茂密，仅在天池火山口有部分裸岩，很容易造成 SAR 干涉图像的大范围失相干，应用 InSAR 技术容易受到大量误差因素的影响。

西太平洋板块是天池未来喷发的主要驱动力，其向中国大陆持续的俯冲作用，使我国东北地区现今呈现挤压状态，而长白山天池火山正位于这一地区，由此可见长白山火山再次喷发的危险性不容忽视。长白山火山区域目前存在 11 个地震台站，15 个会战 GNSS 观测站，2 条高精度的水准路线和 3 个温泉气体监测站，除了部分位于朝鲜边界的盲区外(图 5.12)，站点覆盖较为均匀。

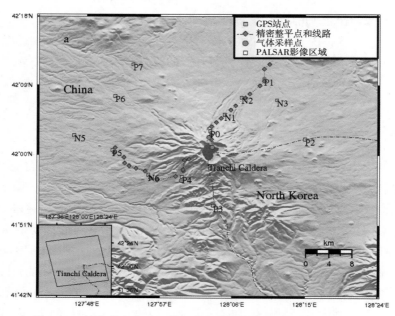

图 5.12　长白山火山地区的地形及数据监测网(He et al., 2015)

5.2.1　数据源

研究从日本宇宙航空研究开发机构(Japan Aerospace eXploration Agency, JAXA)申请了 24 景 ALOS 卫星的 PALSAR 影像，影像获取的时间段为 2006 年 10 月—2011 年 3 月，图

5.12 中显示了所选取的 SAR 影像覆盖区域。基于 PSInSAR 技术，选取 2008 年 7 月 16 日影像为主影像，其余影像为辅影像，时空基线分布如图 5.13 所示。从图 5.13 的时空基线分布中可以看到垂直基线变化范围为 -1500~4500 m。ALOS 卫星的卫星轨道控制弱于 Envisat 卫星，但由于采用 L 波段微波成像，干涉处理中垂直基线的长度与 Envisat 的相比可以放宽。研究中，PSInSAR 处理利用了 StaMPS(Hooper et al.，2008)软件，外部 DEM 采用 SRTM DEM(Farr et al.，2007)来去除地形相位的影响。

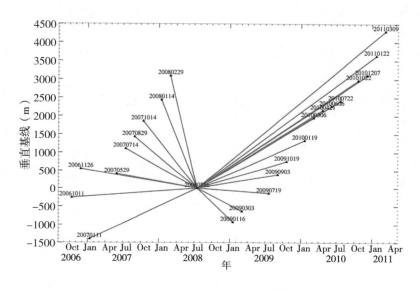

图 5.13　T218 时空基线图(He et al.，2015)

5.2.2　PSInSAR 处理结果

利用 PSInSAR 技术对上述数据进行处理，获取得到了长白山天池火山的形变时序结果(图 5.14，其中负号代表靠近卫星方向，为隆升变化，正号代表远离卫星方向，为沉降变化)。图 5.14 中共选取 PS 点 58775 个。从图 5.14 可以看出，火山西侧靠近朝鲜地区点位分布较密集，观测时间段内长白山火山形变表现为非一致性的线性变化，形变主要分为两个阶段：其中 2006—2009 年期间，火山在持续隆升；2009—2011 年期间，火山的隆升活动逐渐停止，部分区域出现下沉变化。同时，由于长白山地区地质活动及植被的复杂性，时序结果除上述的整体趋势变化外，还存在有局部的区域性形变，如图 5.14 中的红色虚线区域(望天鹅火山区域)在 2008 年之后出现了隆升现象，到 2011 年达到约 4 cm 的形变。即长白山天池火山的岩浆活动性与周围小火山的岩浆活动性并不是完全一致的。

根据图 5.14 的时序观测，研究采用线性模型分别获取了观测时间段内总的平均速率、2006 年 10 月—2009 年 1 月间和 2009 年 1 月—2011 年 3 月期间的平均速率如图 5.15 所示。图 5.15(a)中显示的平均速率范围为 -16~0 mm/a，(b)的范围为 -32~8 mm/a，(c)的范围为 -16~12 mm/a。在观测时间段内长白山天池火山可分为两个阶段的变化，图

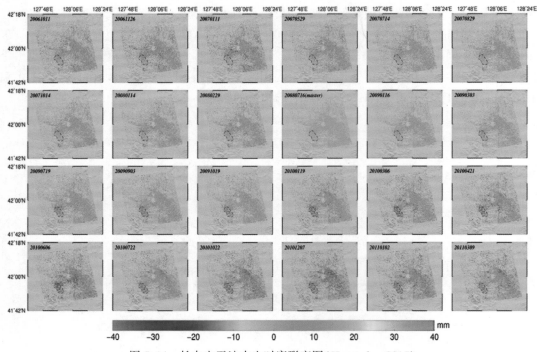

图 5.14　长白山天池火山时序形变图(He et al., 2015)

5.15(a)不能表示细节的形变趋势和阶段内的形变速率，但可以看出在观测时间段内长白山天池火山总体是处于岩浆补充期，是隆升的。图 5.15(b)和图 5.15(c)虽然显示的形变速率范围很大，但结合动力学及地质活动规律可知，总体的形变趋势才能表示与岩浆相关的活动，形变速率较大的离散 PS 点可能由人为活动或塌方引起，研究中因此不作考虑。考虑与岩浆相关的形变速率活动，图 5.15(b)中的形变速率集中在 $-15 \sim 10$ mm/a，图 5.15(c)中的形变速率接近 $-5 \sim 0$ mm/a。由以上分析可知，在 2006 年 10 月—2009 年初期间，长白山天池火山处于隆升期，其隆升速率逐步减弱；2009 年开始该火山隆升活动逐步停止，部分区域存在下沉现象，对应为岩浆活动减弱，由图 5.15(c)可以看到，在火山口附近，其形变速率仅为 $-2 \sim 0$ mm/a，其活动很缓慢，预示着火山活动的停止或下一喷发期的到来，但在望天鹅火山区域，2009 年后仍然为小速率的隆升活动。

5.2.3　形变结果

为了验证 InSAR 数据处理结果的精度，本研究利用外部水准监测结果对 PS 点的时序变化进行比较分析。长白山地区共建立了两条水准观测线路，西坡有 15 个水准点，但是 5 号点缺失，剩下 14 个点，北坡有 13 个水准点。考虑水准点的密度以及水准点与 PS 点的重叠度，选取用于 InSAR 结果验证的水准点如图 5.15(a)所示，包括西线(W1，W2，W4，W6，W8，W12)六个点和北线(N1，N2，N5，N7，N8，N9)六个点，水准点监测结

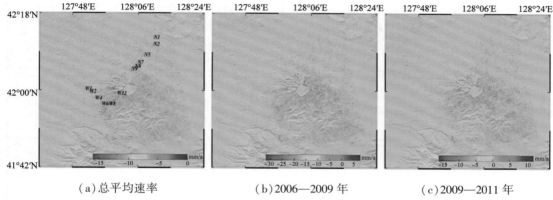

（a）总平均速率　　　　　　（b）2006—2009 年　　　　　　（c）2009—2011 年

图 5.15　时序 InSAR 的平均速率（其中绿色三角形点为水准监测点）（He et al. , 2015）

果参考刘国明等（2011）。其中水准西线选取观测时段 2006—2010 年段内共四段的数据，水准北线选取的观测时段为 2007—2010 年段内共三段的数据（北线的建站时间为 2006 年，2006 年 8 月为第一期时间，为避免水准点的自身沉降去除了 2006 年的数据）。对于 InSAR 结果，本案例选取水准点位置半径 250 m 范围内的 PS 点，取平均值与水准点结果进行比较。由于 InSAR 获取的为视线向（Line of Sight，LOS）形变量，水准监测为垂向形变，在比较向需要进行转化到统一的方向。对缓慢的火山形变，可以假定水平向位移够小可忽略不计，则可以将水准结果转化到 LOS 向，结果比较如图 5.16 所示。从图 5.16 比较中可以看出：①W1，W2，W4，W6，N1，N2，N5，N7，N8，N9 的水准点结果与 InSAR 结果吻合情况较好，而 W8，W12 两点的差异较好，分析主要原因在于靠近火山口位置会出现较大形变波动的不稳定点，比较时难以匹配到水准点上恰好也存在 PS 点，从而导致与水准的结果有一定的差异性；②由分析得到的 PS 时序结果变化可知，长白山天池火山在 2006—2009 年初时间段内有明显的隆升活动，其中 W4，N7，N8，N9 的隆升速率达到 10～15 mm/a，隆升活动离火山口越近越显著；在 2009—2011 年观测时段内火山的隆升活动基本停止，速率在 0 mm/a 上下波动，部分点位表现为明显的下沉（如 W4，N7），下沉速率达到 5 mm/a；③对比西坡与北坡结果，北坡结果与水准结果吻合更好，在于西坡相干性较低，且存在一定的叠掩噪声区域。

5.2.4　Mogi 模型反演

Mogi 模型作为最早应用于火山形变机理的模型，由日本学者 Kiyoo Mogi 于 1958 年首次依据 Yamakawa 理论公式将岩浆压力源与火山地形变形相联系而建立，其基本思想是用"埋置"于均匀弹性半空间的点状静水压力源来模拟火山膨胀和收缩期的地表形变，应用前提是压力源的尺寸要远小于源的深度，虽然后人在 Mogi 模型的基础上提出了更复杂的点源模型，但 Mogi 模型仍是迄今为止适合火山地区地表变形模拟最常用、最简单的模型。若已知岩浆压力源的中心位置为 $(x_0, y_0, -d)$，则根据 Mogi 模型可以给出相应的位移

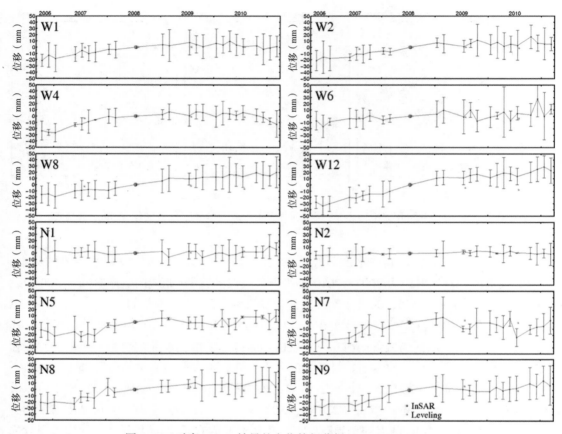

图 5.16　时序 InSAR 结果的点位特征分析(He et al. , 2015)

U_r、U_x、U_y、U_z 公式:

$$U_r = \frac{3\Delta P\, a^3 r}{4\mu\,(r^2 + d^2)^{\frac{3}{2}}} = \frac{3\Delta V r}{4\mu\,(r^2 + d^2)^{\frac{3}{2}}} \tag{5.1}$$

$$U_x = \frac{3\Delta P\, a^3 (x - x_0)}{4\mu\,(r^2 + d^2)^{\frac{3}{2}}} = \frac{3\Delta V (x - x_0)}{4\mu\,(r^2 + d^2)^{\frac{3}{2}}} \tag{5.2}$$

$$U_y = \frac{3\Delta P\, a^3 (y - y_0)}{4\mu\,(r^2 + d^2)^{\frac{3}{2}}} = \frac{3\Delta V (y - y_0)}{4\mu\,(r^2 + d^2)^{\frac{3}{2}}} \tag{5.3}$$

$$U_z = \frac{3\Delta P\, a^3 d}{4\mu\,(r^2 + d^2)^{\frac{3}{2}}} = \frac{3\Delta V d}{4\mu\,(r^2 + d^2)^{\frac{3}{2}}} \tag{5.4}$$

其中, U_r 为径向水平位移, U_x 为 x 分量位移, U_y 为 y 分量位移, U_z 为 z 分量位移, ΔP 为源内部的压力变化, a 为压力源半径, μ 为剪切模量, d 为压力源中心深度, r 为压力源中心到地表点的径向距离, $r = \sqrt{(x - x_0)^2 + (y - y_0)^2}$。

为了获取 2006—2011 年期间该火山的岩浆活动变化, 本案例利用时序 InSAR 技术获

取的地表速率，基于 Mogi 模型，反演了该区域的岩浆房参数情况。由式(5.4)可知，Mogi
模型需要反演的模型参数较少，不需要对观测结果进行重采样以提高解算效率，故利用所
有的 PS 点形变速率结果作为输入。模型反演分两期进行：分别为 2006 年 10 月—2009 年
1 月期间和 2009 年 1 月—2011 年 3 月期间的平均速率。反演获取的模型参数如表 5.1 所
示。由于长白山地区的地表形变以垂直形变为主，主要利用式(5.4)进行模型反演。

表 5.1　　　　　　　　　**基于 Mogi 模型反演的几何参数(误差置信区间为 95%)**

观测时段	X 坐标 /km	Y 坐标 /km	深度 /km	体积变化速率 /(m^3/a)
第一期	424.00	4651.52	6.3	1.1×10^6
第二期	422.86	4650.94	6.9	0.93×10^6

利用表 5.1 中的反演模型参数，正演得到的天池火山的地表形变及残差结果如图
5.17 所示。从图 5.17 中可以看出，天池火山的岩浆活动是以火山口周围为中心进行的，
火山形变是由其正下方的岩浆活动直接引起的，岩浆源位于火山口下偏西的位置。由图
5.15、图 5.16 的形变速率可知，天池火山的隆升速率在逐渐降低，同时比较表 5.1 中两
个时段的岩浆的年体积变化速率可知，速率由 $1.1 \times 10^6\ \text{m}^3$/a 减少到 $0.93 \times 10^6\ \text{m}^3$/a。同时
由图 5.17(a)和(c)正演的模拟结果可以看到形变速率的下降。结果表明天池火山的岩浆
补充活动逐渐接近后期，岩浆房更为充实，为下个喷发期的到来奠定了基础。残差结果显
示模型提取了由火山岩浆活动引起的主要形变，一些局部形变及噪声点则无法模拟。

对长白山火山的岩浆房探测及活动性研究，不同研究学者给出了不同的结果：汤吉等
(2001)利用区域电性结构给出在天池及其以北和以东地区大约 12 km 深处存在电阻率很
低的地质体，并推断这可能是地壳岩浆房；张成科等(2002)利用大地电磁测深和数字台
网地震 CT 获得长白山地区的壳幔结构，研究结果给出在天池火山地区下 9 km 深度至下
地壳存在低速体，推断该异常体可能表明了壳内岩浆房的存在；杨卓欣等(2005)利用三
维层析成像技术推断天池火山口下方壳内岩浆现今仍以"活动"的状况存在，下地壳或更
深的地方存在岩浆源(囊)，推测它位于天池火山口以西，而不在天池火山口的正下方；
朱桂芝等(2008)利用 2002—2003 年的 GPS 与水准资料给出岩浆房深度为 9.2 km；陈国浒
等(2008)基于 2002—2003 年间的 InSAR、GPS 观测资料利用单源 Mogi 模型反演给出天池
岩浆房深度为 6.9 km，岩浆源两年内的体积变化为 $5.2 \times 10^6\ \text{m}^3$，平均为 $2.6 \times 10^6\ \text{m}^3$/a，
同时利用双源 Mogi 模型给出天池岩浆房深度为 7.9 km，岩浆源体积两年内的体积变化为
$6.3 \times 10^6\ \text{m}^3$，平均为 $3.15 \times 10^6\ \text{m}^3$/a。上述研究给出的天池火山岩浆房的深度存在一定的
差异，原因可能在于利用的数据手段以及研究的时间段不同。本案例利用时序 InSAR 结
果得出的岩浆深度接近 7 km，与陈国浒等(2008)的研究结果较为接近，同时在研究时间
段内该火山的活动性逐步减弱，表现为反演获取的岩浆体积变化速率相对略小。

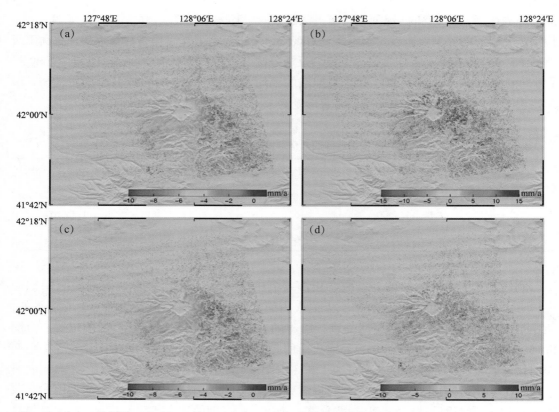

注：(a)和(b)分别为 2006 年 10 月—2009 年 01 月间的模拟形变场及残差图；(c)和(d)分别为 2009 年 1 月—2011 年 3 月间的模拟形变场及残差图。

图 5.17　Mogi 模型反演结果模拟及残差图(He et al.，2015)

5.2.5　小结

本案例利用 24 景 ALOS 卫星的 PALSAR 数据，采用时序 InSAR 技术进行数据处理，获取了天池火山地区 2006 年 10 月—2011 年 3 月期间的时序形变结果，并据此反演确定该火山的岩浆源体积年变化率。结论如下：

(1)L 波段的 PALSAR 数据能够有效减弱植被、复杂地形等失相干因素的影响，克服积雪对地表覆盖的影响，对比长白山地区的时序监测结果与水准资料，两者吻合良好，表明研究获取的长白山 InSAR 观测结果具有较好的精度；

(2)基于 InSAR 的时序变化结果表明长白山火山形变在监测期间是在隆升的，其隆升速率逐渐减弱，在局部地区开始出现下沉，同时该区域的形变速率为非线性的变化，基于线性模型的时序处理方法难以有效应用；

(3)基于 Mogi 模型的反演结果表明长白山天池火山的岩浆房位于天池火山口下方近西侧，深度接近 7 km，岩浆补充体积年速率约为 1×10^{6} $\mathrm{m}^{3}/\mathrm{a}$，同时该火山的岩浆活动性开始减弱，可能预示进入新一轮的活跃期，有必要加强对该地区的关注。

5.3 人工智能在火山形变监测中的研究进展

人工智能(Artificial Intelligence,AI)是研究、开发用于模拟、延伸和扩展人类智能的理论、方法、技术及应用系统的一门前沿综合性学科,涉及计算机科学、统计学、脑神经学、社会科学等学科(图5.18)。AI的主要目标是使机器(主要是计算机系统)能够像人类一样思考与行动,胜任一些需要人类智能才能完成的复杂工作。AI的研究范畴主要包括自然语言处理、机器学习、知识获取等;在机器视觉、专家系统、智能控制等领域都有广泛的应用。历史是螺旋进步的,人工智能走到今天并非一帆风顺。人工智能从1950年图灵测试开始孕育,到1956年达特茅斯会议正式诞生,中间历经了漫长的停滞期;至20世纪90年代,基于统计学的机器学习出现,AI开始广泛应用;21世纪初,深度学习的提出、互联网行业的飞速发展形成了海量数据和为GPU的不断成熟提供了必要的算力支持,促进了AI的飞跃,其应用潜力开始受到各国政府的广泛关注,被认为将引领人类第四次工业革命——智能化。

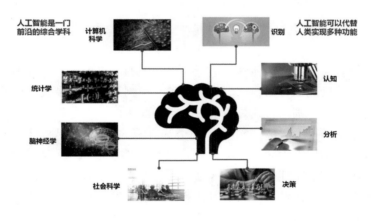

图 5.18 人工智能学科基础和应用场景

AI的定义具有广泛、动态、模糊的特点,仅阐述了目标,而没有限定方法,因此实现人工智能存在诸多方法和分支,包括专家系统、模糊逻辑、自然语言处理、机器学习等。机器学习(Machine Learning,ML)是人工智能的一个重要分支,专门研究计算机怎样模拟或实现人类的学习行为,以获取新的知识或技能,使之不断改善自身的性能。ML是从数据中自动分析获得规律,并利用规律对未知数据进行预测的算法,因此ML的实现包括训练和预测两步,即从具体案例中抽象一般规律(归纳),再从一般规律中推导出具体案例的结果(演绎)。任何通过数据训练的学习算法的相关研究都属于机器学习,包括很多分支技术,比如线性回归(Linear Regression)、K均值(K-means,基于原型的目标函数聚类方法)、决策树(Decision Trees,运用概率分析的一种图解法)、关联规则算法、随机森林（Random Forest，运用概率分析的一种图解法）、主成分分析（Principal Component Analysis，PCA）、支持向量机（Support Vector Machine，SVM）以及人工神经网络（Artificial Neural Networks，ANN）。ML 的这些分支根据学习方式又可以分为监督学习、无监督学习、半监督学习和增强学习，用于解决回归（Regression）、分类（Classification）、聚类（Clustering）和降维（Dimensional-reduction）等问题。

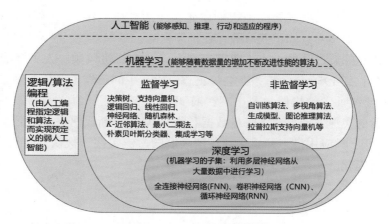

图 5.19　人工智能、机器学习与深度学习的关联

人工神经网络是对人脑神经元网络进行抽象获得的简单模型，通过训练使其学习到数据中的一些模式，之后能执行回归、分类、聚类、预测等功能，是实现机器学习任务的一种方法。神经网络所能识别的模式是数值形式，因此图像、声音、文本、时间序列等一切现实世界的数据必须转换为数值。深度学习（Deep Learning，DL）是机器学习的一种，主要特点是使用包含复杂结构或由多重非线性变换构成的多个处理层（神经网络）对数据进行高层抽象来替代手工获取特征的算法，区别于一般人工神经网络层数比较浅的特点，能大幅提升感知智能准确率。针对不同的学习任务，目前已发展有不同的神经网络模型：如卷积神经网络（Convolutional Neural Network，CNN）、循环神经网络（Recurrent Neural Network，RNN）、生成式对抗网络（Generative Adversarial Networks，GAN）等。CNN 对于图形图像的处理有着独特的效果，在结构上至少包括卷积层和池化层，代表性的卷积神经网络包括 LeNet-5、VGG、AlexNet 等，可用于图像分类（image classification）、目标检测（object detection）及语义分割（semantic segmentation）。RNN 可处理图像或数值数据，更擅长于对语言文本的分析处理，并且由于网络本身具有记忆能力，可学习具有前后相关的数据类型。深度学习领域最需要的是数据，但往往不是所有应用都可以收集到大量数据，并且数据也需要人工进行标注，非常消耗时间及人力成本，GAN 通过判别模型和生成模型两个神经网络的对抗训练，生成的对抗网络能够有效地生成符合真实数据分布的新数据。

5.3.1　基于 AI 的火山活动探测

现代卫星能够提供大范围覆盖、高分辨率的全球观测信号。例如 Sentinel-1 星座的

SAR 影像可以提供全球 6 天重访周期,单幅影像宽度为 250 km、空间分辨率为 5 m×20 m,每天可以收集>10 TB 的数据(Fernández et al.,2017;Anantrasirichai et al.,2018)。因此,以 InSAR 为代表的影像大地测量,可在全球进行大范围的地面位移测量,产生大量数据集。这些大量的数据提供了新的机会来约束跨越不同空间和时间尺度的地表变形,应用也最为广泛。数据的激增给人工检查图像和及时传播信息带来了重大挑战。研究人员基于 InSAR 观测,开展了众多的 AI 应用研究。例如,Rouet-Leduc 等(2021)提出一种基于深度学习的方法,以自动检测和提取 InSAR 毫米级精度地面形变时间序列中的瞬变信号;Zhou 等(2021)将 AI 引入 InSAR 的相位解缠,其研究成果表明这一领域的广阔前景(图 5.20);Merchant 等(2022)提出了一个机器学习工作流,并利用 Sentinel-1A 衍生的 SAR/InSAR 时间序列产品对北极苔原地区一个生长季节的水文生态地表覆盖特征进行了分析,精度为 68.2%~95.5%;Fiorentini 等(2021)提出了一种利用 InSAR 和 LiDAR 轮廓测量道路粗糙度的方法,使从业人员能够以相对较低的成本快速、自动地估计复杂路网的路面质量;Brengman,Barnhart(2021)发展了一种基于 CNN 的 SarNet,用于探测、定位和分类干涉图中存在的同震表面变形,在真实的 InSAR 数据集上获得了 85.22% 的总体精度;Radman 等(2021)将 InSAR 时间序列数据与深度学习方法相结合,用于乌尔米亚湖周边地区的地面沉降预测,模型对地表变形的 RMSE 为 8.2 mm,验证了模型的有效性和鲁棒性;Milillo 等(2022)利用 1.7 亿个来自 ERS、Envisat 和 COSMO-SkyMed 的 InSAR 时间序列数据创建了一个训练数据集,发展了一种基于神经网络来检测随时间变化的 InSAR 地表形变场异常的方法。

火山变形与火山爆发被认为有显著的统计联系(Biggs et al.,2014)。已有研究表明火山爆发前通常(但不总是)会有一些先兆信号,可能会持续几个小时到几年,表明岩浆动荡的状态。因此以地面变形的形式来探测火山爆发前动荡的早期迹象,对评估火山灾害至关重要(Biggs et al.,2014;Anantrasirichai et al.,2018,2019)。探测火山活动的早期迹象,对于迅速调动科学团队、在地面部署传感器和向民事保护当局发出警报都能发挥重要作用(Bountos et al.,2022)。目前,在世界范围内,有近 1500 座全新世火山,每年大约有 100 次火山扰动被观测到,其中大约一半会发展成为可观测的火山爆发(Valade et al.,2019)。利用 InSAR 观测,可以广泛地对全球火山进行探测,提供了火山活动引起地面形变丰富的信息源。显然,这项工作用人工进行检测是不合适的,机器学习自动识别这些大型 InSAR 数据集中感兴趣的信号的能力已经得到了证明(Anantrasirichai et al.,2019)。

基于 InSAR 图像的变形检测在理论上是直接的,但如何实现高度准确的自动化并不容易。火山形变的高速率(> 10 cm)通常只在与堤坝侵入或喷发相关的很短时间内观察到(Biggs,Pritchard,2017;Valade et al.,2019),相反许多变形信号发生的速度较低,但持续时间较长,如硅火山的持续隆起(Henderson,Pritchard,2017;Lloyd et al.,2018)。对于火山地区来说,大气水汽是一个特别的挑战,因为大气水汽的分层形成了一种地形相关的模式;另外在不同时间的大气条件下,可能会导致相似的 InSAR 条纹模式,因此很难将大气噪声与火山变形区分开来。同时,只有一小部分火山是变形的,而大气噪声是无处不在的,使得采用机器学习检测火山不稳定比其他 AI 应用更具挑战性。

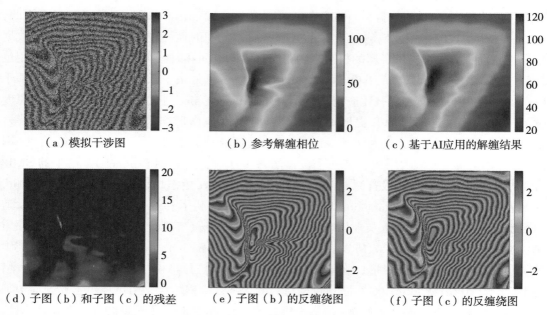

（a）模拟干涉图　　　　　　（b）参考解缠相位　　　　　（c）基于 AI 应用的解缠结果

（d）子图（b）和子图（c）的残差　　（e）子图（b）的反缠绕图　　（f）子图（c）的反缠绕图

图 5.20　AI 引入 InSAR 的相位解缠（Zhou et al.，2021）

　　利用 InSAR 探测火山形变，最常见的是多层 CNN 架构，即将卷积层连接到池化层，计算需要的数据集。Anantrasirichai 等（2019a，b）对 900 多座火山的 30000 多张干涉图进行了处理，发现大多数干涉图没有变形或变形缓慢。基于这些数据进行 AI 学习将导致训练数据高度不平衡问题。如何生成 CNN 需要平衡的正负信号训练数据集，以有效区分真实的变形和噪声，仍然是一个难点（Anantrasirichai et al.，2019a，b；Valade et al.，2019；Albino et al.，2020）。Anantrasirichai 等（2019a）联合变形模式的正演模拟、分层大气效应和相关噪声统计的湍流大气效应模拟一起生成合成干涉图来训练 AlexNet CNN，用以解决训练数据高度不平衡的问题（图 5.21），该方法增加了整个数据集的大气校正成本，但是正的预测值（Positive Predictive Value，PPV）可达 82%。Anantrasirichai 等（2019b）发现 CNN 在大数据集上训练时，具有在缠绕干涉图中识别火山变形信号的能力，因此提出机器学习对大量缠绕 InSAR 图像的自动搜索以检测可能与火山活动有关的快速地面变形（图 5.22）。由于在不改变信噪比的情况下产生了更多的条纹，显著提高了识别的效率和可靠性。Albino 等（2020）提出了结合高分辨率天气模型和相位高程方法来减弱大气信号，再用于自动检测与地面变形信号相关的连续异常，有利于定期监测火山岩浆活动。Ansari 等（2021）提出了一种深度长短时记忆（Long Short Term Memory，LSTM）自编码器模型，通过聚类相似的时间模式和数据驱动的位移信号重构，从 InSAR 时间序列中进行无监督挖掘数据。不同的研究方法都为机器学习能够检测缓慢的、持续的火山变形而不断改进。

　　AI 在火山形变监测应用中前景广阔，但也有其自身的特殊性，需要有跨学科的知识基础。例如在应用中，除了从 InSAR 图像中获取参数外，还可以综合火山附近的地震活

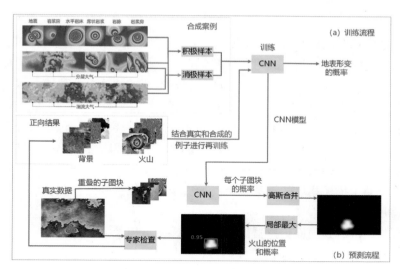

图 5.21 火山形变的 InSAR 观测 AI 识别示例(Anantrasirichai et al.，2019a)

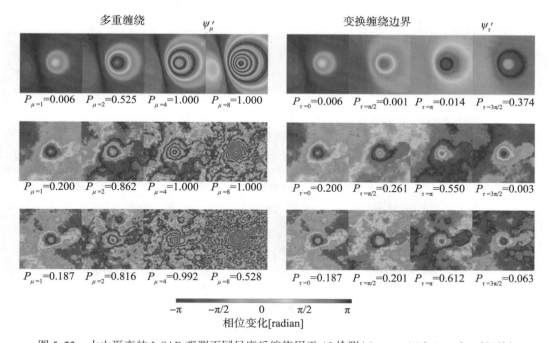

图 5.22 火山形变的 InSAR 观测不同尺度反缠绕用于 AI 检测(Anantrasirichai et al.，2019b)

动、热量和气体。在数据驱动的科学范式下，还需要考虑地下岩浆迁移、地表喷发沉积位置、喷发前/时的形态变化等物理机制，提供火山喷发的动力学认识，将有助于更好地加深对火山灾害的理解(Valade et al.，2019；Anantrasirichai et al.，2019a，b；Yu，Ma，2021)。

5.3.2　地球科学的 AI 应用前景与挑战

地球科学是以整个地球系统(从地核到地表, 到大气圈层, 一直可延伸到行星空间)的过程与变化及其相互作用为研究对象的基础学科, 是一个复杂动态的系统性学科, 且与人类的生活息息相关。人类一直在努力了解和探索生存的地球自然环境, 以期掌握其变化规律并进行预测, 使人与自然更为和谐的共生发展。地球科学研究的一般方法包括数据观测、处理、建模和预测。观测是人类了解未知地球的最重要手段, 包括野外调查、无人机观测、空中平台观测、卫星平台观测、现场监测系统观测和地震反射等; 数据处理技术, 包括去噪和重建, 从原始观测中检索有用的信息; 基于物理、地理几何、化学等角度进行数学建模, 将有助于描述相应的地球现象; 最后预测根据已知的数据和模型提供未知的信息(Yu, Ma, 2021)。

随着从空载、机载到地面传感器的多平台遥感发展以及采集设备的进步, 地球科学的观测数据以惊人的速度增长, 包括各种图像(如光学图像、多光谱图像和雷达图像)和实时现场监测信息。地球科学数据具有大数据的"4V"典型特征: 数据体量大(Volume), 更新速度快(Velocity), 种类多样(Variety), 不确定性高(Veracity)(Reichstein et al., 2019)(图 5.23)。传统方法难以从大数据中提取出可用信息, 且不能反映复杂的地球动力学和物理过程, 在过去的几十年里, 对地球科学问题的预测能力并没有随着数据的可用性而快速增长(Ma, Mei, 2021)。如何从这些大数据中实时提取可解释的信息和知识并应用仍然是一个重要的挑战。

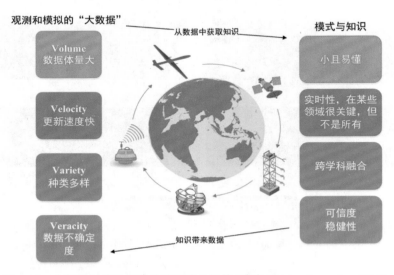

图 5.23　大数据时代地球科学所面临的挑战(改自 Reichstein et al., 2019)

前所未有的数据源、日益增强的计算能力, 以及 AI 技术的最新进展, 为从这些数据中挖掘地球系统知识提供了重要的新机遇(Reichstein et al., 2019)。机器学习已经成为地球科学分类、变化和异常检测问题的通用方法。ML 将在加速理解地球行为的复杂、相互作用和多尺度过程中发挥关键作用(Bergen et al.，2019；Yu，Ma，2021)。传统机器学习方法受限于特定领域和需要对时空信息特征进行人工标记，但是往往无法充分挖掘其中的时空依赖。地球系统科学对时空背景和不确定性的关注，以及经典深度学习应用和地球科学数据处理的数据类型之间的相似性为将深度学习集成到地球科学中提供了一个令人信服的理由(图 5.24)。在过去的几年里，地球科学已经开始使用深度学习来更好地利用数据中的空间和时间结构(表 5.2)。在几个关键问题上，比如分类、异常检测、回归、时空依赖状态预测等，这些特征通常是传统机器学习难以提取的。已经出现了有前景的应用案例，比如极端天气、飓风的检测和风暴的分类等(Reichstein et al.，2019)。

表 5.2　　传统方法和深度学习方法的地球科学任务(Reichstein et al.，2019)

分析型任务	科学任务	传统方法	传统方法的局限性	新兴的或潜在的方法
分类和异常检测	寻找极端的天气模式	多变量、基于阈值的检测	启发式方法，使用的是临时标准	监督和半监督卷积神经网络
	土地利用和变化检测	逐像素的光谱分类	使用了浅层空间背景，或根本没有使用	卷积神经网络
回归	根据大气条件预测通量	随机森林、核方法、前馈神经网络	未考虑内存和滞后效应	递归神经网络，长短时记忆(LSTMs)
	根据大气条件预测植被特性	半经验算法(温度和水分亏损)	在功能形式和动态假设方面的规定性	递归神经网络，可能有空间环境
	预测未测量集水区的河流径流	过程模型或带有手工设计的地形特征的统计模型	对空间背景的考虑仅限于手工设计的特征	卷积神经网络与递归网络的结合
状态检测	降水预报	数据同化的物理建模	由于分辨率造成的计算限制，数据仅用于更新状态	卷积-LSTM 网的短程空间环境
	降尺度和生物校正预测	动态建模和统计学方法	计算受限，主观特征选择	卷积网络，条件生成对抗网络(cGANs)
	季节性预报	利用数据的初始条件进行物理建模	完全依赖于物理模型，目前的技能相对较弱	具有长距离空间背景的卷积-LSTM 网络
	运输模型	运输的物理模拟	完全取决于物理模型、计算受限	混合型物理卷积网络模型

此外，研究学者统计了深度学习应用于滑坡、泥石流、岩崩、雪崩、地震和火山活动等不同地质灾害的大量案例研究(图 5.25)(Ma，Mei，2021)。例如在地震研究中，进行震

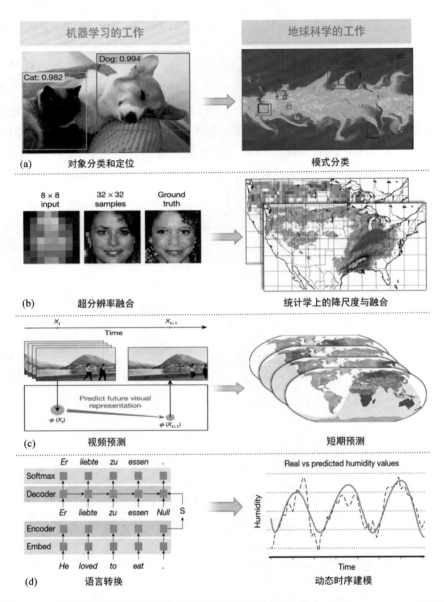

图 5.24　典型深度学习模型与其所对应的地球科学任务(改自 Reichstein et al., 2019)

源机制研究、描述、检测和定位、震相选择、数据插值和去噪;在滑坡研究中,进行滑坡体检测、滑坡体敏感性评价、滑坡体的位移预测;在火山研究中,进行火山地震事件分类、火山形变检测;在泥石流研究中,进行泥石流预防、变形检测、敏感性评价;以及进行岩崩检测、雪崩检测等。

　　值得注意的是,AI 应用于地球科学有其特殊性(Reichstein et al., 2019;Ma, Mei, 2021)。例如,高光谱卫星影像包括除可见光以外的数百个光谱通道,导致变量之间相互

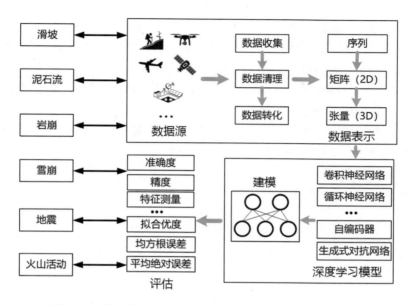

图 5.25 深度学习用于地质灾害分析(改自 Ma, Mei, 2021)

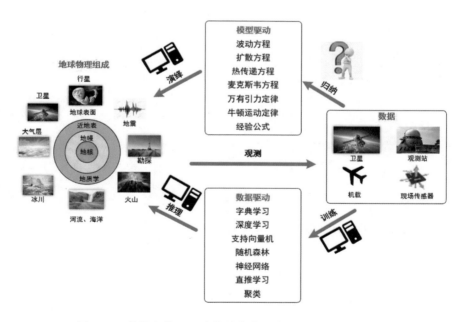

图 5.26 数据与模型驱动科学范式的关联(Yu, Ma, 2021)

依赖,违背了独立同分布的假设;卫星参数的差异使得数据表现出不同的时空分辨率、物理意义、上下文信息和统计特征等;数据还伴随不同的噪声、不确定性、数据缺失和系统性数据残缺等。复杂且不确定的数据和有限标签给 AI 数据计算带来了挑战,使得数据标注也更加困难，要充分认识到地球科学数据的特殊性，建模的时候要充分考虑到数据的多源、多尺度、高维、复杂时空依赖性。

　　此外，AI 是基于归纳逻辑从大量数据中总结知识，需要依赖大量的数据，以保证归纳出来的经验更加具有普适性，AI 存在的一个问题就是"并不关心为什么"的这种基于数据驱动的科学范式。地球科学研究强调物理建模，也称为理论驱动，要求结果是可直接解释的，不仅要准确可信，还要具有物理上的规律。这两种方法之间的协同是 AI 应用于地球科学领域的重要挑战，应该认识到数据驱动方法并不是替代，而是对物理模型的补充与增强（Yu，Ma，2021）。总之，AI 技术，尤其是深度学习，为地球科学提供了有前景的方法，但是也存在挑战。

第6章　影像大地测量与地面沉降

地面沉降是由人为或自然因素引起地层压缩并导致一定区域内地表高程降低的地质现象。地面沉降可以由各种过程引起：一是地下水、天然气和石油等资源的过度开采使得孔隙压力变化，导致地层压实、产生沉降；二是地下固体矿产资源开采/地下工程挖掘，形成大面积采空区，造成地面沉陷；三是重大工程建筑地基的承力荷载，导致土体蠕变；四是重力作用下的构造沉降；五是地震引起的地面沉降。地面沉降是一种常见的地质现象，沉降机理复杂，受土壤类型、水文地质条件、基岩配置、构造断层和人类活动的影响。近年来地面沉降在世界范围内引起了越来越多的区域环境生态问题和社会稳定问题。地面沉降往往会对基础设施造成严重而广泛的破坏；在陆地高度接近海平面的沿海城市，下沉增加了洪水的易侵性；在毗邻人口密集的城镇，地面沉降导致洪水、农田退化和土壤侵蚀等，进而对人口和基础设施构成威胁（Kim et al.，2010；Fan et al.，2015）。

尽管造成地面沉降的因素很多，可由单一因素或多种因素共同作用，但地下水资源变化是诱发城市地面沉降最常见的驱动因素，危害也最为广泛。影响地下水资源有多种因素：一是城市化的发展，伴随着现代灌溉农业、地方工业和城市人口的增加，导致充足的供水成为一个全球性紧迫的问题；二是气候变化通过洪水和干旱影响地表水供给的不稳定，造成地下水资源的压力；三是降雨模式的改变降低了地表和地下蓄水的能力。这些因素都可能会导致地下水的损失与供给缺乏平衡，使得地下水位下降，从而导致承压和半承压含水层压力降低，沉积物的渗透性和厚度减小，导致土壤颗粒结构和体积的永久性变化，最终导致地面沉降。地下水开采停止后，沉降过程可以继续，同时伴随着地下水盐碱化、溶解氧减少等环境问题。

迄今，由于地下水开采导致的地面沉降，已在世界许多国家和地区产生了严重影响。日本大阪地区由于工业用水超采导致的地表沉降从 1930 年开始就被观测到了（Taniguchi et al.，2009）；在泰国曼谷地区，自 1970 年开始就已发生地表沉降，但是政府直到 1990 年才开始禁止地下水开采（Taniguchi et al.，2009）；在美国，超过 80% 已确定的沉降是由人类对地下水的活动造成的。此外，过度抽取地下水亦是导致意大利、越南、西班牙、伊朗、墨西哥、印尼、希腊、比利时、巴西等国家城市地面沉降的主要原因（Ghazifard et al.，2017；Khorrami et al.，2020）。在中国华北平原地区，自 1950 年即开始发生地表沉降，总沉降面积大于 7104 km^2，包括众多经济发达城市，如北京、天津、上海以及江苏、河北等省（何庆成，2006）。中国部分城市的最大累计沉降超过 3 m，沉降速率最高可达 100 mm/a，导致一些沿海地区的地面低于平均海平面。在政府管控和南水北调工程实施的共同努力下，一些城市（如上海和天津）的地面沉降得到一定的控制，沉降速度有所减缓(约 10~15 mm/a)，但沉降仍在继续(Raspini et al.，2014)。地面沉降通常与城市地区断层和裂缝拉张强烈相关，从而产生重大地质灾害(Smith et al.，2019)。因此进行地面沉降的准确评估和监测，将有助于减轻其负面影响。

　　空间大地测量观测为精确解释水文地质随时间的变化过程带来了有用的约束信息。大尺度盆地区域的地下水超采造成的地表沉降通常分布在 50~300 km，甚至更宽的区域，其形变量级为 1~100 mm/a。对地下水超采情况的研究，最早是基于地下水动态监测(承压井)、常规精密水准测量、基岩标和分层标监测等手段开展的，野外作业周期长，需要耗费大量的人力物力。由于这些点位测量可以覆盖的区域仅在测站周围，受到时间和空间的限制，对于盆地尺度地下水超采的空间形式变化和评估是无能为力的。传统的光学遥感和卫星测高，已经被证明对于盆地尺度的水平衡研究很有帮助，但是受限于观测精度和面积(Huang et al.，2012)。虽然美国的重力恢复和气候试验(Gravity Recovery and Climate Experiment，GRACE)卫星的重力场已经成功用于世界上许多地区的地下水消耗估计，并取得许多重要的研究成果(Feng et al.，2013；Tang et al，2013)，但是空间重力变化反映的是总的水储量变化(Total Water Storage，TWS)，揭露的是潜水层超采大区域尺度的综合影响，同时其空间分辨率较低。TWS 可分为四个部分：地下土壤储水量(Soil Moisture Storage，SMS)、地表水储量(Surface Water Storage，SWS)、地下水储量(Groundwater Storage，GWS)和冰雪水储量(Snow and Ice Storage，SIS)。因此，GRACE 的研究并不能直接地反映地下水的储量变化。由于地表和地下环境之间是相互作用的，地下水的抽取直接导致地表垂向的运动变化，对地表运动变化的研究，将可以直观地对地下水超采情况进行评估研究。利用时序 InSAR 技术对城市地区的地表形变进行监测，能大面积获取地区高精度沉降量，提取出由于采空和地下水引起的沉降，监测结果有利于对地区沉降量的控制(Liu et al.，2022)。Reeves 等(2014)利用 InSAR 数据成功估计了美国科罗拉多地区承压井水头随时间的变化；许文斌等(2012)利用 InSAR 资料与地下水位监测点的结果进行比较，并对美国洛杉矶地区的含水层参数进行估计。

　　地下水抽取导致的地面沉降是假定在地下一定深度处存在含水层系统(通常大部分从承压含水层抽取的水位于这一系统中)，这种多孔的含水层材料决定了地下水存储容量，从而可以在这一含水系统中进行地下水体积的评估。基于孔隙压力变化的含水系统变形理论在不同时期都得到了很大的发展：1925 年 Terzaghi 发展了在含水系统中的有效应力理论，20 世纪的水文研究学者(Meinzer，1928；Jacob，1940；Tolman，Poland，1940；Riley，1969；Helm，1975)发展了至今仍然作为研究参考的弱透水层排水模型(aquitard-drainage model)(Holzer，1998)。Jorgensen(1980)基于这一理论建立了野外土壤力学的平衡方程。Leake 和 Prudic (1991)开发了层间压实模拟软件包，联合地下水流动模拟器 MODFLOW (Harbaugh et al.，2000)一起使用，现在 MODFLOW 已经被 MODFLOW-2000 中的沉降包(Subsidence Package，SUB)所取代。Vasco(2000)基于该理论发展了自由应力下的地下水体积变化应变模型，同时利用水准测量数据反演了美国加利福尼亚地区的一个油气田开采储量变化，2010 年又利用该模型对阿尔及利亚地区地质构造中的 CO_2 储量变化进行了研究。地下水引起的沉降模型同样适用于石油、天然气等的开采活动。

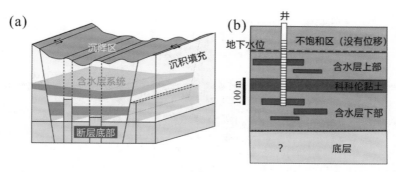

注：（a）显示了一个由穿过盆地的第四纪断层和含水层系统沉积物控制的沉降分布（Anderssohn et al.，2008）；（b）显示五层的地下水文地质模型。

图 6.1　地下水文分层模型（Smith et al.，2019）

本章主要包含两个案例：①基于多时相 InSAR 的廊坊市地面沉降监测与地下水抽取评估；②时序 InSAR 的武汉市地面沉降监测。

6.1　廊坊市地面沉降与地下水损失估计

廊坊市位于河北平原中部，地处京、津两大城市之间，东西距北京、天津各 50 km（图 6.2）。由于其优越的地理位置，近年来在城市建设以及经济方面获得了极大的发展，各种重要交通（如京沪高铁、京津塘高速等）穿越而过，随着环渤海经济圈、环京津经济圈的建立，目前廊坊地区总人口已达 400 多万。全市多年平均水资源总量为 8.041 亿 m^3，人均水资源量为 205 m^3，耕地平均水资源占有量为 2115 m^3/hm^2，均低于全省平均值，人均水资源远低于国际公认的水资源极度紧缺标准 500 m^3。随着廊坊市人口日益膨胀和人民生活水平的提高，用水量越来越大，造成地下水多年来一直处于超采状态，已形成多处地下水降落漏斗。过量开采地下水引发的地面沉降已成为困扰廊坊地区经济发展和居民生活安全的重要问题（易立新等，2005）。

自 1960 年代发现沉降以来，廊坊市的沉降历史记录迄今已超过半个世纪（河北廊坊市水文资源勘测局，2007）。廊坊沉降区沉降速率呈现逐渐增大的趋势，20 世纪 60 年代沉降速率为 2.26 mm/a，70 年代沉降速率为 5.23 mm/a，80 年代沉降速率加快，为 22.97 mm/a，90 年代沉降速率又继续加快，为 30.17 mm/a，到 1998 年中心累计沉降量 548.23 mm。随着沉降速率的加大，沉降区面积的增加，导致沉降区范围扩大到整个地区，到 2005 年，廊坊沉降中心累计沉降量为 845 mm。姚国清等（2008）基于 InSAR 技术，获取 2004 年 3 月—2005 年 9 月的部分监测点沉降速率结果表明，该阶段廊坊沉降速率平均为 50 mm/a，其中最大一点沉降速率为 94.3 mm/a，结果同样表现为廊坊市区沉降为加速趋势。杜建军等（2008）利用地质背景、新构造活动、现今地壳形变、地震、现今构造

应力场等资料对京津地区进行地壳稳定性分析认为，廊坊地区断层两侧相对运动速率小于
1.0 mm/a。因此，与地下水开采造成的沉降量相比，构造活动引起的运动可以忽略，廊
坊市地表沉降主要是由地下水开采引起的。

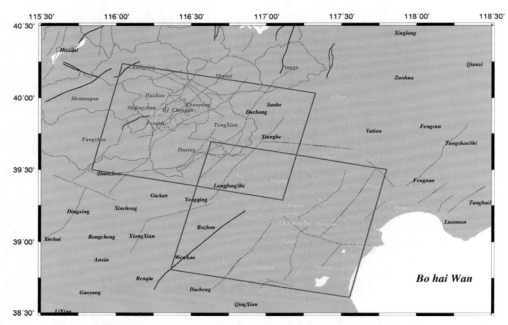

注：红色标定名称为北京地区，黄色标定名称为天津地区，黑色标定名称为河北地区，红
色矩形框为 ASAR 影像覆盖区域，左上为 T218，右下为 T447，黑色实线为活动断层，黑色
虚线为推测活动断层，红色矩形框重叠区域为本案例的试验区。

图 6.2　京津地区行政区划及地质活动情况

6.1.1　数据源

本案例数据源为 Envisat 卫星的 ASAR 数据，覆盖范围如图 6.2 所示。图 6.2 中包括
两个 Track 的轨道数据，分别为 Track 218（时间跨度为 2007 年 4 月—2010 年 9 月，共 24
景）和 Track 447（时间跨度为 2007 年 5 月—2010 年 9 月，共 26 景）。研究利用 StaMPS 方
法选取的主影像分别在 2009 年 7 月 1 日和 2009 年 12 月 4 日。数据的时空基线如图 6.3、
图 6.4 所示，图 6.3 中的空间垂直基线范围为 -506.2~386.6 m，时间基线范围为 -445~
805 天。图 6.4 中的空间垂直基线范围为 -358.9~511.1 m，时间基线范围为 -280~
945 天。在数据处理过程中，使用的外部 DEM 为 90 m 分辨率的 SRTM 数字高程模型（Farr
et al.，2007），轨道为 ESA 提供的 DOR 精密轨道，采用的软件包括 StaMPS（Hooper et al.，
2008）、ROI_PAC（Rosen et al.，2004）和 DORIS（Kampes et al.，1999）等。

从图 6.3、图 6.4 的时空基线可以看出，对于该研究区域，ASAR 数据的时空基线分
布较为均匀，平均每年可以获取 7~8 幅数据；相邻数据的空间基线都较短，同时基线的

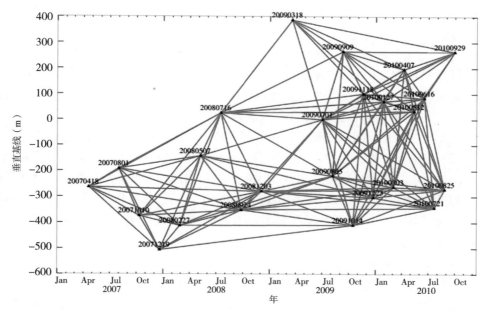

图 6.3　T218 时空基线图(何平等, 2012)

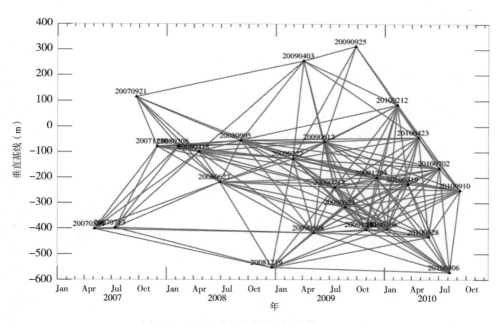

图 6.4　T447 时空基线图(何平等, 2012)

变化范围也较为集中,根据主影像选取原则(Hooper, 2008):选取与其他影像组成的时空基线应该总体最小、且多普勒频率居中的影像为主影像,选取的主影像分别为 2009 年 7 月 1 日和 2009 年 12 月 4 日。图 6.3、图 6.4 显示所用数据较为丰富,为精确地估算各种误差项以及提高测量结果提供了保证。

6.1.2　多时相 InSAR 技术

多时相 InSAR(Multi-Temporal InSAR，MTI)技术由 Hooper 于 2008 年提出并用于时序 InSAR 形变监测研究。MTI 技术的主要特点在于融合 PS 和 SBAS 技术的优点进行特征点的时序分析。对于单一占优的 PS 像素点，距离和方位向滤波可能会增加像素分辨率粗糙单元的失相关性。对于时间基线较短且视角变化较小的干涉图，其失相关性很小，许多分辨单元可以用于信号分析。通过进一步的距离向滤波和方位向非重叠多普勒频率压制，失相关性可以进一步降低。Hooper(2008)将这种短时间内通过滤波后相位相关性变小的像素称作慢失相关滤波相位(Slowly-Decorrelating Filtered Phase，SDFP)像素，这些像素即是 SBAS 方法分析的目标。这种失相关性特征对于 PS 点来说有可能太低，但却符合 SDFP 像素的选择。因此，MTI 方法通过融合 PS 和 SBAS 方法可以达到选取最大空间采样信号的目的，再对两个像素数据集进行联合处理确定变形信号。MTI 技术有效地融合了 PS 和 SBAS 技术的优点，增加了信号的空间分辨率，同时有利于提高相位解缠的稳定性。

考虑 InSAR 技术所得形变为雷达视线向，与水准资料进行比较时需要进行投影转化。对于以垂直位移为主的研究对象，可以假设 $U_{\text{horizontal}} = 0$，则雷达视线向观测与垂向位移的关系可以表示为：

$$U_u = \frac{d_{\text{los}}}{\cos\theta} \tag{6.1}$$

6.1.3　MTI 方法处理结果及分析

利用 StaMPS/MTI 技术，首先进行数据差分干涉处理得到时序干涉图，再融合提取的 PS 点和 SDFP 点目标进行分析。

1. MTI 方法处理结果

T218 处理后的 PS 点和 SDFP 点数量分别为 127529 个、53775 个；T447 处理后的 PS 点和 SDFP 点数量分别为 116921 个、50250 个。在进行 PS 点选取过程中，选取的 PS 点密度和可靠性对结果精度有重要的影响，在保证可靠性条件下，PS 点密度越高越好。一般通过多次试验来设置合适的幅度阈值和相位稳定阈值，使研究区域内所选取的 PS 点具有足够的密度和可靠度。同样，在保证可靠性条件下，SDFP 点密度越高越好。在进行 SDFP 点选取过程中，首先根据干涉像对的时空基线长短和相干性组成差分干涉对，同时保证所有的像对能相互组成一个相互联结的网形(如图 6.3~图 6.4 所示)，没有孤立的串丛，再进行差分处理，得到短基线像对干涉图(为提高相干性，降低噪声的影响，在干涉图处理中需要进行滤波)。短基线处理时在幅度阈值选取上一般选取为 0.6，大于 PS 处理时的幅度阈值选取(Hooper，2008)。

图 6.5 显示两个轨道获取的速率范围分别为-50.2~16.4 mm/a、-50.7~24.3 mm/a。由区域地质历史资料可知，廊坊地区并不存在地表隆升，形变结果中出现的隆升主要是由于时序 InSAR 观测是一个相对测量，导致沉降结果中存在一个系统性偏移。为建立一个

统一的基准，这里假定最大隆升地区的形变速率为 0 mm/a，以 T218 结果为参考基准将 T447 的结果进行转化统一。此外，假设形变完全由垂向沉降造成，利用公式（6.1）可以将统一后的时序 InSAR 结果转化到垂直向形变上来。图 6.5（a）~（d）分别显示了 T218、T447、两轨道叠加结果和廊坊市沉降漏斗的放大结果。图中漏斗区沉降的最大速率为 76 mm/a。由历史资料（易立新等，2005）可知，廊坊市的地面沉降在 1993—2004 年为加速下沉阶段，此阶段廊坊市区地面沉降加速发展，廊坊市区沉降速率约为 42 mm/a；姚国清等（2008）于 2004 年 3 月—2005 年 9 月对部分监测点的沉降速率进行监测，该阶段廊坊市区沉降速率平均为 50 mm/a，其中最大一点的沉降速率为 94.3 mm/a，结果显示廊坊市区的地面沉降呈加速趋势。

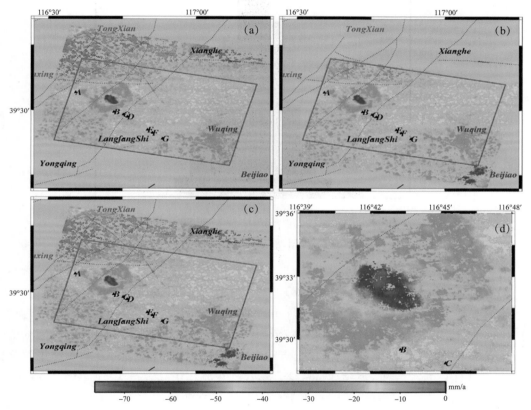

注：（a）为 T218 的结果；（b）为 T447 的结果；（c）为两轨道叠加后的结果；（d）为廊坊市区沉降漏斗放大显示结果。图中的三角形为水准点位置。

图 6.5　基准统一的沉降速率图（何平等，2014）

2. 时序 InSAR 结果精度评定

在数据处理误差分析中，精度评定一般分为内符合精度和外符合精度的评定。这里利用两个轨道时序结果的重叠区，同时结合区域水准数据，可以分别对结果进行内符合精度和外符合精度评定，以验证数据处理结果的稳定性和可靠性。

1）内符合精度评定（重叠区域的结果比较）

利用两轨数据的重合部分进行误差的评定，即对公共区域上的沉降速率结果进行作差估计时序 InSAR 监测的试验区沉降速率的精度水平。两个不同轨道的互差统计直方图如图 6.6 所示，估计 MTI 结果的标准差为 2.1 mm/a。由此可以看出，利用时序 InSAR 数据进行的城市形变监测精度具有较高的稳定性。

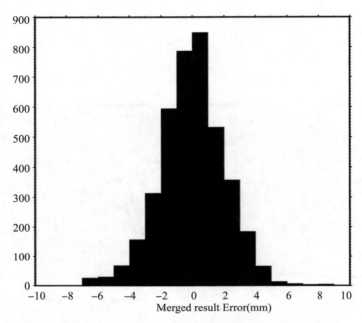

图 6.6　误差统计直方图（何平等，2012）

2）外符合精度评定（水准结果的比较）

研究中利用获取的水准测量进行时序 InSAR 结果的精度评定。由于图 6.5 中的时序 InSAR 结果已经转化为垂直向，这里以水准结果为基准进行 InSAR 结果比较，如表 6.1 所示。从表 6.1 中的比较结果可知 A~G 七点的水准沉降速率与时序 InSAR 监测结果的差异在 5 mm/a 以内，最大差值为-4.8 mm/a，最小差值为 0.0 mm/a，中误差为 3.0 mm/a。由此可知，水准资料表明时序 InSAR 监测结果具有极高的精度，在城市沉降监测中具有巨大的应用潜力。

表 6.1　　　　试验区水准监测结果与时序 InSAR 监测结果比较（何平等，2012）

（单位：mm/a）

点名	水准	Track 218	Track 447	差值1	差值2
A	-14.1	-14.3	-15.0	0.2	0.9
B	-14.5	-14.5	-12.5	0.0	-2.0

点名	水准	Track 218	Track 447	差值1	差值2
C	−14.7	−10.4	−11.5	−4.3	−3.2
D	−13.7	−18.2	−17.0	4.5	3.3
E	−13.5	−10.5	−12.2	−3.0	−1.3
F	−10.9	−14.8	−15.7	3.9	4.8
G	−19.5	−18.3	−17.1	−1.2	−2.4
最大差值	—	—	—	4.5	4.8
最小差值	—	—	—	0.0	0.9
中误差	—	—	—	3.0	2.8

6.1.4 地下水体积变化反演

当从地下抽取或者注入水时,地下水体积将产生变化,这种变化会直接反映到地表形变上。对于水平均匀的孔隙地下水,位移将集中分布于地下井的周围。利用时序 InSAR 技术获取的地表位移结果,建立自由应力下地表位移与地下水体积变化的关系,从而可以评估地下水年开采体积(何平等,2012)。

1. 自由应力下体积应变模型

在孔弹性半空间中,假定孔弹性材料为连续体,在半空间体积 V 中的流体体积变化部分 $\Delta(\zeta)$ 引起地表点 x 的位移变化如下(Vasco et al.,1998):

$$u_i(x) = \int_V \Delta(\zeta) \, g_i(x, \, \zeta) \, \mathrm{d}V \tag{6.2}$$

式中,i 表示地表点 x 位移观测量的第 i 个分量,$\zeta = (\zeta_1, \, \zeta_2, \, \zeta_3)$ 表示半空间体积 V 中的坐标,$\Delta(\zeta)$ 表示地下水体积变化,$g_i(x, \, \zeta)$ 是格林函数。在弹性半空间中,格林函数形式如下:

$$g_i(x, \, \zeta) = \frac{(v+1)}{3\pi} \frac{(x_i - \zeta_i)}{S^3} \tag{6.3}$$

式中,v 表示泊松比,$S = \sqrt{(x_1 - \zeta_1)^2 + (x_2 - \zeta_2)^2 + (x_3 - \zeta_3)^2}$。

为了便于解算,Vasco 等(1998)给出式(6.2)的线性简化关系如下:

$$u(x) = \sum_{n=1}^{N} \Gamma_{in} b_n = \Gamma b \tag{6.4}$$

式中,Γ 为矩阵系数,b 表示模型参数或地下水体积变化部分。

式(6.4)在求解过程中经常出现奇异解,并且解的结果稳定性受观测数据、数值化噪声和模型误差的影响较大。因此在实践过程中,需要增加平滑约束。利用最小二乘原理,模型参数反演可表示为一个最小化问题(Vasco et al.,2000):

$$\| u - \Gamma b \|_2 + W \cdot \| \nabla b \|_2 \tag{6.5}$$

式中，$\|\cdot\|_2$ 表示 L_2 范数(所有分量的平方和)，∇ 表示体积变化梯度算子，W 表示先验平滑模型与观测值之间拟合的平滑权重。通过求解式(6.5)，可利用地表位移反演地下流体体积的变化。

2. 模型反演

利用图 6.5 中沉降漏斗区的时序 InSAR 观测值来估计地下水的体积变化。降轨的卫星视角矢量分量为(0.385，−0.068，0.921)(东西、南北、垂直)。在计算格林函数时，假定弹性介质是均匀半空间的，并忽略地形和材料特性的变化。由于地下水体积几何上的不规则性，需要将图 6.5(d)中的观测值进行格网划分。格网大小在东西和南北方向上分别为 70(0.2 km)、70(0.2 km)单元格。根据廊坊市城市地质调查(易立新等，2005)结果，研究将漏斗区域模型深度确定为 0.05~1.2 km，并且将体积变化划为一层。因此，总共有 4900 个单元体。

利用最小二乘法迭代解算地下水体积变化比，基于图 6.5(d)所示观测结果得到地下水体积变化结果分布如图 6.7 所示。从图 6.7 中可以看出体积变化峰值部分主要集中在漏斗区下，最大峰值为 -1.15×10^{-4}，在峰值漏斗区周围有一些小的地下水体积变化区域，变化的特征表明主要是由于抽水引起地表的沉降。以峰值区域为中心，所有的地下水体积变化部分集中造成了整个区域的沉降，使得在地表部分形成一个大的连续沉降漏斗区域，利用图 6.7 获取的体积变化比，同时可知每个分块单元的体积，计算得到研究区域的地下水体积变化为 $-5.536\times10^6\,\mathrm{m}^3/\mathrm{a}$，即 2007—2010 年间该地区年抽取的地下水超过了 554 万立方米。

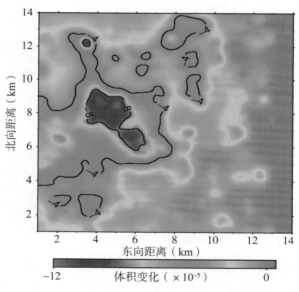

图 6.7　单层自由应力下的体积应变估计(何平等，2014)

图 6.8 显示的是基于沉降模型模拟的地表位移沉降结果和残差分布，结果显示单层自

由应力下的地下水体积应变模型可以很好地解释观测到的廊坊地表沉降位移，残差分布在$-5\sim5$ mm/a。较大的残差分布在研究区周围，主要原因在于周围区域由地下水体积变化引起的形变量小，且数据点较为稀疏。

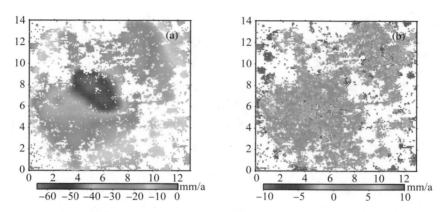

图6.8　基于沉降模型模拟的地表位移沉降结果(a)和残差分布(b)(何平等，2014)

6.1.5　小结

利用充足的 ASAR 数据，本案例采用时序 InSAR 技术进行数据处理，削弱或消除了大气、DEM、轨道以及时空失相关等误差因素的影响，从而获取了高精度的廊坊市城区沉降监测结果。主要结论如下：

(1)利用 MTI 技术对廊坊试验区的研究结果表明，MTI 技术能够有效地融合 PS 和 SBAS 技术的优势，融合后的结果具有极高的精度，在保证精度的情况下，大大提高了有效的特征点，避免了单一时序技术的缺陷；

(2)时序 InSAR 技术在城市形变监测中具有极高的精度，研究结果表明在城市地区时序 InSAR 技术的内符合精度可优于 2 mm/a，外符合精度可优于 1 mm/a；

(3)基于自由应力下的体积应变模型，获取的廊坊市地下水体积变化为-5.536×10^{6}m^{3}/a。城市沉降具有非线性，需要有效地利用地表监测结果建立可靠的地下水模型，值得进一步深入研究。

MTI 以其巨大的优势(大面积、准实时、高精度)获取的地面沉降趋势信息，可为地面沉降监测网的优化提供科学依据。对区域性整体地面沉降的地区可进行严密监测，并能及时发现新的沉降漏斗，为建立地面沉降预警预报系统提供量化的可靠依据。同时本章研究的地面沉降监测结果能为该地区地下水提取控制(城市地下水资源管理)和城市重要设施的建设(城市排水管网规划、地铁线路规划等)提供参考依据，具有重要的科学意义及经济效益。

6.2　时序 InSAR 的武汉市地面沉降监测

随着我国城市化进程的不断推进，城市人口不断增加，城市圈逐步扩大，城市基础设施建设飞速发展，高层及超高层建筑数量增长迅速，大型商业综合体越来越多；同时，交通压力急剧增加，许多大城市都在竞相发展轨道交通系统，并相继开展了大规模的城市轨道交通建设，随之相伴的集商业、交通于一体的大型综合体也越来越多，工程也越来越大。这一系列建设都伴随深部基坑的开挖，在工程建设阶段，由于受到土体开挖、降水、打桩等影响，使处于应力平衡状态的地质环境遭到破坏，引起围岩的垂直和水平位移变化，从而导致工程环境发生形变；在运营阶段，由于过度抽取地下水、地下水冻融以及地上建筑物荷载的增加，形成城市沉降显著区和沉降带，特别是当有轨道穿越时，轨道结构在沉降区内与沉降区外的沉降量不一致，且长期积累下去，就会产生严重的纵向不均匀形变，对城市轨道交通线路的运营会产生非常大的影响。另外，一些地区由于人为活动引起自然环境发生变化，从而导致地下水环境发生变化，如地下水过度开采导致地下水位下降，引起地表不均匀沉降形变。各种内外因素导致的地面沉降都会直接影响地表建筑安全及交通运输线路的安全营运，威胁城市安全。

传统的地表形变监测方法是在沉降区布设地面沉降监测网，如地面沉降监测水准网、GNSS 监测网、地下水位监测网等，通过定期的重复观测，为研究和控制地面沉降提供准确、可靠的资料。精密水准沉降监测只能定期对沉降点进行观测，点位分散，时空分辨率较低，人力、财力投入较大，形变信息获取效率较低；GNSS 形变监测能够对监测点进行一天 24 小时高频连续监测，并进行危险预警，但其只能获得小范围内的形变信息，空间覆盖离散，且对观测环境有特定要求，同时对人力、物力要求较高。微波遥感成像技术以非接触式、高分辨率、高准确率等优势，已成为当前地表、建筑物形变监测应用领域的研究热点和发展方向。InSAR/时序 InSAR 技术具有精度高、监测范围广、受天气影响小和监测实施方便、成本相对低、安全性高等优点，是大范围高精度形变监测的重要手段，可以有效弥补基于点观测的水准、GNSS 形变监测空间分辨率不足的问题。

武汉地处九省通衢之地，作为湖北省的省会和国家级中心城市，也是中部地区最大的都市，常住人口超过 1000 万。武汉的地质结构以新华夏构造体系为主，几乎控制全市地质构造的轮廓。地貌属鄂东南丘陵经江汉平原东缘向大别山南麓低山丘陵过渡地区，中间低平，南北丘陵、岗垄环抱，北部低山林立。全市海拔高度在 19.2 m 至 873.7 m 之间，大部分在 50 m 以下。气候属北亚热带季风性(湿润)气候，具有常年雨量丰沛、热量充足、雨热同季、光热同季、冬冷夏热、四季分明等特点。此外，武汉市江河纵横，河港沟渠交织，湖泊库塘星布，滠水、府河、倒水、举水、金水、东荆河等从市区两侧汇入长江，形成以长江为干流的庞大水网。总水域面积达 2217.6 km^2，占全市土地面积的 26.1%。

近 20 年来随着大规模的城市建设和地下工程开挖、熔岩塌陷和地下水开采，武汉市主城区部分区域陆续出现地面沉降，如后湖片区、烽火村、王家墩中央商务区等区域，受到研究学者的广泛关注(Bai et al. , 2016；Zhou et al. , 2017；Han et al. , 2020)。开展武汉市地面沉降及高精度形变监测技术研究，不仅对保障国家和人民生命财产的安全有着重要的作用，而且对武汉市经济社会可持续发展也有着重要的现实意义。为深入地研究地面沉降诱发的各类灾害之触发机理，对基础设施进行安全评估，并在第一时间准确地实现临灾预报，需要对相关灾害高危区域进行全覆盖、长时间、连续、实时和高精度形变监测。

本案例基于 2016 年 7 月至 2021 年 6 月的 Sentinel-1 SAR 数据，采用 PSInSAR 技术获取了武汉市的现今地面沉降，并就重点地区、典型建构筑物的形变特征展开分析。

6.2.1 数据源

本案例收集了覆盖武汉市全市域(图 6.9)的 2015 年 7 月至 2020 年 6 月 Sentinel-1 的 76 景的 SAR 数据，平均 24 天 1 景。Sentinel-1 是欧洲雷达遥感卫星，该卫星是全球环境和安全监视(Global Monitoring for Environment and Security，GMES)系列卫星的第一个组成部分。卫星由欧盟投资并由 ESA 负责研发，哥白尼任务(包括 Sentinel-1、2、3)代表欧盟加入全球遥感系统(Global Earth Observation System of Systems，简称 GEOSS)。Sentinel-1 作为一个星座包含两颗卫星，分别是 Sentinel-1A 和 Sentinel-1B，在同一轨道平面内，相位相差 180°，任务提供了一种可以使用雷达独立连续测绘地图的能力，拥有更高的重访频率，更好的覆盖能力，以及更好的时效性和可靠性。但是，对于武汉这样的中部地区，Sentinel-1 卫星并没有执行类似于青藏高原区域的密集观测，而是仅使用了一颗卫星(Sentinel-1A)采用一种成像几何(升轨)来进行成像。图 6.10 显示的是所选 Sentinel-1 卫星 SAR 影像的时空基线图。从图 6.10 中可以看到，相比之前的 ESA-1/2、Envisat 卫星，Sentinel-1 卫星在卫星轨道上控制得更好，SAR 像对间的垂直基线大部分在 100 m 以内，最长垂直基线为 270 m，远小于 Sentinel-1 卫星干涉的极限基线。

6.2.2 PSInSAR 技术

PSInSAR 是基于永久散射体(Permanent Scatterers/Persist Scatterers，PS)的点分析干涉测量技术。通常地物的散射特性和大气条件会在两次观测期间发生较大的变化，使得在干涉相位中存在严重的失相关噪声和大气延迟影响，导致常规干涉不能精确获取地表形变量。但是在 SAR 图像中，人工建筑物(如房屋、桥梁、人工角反射器等)和裸岩这类目标的散射特性比较稳定，并且对雷达回波具有较强的反射及回波信号，具有较高的信噪比，可以在较长时间内保持较高的相干性，可以通过对它们的一系列观测进行时间序列分析，进而获取研究区域的地表形变场。

在 PSInSAR 技术中，最关键的是 PS 点的选取，经过多年来的发展，目前 PS 点的选取方法主要有两个分支：基于幅度信息的 PS 点选取；基于相位稳定性的 PS 点选取。

1. 基于幅度信息的 PS 点选取

基于幅度信息的 PS 点选取方法中，最著名的是振幅离差方法，振幅离差是确定 SAR 时间序列中 PS 点最先发展起来的方法。由于 PS 散射的稳定性表现为其回波的振幅在时间序列上具有一定的统计特性，并可用振幅离差 D_A 来定量表示，定义为振幅标准偏差与振幅均值的比值：

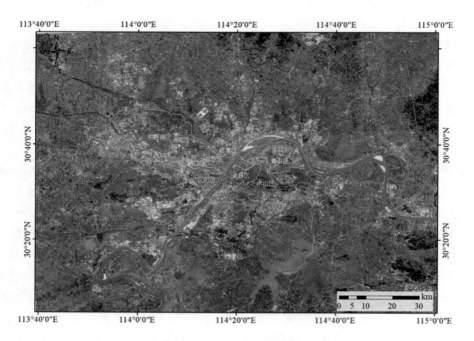

图 6.9　SAR 影像覆盖范围

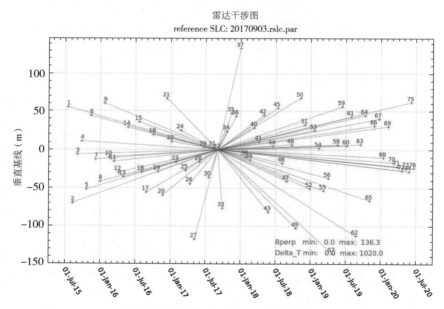

图 6.10　SAR 数据的时空基线图(参考 SAR 数据：2017 年 9 月 3 日)

$$D_A = \frac{\text{std}\left[A_l(i,\ j)\right]}{\text{mean}\left[A_l(i,\ j)\right]} \qquad (6.6)$$

式中，$A_l(i, j)$ 为第 l 幅 SAR 影像的振幅值大小。设定一个适当的振幅离差阈值 T_D，与各像素对应的振幅离差 $D_A(i, j)$ 进行比较，若 $D_A(i, j) \leq T_D$，就将该像素作为 PS 点。

由于该方法考虑的仅是 PS 点散射特性的稳定性，忽略了 PS 对雷达波的强反射特性，即回波的高信噪比，单独使用该方法容易造成一定的误判。顾及 PS 点的高信噪比特性，基于振幅离差方法又发展了相干系数和振幅离差双阈值法、振幅信息双阈值法等。相干系数和振幅离差双阈值法是先利用相干系数阈值法粗略筛选出具有高相干系数的像素作为粗选 PS 候选点(Permanent Scatter Candidates，PSC)，然后用振幅离差阈值精选后向散射性稳定的点为 PS 点。振幅信息双阈值法是利用振幅阈值法挑选出高振幅值的像素作为 PSC，然后同样利用振幅离差精选。这两种方法对于单独的振幅离差阈值方法有所改进，但是基于的都是像素的幅度信息，本质上与振幅离差阈值方法是一样的。

基于幅度信息的 PS 点处理技术，在有人工建筑物的城市地区应用得非常好，因为这些区域的散射信号稳定、信号杂波比(Signal-to-Clutter Ratio，SCR)较高，基于幅度信息的 PS 点选取方法能有效而且快速地选取足够的 PS 点进行分析，从而取得较好的结果；但是在非城市区域，可能存在 SCR 值较低但相位变化稳定的像素点，基于幅度信息的 PS 点选取方法则不能有效地区分这些像素点，从而使得所确定的 PS 点的密度在自然地面上非常的低而不能得到有效的结果。

2. 基于相位稳定性的 PS 点选取

除上述基于幅度信息进行 PS 点选取外，还可以利用相位信息进行 PS 点的选取。最早的基于相位信息的 PS 点选取方法是基于相位离差阈值法 PS 点选取。该方法与振幅离差法类似，不同的是基于回波相位在时间序列上的稳定性。但是该方法用于探测 PS 点的相位未经大气相位改正，同时失相关、系统噪声对相位也有影响，SAR 回波信号相位与各目标的散射系数并不成比例关系，导致该方法探测出的 PS 点并不可靠。

此外，还可以根据相位残差稳定性尺度选取 PS 点，将干涉图每个像素的相位残差尺度定义如下：

$$\gamma_x = \frac{1}{N} \left| \sum_{i=1}^{N} \exp\left\{ \sqrt{-1(\psi_{x,i} - \widetilde{\psi}_{x,i} - \Delta\varphi_{\theta,x,i}^u)} \right\} \right| \tag{6.7}$$

其中，N 表示干涉图的数量，缠绕相位 $\psi_{x,i}$ 表示第 i 幅干涉图中的第 x 像素的相位，对缠绕的相位进行带通滤波，去除空间不相关的部分，得到滤波相位值 $\widetilde{\psi}_{x,i}$，$\Delta\varphi_{\theta,x,i}^u$ 作为视角误差项，主要引起高程误差。γ_x 则为相位噪声水平的尺度，确定一个像素是否为 PS 像素。γ_x 的值依赖于 $\widetilde{\psi}_{x,i}$ 的精度，当所有的相位值在二维快速傅里叶变换后完全失相关，则 $\widetilde{\psi}_{x,i}$ 是随机的。测度 γ_x 将不能真实地代表像素残差相位的变化，这个像素将不会被选为 PS 点。考虑到单独使相位残差尺度变化选取 PS 点工作量过大，可使用振幅相位离差法进行 PSC 的选取，再利用相位残差尺度变化确定相位变化稳定的点。

PSInSAR 技术的优势在于降低对时间和空间基线的要求，能同时进行大量的 SAR 数据分析，对缓慢的地形形变监测有极大的优势，当研究区内 SAR 图像丰富且能选取足够密度的 PS 点时，可测得 0.1 mm/a 的视向移动速度，测量精度高，该方法同时降低了失相干性的影响，有效地提取大气、轨道和 DEM 等误差因素的影响。目前随着 PSInSAR 技术的进一步改进，所需要的 SAR 数据在逐步减少，每个监测区域至少需要 15 景的 SAR 图像，只有足够多的 SAR 图像才能准确识别 PS 点并进行参数估计。对 PSInSAR 技术应用的测量区域，要求有较多的天然散射体(如城市和岩石出露较多的丘陵地带)，同时要求选取的 PS 点要满足一定的密度(3~4 PS 点/km²)，如果范围扩大，就无法满足算法的前提要求。

6.2.3　数据处理及结果

本案例中采用 GAMMA 软件的 IPTA 模块来进行 PSInSAR 的数据处理工作。在 IPTA 处理中，(差分)干涉相位 φ 可分解为：

$$\varphi = \varphi_{topo\_res} + \varphi_{def\_lin} + \varphi_{def\_non} + \varphi_{orb\_res} + \varphi_{atm} + \varphi_{noise} \tag{6.8}$$

式中，$\varphi_{topo_{res}} = \dfrac{-4\pi B_\perp}{\lambda R \sin\theta}\varepsilon$ 为不精确 DEM 引起的残余地形相位，$\varphi_{def\_lin} = -\dfrac{4\pi}{\lambda}vt$ 和 φ_{def_non} 分别是形变相位的线性形变和非线性形变，φ_{orb_res} 为不精确轨道数据引起的参与平地相位(对于 Sentinel-1 卫星，这部分影响可以忽略不计)，φ_{atm} 为不同成像时刻大气成分不同所引起的大气路径延迟相位；φ_{noise} 为热噪声，$B_\perp$ 为干涉图的空间垂直基线，ε 为高程改正，R 为天线至地面点的距离，λ 为雷达波波长，θ 为入射角，v 为点目标相对于参考点的形变速率，t 为干涉图的成像时间间隔。

IPTA 对模型参数的逐级修正是一个由粗至精的过程，使用初步参数估计生成模型相位，对残差进行分析以提取高程误差和形变速率改正。通过求解的改正值对模型参数进行改进，依据各相位成分的不同时空特征进行非线性形变和大气相位的分离。改进后模型参数再以此思路进一步改进，使得各部分相位更接近于真值。此外，在每一次的迭代后，分析残余相位的时相标准差，剔除受失相干影响较大的点目标，确保形变反演结果的可靠性，处理流程如图 6.11 所示。

具体地，首先计算所有影像像对间的时间和空间基线，生成时间和空间基线分布图(图 6.10)，然后选择时间和空间基线居中的一景作为主影像(通常选择时间、空间位置上居中的影像)，即 2017 年 9 月 3 日的 SAR 影像，以该主影像构建的干涉像对的最长时间基线为 1020 天、最长垂直基线为 136.3 m。随后，以该主影像作为基准，将其他 SAR 图像都配准到主影像的几何网格下，在配准过程中采用了谱分离配准算法，保证配准精度达到千分之一个像素级。在此基础上，对所有配准后的像对进行常规 InSAR 处理，得到了相应的差分干涉图(图 6.12)。

为了保证初始候选点(PSC)的质量，输入的 SAR 图像尽量多于 25~30 幅，否则，需要利用其他信息，采用更加复杂的方法来选择 PSC。IPTA 综合利用幅度离差和相位离差法来选取 PSC(图 6.13)，其中利用幅度离差法提取到的 PSC 有 2170655 个、相位离差法提取到的 PSC 有 2312147 个，综合两种方法提取到的 PSC 有 3692355 个。对比该区域的幅度影像发现，PSC 主要分布于房屋、道路等人工建筑上，与 PS 选点原理相吻合，表明了点目标的可靠性与分布的合理性。确定好 PSC 后，就可以提取 PSC 处的干涉相位(二通

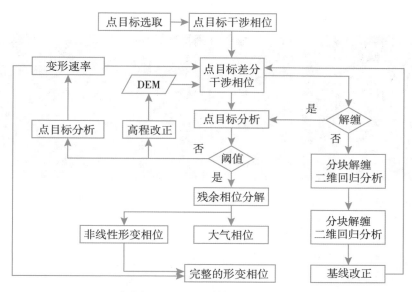

图 6.11　IPTA 数据处理流程

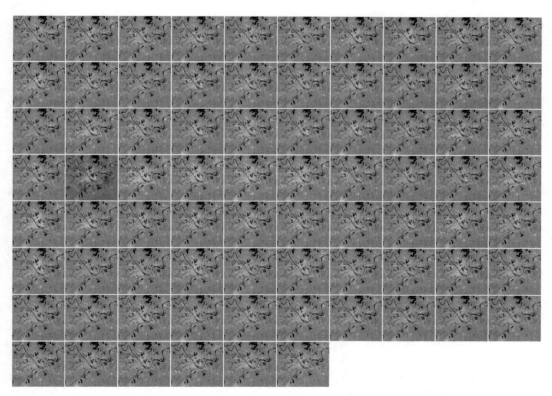

图 6.12　差分干涉图

法差分处理后的相位)。

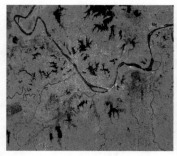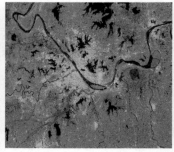

（a）幅度离差法　　　　　　（b）相位离差法　　　综合幅度离差法和相位离差法

图 6.13　IPTA 选取的 PSC 点

在 InSAR 测量的过程中，雷达获取的相位数据是缠绕在区间 $[-\pi, \pi)$ 内的数据。因此，为了恢复目标点的真实相位，需要对相位数据进行解缠绕处理。相位解缠是 InSAR 数据处理中最关键的步骤，其误差会在空间和时间范围内扩散，最终会影响整个形变反演结果。在 PSInSAR 的处理过程中，需要在时空三维进行相位解缠，在空间二维的图像域，先根据 PSC 的位置建立 Delaunay 三角网格，然后再利用最小费用流算法（Minimum Cost Flow，MCF）获取空间二维的解缠结果。在时间一维域，由于在干涉图生成的过程中在时间维建立了网格（"闭环"），也可以利用 MCF 算法实现相位解缠。

相位数据解缠后，就能对残余地形和线性形变速率进行估计和补偿。由于大气延迟相位和非线性形变相位在一定的空间尺度上具有相干性。对相邻点目标差分干涉相位作二次差分可以削弱其影响，结合式（6.8）可得到基于相邻点目标的二次差分相位模型：

$$\Delta \varphi_{i, j} = \frac{-4\pi B_{\perp}}{\lambda R \sin\theta} \Delta \varepsilon_{i, j} - \frac{4\pi}{\lambda} \Delta v_{i, j} t + \Delta \varphi_{\text{res}, i, j} \tag{6.9}$$

式中，$\Delta \varepsilon_{i, j}$ 和 $\Delta v_{i, j}$ 分别为相邻点目标的高程改正差和形变速率差；$\Delta \varphi_{\text{res}, i, j}$ 包括非线性形变相位差、大气相位差和噪声相位。由于大气相位和非线性形变都进行了空间低通滤波（邻域二次差分），可假定 $|\Delta \varphi_{\text{res}, i, j}| < \pi$。式（6.9）可改写为：

$$\Delta \varphi_{i, j} = \Delta \varphi_{\text{model}} + \Delta \varphi_{\text{res}, i, j} \tag{6.10}$$

式中，$\Delta \varphi_{\text{model}} = a B_{\perp} \Delta \varepsilon_{i, j} + b \Delta v_{i, j} t$，$a = \dfrac{-4\pi}{\lambda R \sin\theta}$，$b = -\dfrac{4\pi}{\lambda}$。

为了求解 $\Delta \varepsilon_{i, j}$ 和 $\Delta v_{i, j}$，引入整体时间相干系数 γ_{ij}：

$$\gamma_{ij} = \left| \frac{1}{M} \sum_{m=1}^{M} e^{j \cdot \Delta \varphi_{\text{res}, i, j}} \right| \tag{6.11}$$

对干涉图进行时间维的二维回归分析，求解出使得 γ_{ij} 最大的 $\Delta \varepsilon_{i, j}$ 和 $\Delta v_{i, j}$ 作为其参数估计。在求解出所有相邻点的 $\Delta \varepsilon_{i, j}$ 和 $\Delta v_{i, j}$ 后，构建一个限制边长的不规则三角网，并选取研究区域中相对稳定的点目标作为参考点，采用区域网平差方法可解算出三角网中每个顶点相对于参考点的高程误差改正和形变速率改正值。

为得到完整的形变相位，须对去除了线性形变和地形误差相位的残余相位进行分离，提取非线性形变相位，从而获取时间序列上的完整形变信息。通过对残余相位时空特征的分析，非线性形变在时间维和空间维相关，可以认为是时间维和空间维的低通成分；大气相位是时间维的高频信息，但在空间一定范围内相关，可以认为是空间维低通和时间维高通；而噪声信息在时间维和空间维都是高频随机信号。因而，依据其不同的时空特征，通过适当的时空滤波即可有效分离。图 6.14 是 IPTA 分离得到的大气误差。

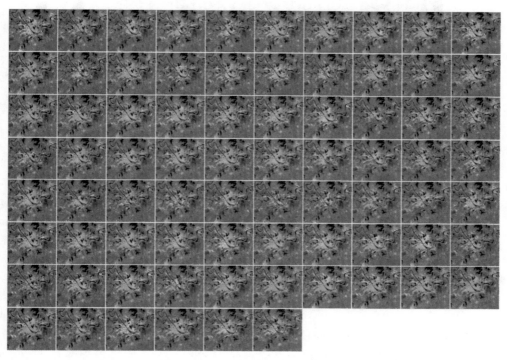

图 6.14　IPTA 估计给出的大气误差

经过多次迭代，PS 点目标数量从最初的 3692355 个逐次降低到 2722000 个，其残差标准差也不断降低，表明了参数估计的稳健发展趋势。最终，利用 DEM 坐标系到 SAR 影像坐标系的转换查找表，完成地面沉降监测成果由 SAR 影像坐标系到大地坐标系的反变换，即对监测成果形变量进行地理编码，最后得到的每个 PS 点都包括三维位置、平均形变速率、形变历史等信息。由 Sentinel-1 卫星获取的武汉市主城区 2016 年 7 月—2021 年 6 月平均形变速率如图 6.15 所示。

6.2.4　PSInSAR 结果的精度评估

对 IPTA 给出的城市地面沉降结果，本案例主要采用精密水准测量成果来对其进行精度评估。假设精密水准测量结果为真值，PSInSAR 测量形变量为观测值，以水准观测值与 PSInSAR 测量值互差中误差的无偏估计为指标，检验 PSInSAR 测量精度。计算公式为：

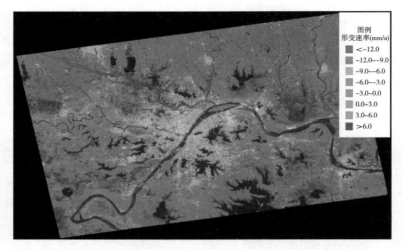

图 6.15　影像覆盖区域 2016 年 7 月—2021 年 6 月平均形变速率

平均误差：

$$\partial = \pm \frac{\sum\limits_{i=1}^{N} \left| d_{Li} - d_{Ii} \right|}{N} \tag{6.12}$$

中误差：

$$m = \pm \sqrt{\frac{\sum\limits_{i=1}^{N} \left(d_{Li} - d_{Ii} \right)^2}{N-1}} \tag{6.13}$$

式中，d_{Li} 为水准观测值；d_{Ii} 为 InSAR 测量值。

　　本案例中用于精度验证的二等水准点位共有 38 个。通过以水准点为圆心，设置半径 100 m 的缓冲区，统计缓冲区内相干目标的形变值，基于最小二乘方法，拟合计算出观测时段内各相干点的形变速率，利用等权窗口平均法，对缓冲区内所有相干点的形变速率取均值；然后将其投影到垂直方向，作为水准点位置对应的平均沉降速率。统计结果显示，Sentinel-1 卫星监测结果与水准测量值之间的速率差值最小值为 −6.2 mm/a，最大值为 7.2 mm/a，平均误差为 1.5 mm/a，中误差为 2.3 mm/a，相关系数为 0.631，表明两者具有较好的一致性。但从存在较大形变的局部区域来看，地面水准监测结果与 PSInSAR 监测结果之间还存在一定差异，如果希望更加准确地评定 PSInSAR 监测结果的精度，还需利用稳定建筑物上的连续形变监测数据（如 GNSS）来进行比较分析，或安装地面角反射器，以及利用其他监测手段进行定期同步观测。

6.2.5　武汉市地面沉降特征分析

1. 武汉主城区的整体沉降特征

武汉市主城区 2015 年 7 月—2020 年 6 月的形变速率如图 6.16 所示，在这些 PS 点中，形变速率的平均值为-2.2 mm/a，最小值为-32.0 mm/a。基于 Sentinel-1 卫星给出的结果显示 2015 年 7 月—2020 年 6 月研究区的大部分区域形变较稳定，主城区形变较大的区域有江岸区新荣丹水池附近区域、江岸区市政府周边区域、硚口区长丰街附近区域、青山区红钢城 117、119 社区附近区域等地。下面就这些区域的形变情况进行简要介绍。

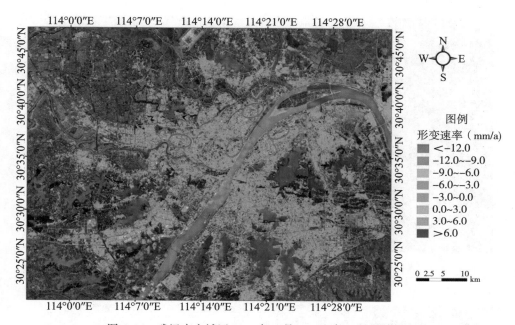

图 6.16　武汉市主城区 2015 年 7 月—2020 年 6 月累计形变量

1）江岸区新荣丹水池附近区域

根据 Sentinel-1 的 PSInSAR 计算的结果，获得江岸区新荣丹水池附近区域 2015 年 7 月—2020 年 6 月的形变速率及累积形变量，选择 A、B、C、D、E、F、G 等七个形变特征点进行分析（图 6.17、图 6.18），其中 A 点位于江岸区后湖街办事处汉黄路 12 号附近，其形变速率达-12.2 mm/a，监测期内的累积形变量达-54.7 mm；B 点位于江岸区机电园路与汉黄路交叉口西北侧，其形变速率达-14.5 mm/a，监测期内的累积形变量达-61.9 mm；C 点位于江岸区堤角前街堤角社区 11 栋附近，其形变速率达-12.1 mm/a，监测期内的累积形变量达-59.9 mm；D 点位于江岸区武汉市育才实验小学北侧附近，其形变速率达-14.4 mm/a，监测期内的累积形变量达-63.1 mm；E 点位于江岸区丹水池街新马社区便民服务部附近，其形变速率达-12.5 mm/a，监测期内的累积形变量达-66.4 mm；F 点位于江岸区解放大道佳园小区公交站附近，其形变速率达-12.9 mm/a，监测期内的累积形变量达-57.4 mm；G 点位于江岸区百步亭花园路建设新村附近，其形变速率达-12.3 mm/a，监测期内的累积形变量达-51.7 mm。

历史上整个后湖地区均为湖滩，普遍隐埋一层一般厚 10 m 以上、最厚可达 30 m 的淤泥质黏土或淤泥。由于近代人们填塘围垸活动，使湖泊周围沼泽地带的淤泥质软土裸露地

191

表或被人工填土所掩盖。该土层具有天然含水量高、孔隙比大、压缩性高、强度低、渗透系数小的特点，具有触变性、高压缩性和流变性等工程地质特征。近年来，汉口后湖区高层建筑物的不断加载、超深基坑降水工程手段的实施，引发该区域软土地面沉降等地质灾害，是造成该区域以新荣-丹水池为中心的地表形变的主要原因。

图 6.17　江岸区新荣丹水池附近区域 PS 点形变速率图-1(A、B、C、D 四点区域)

图 6.18　江岸区新荣丹水池附近区域 PS 点形变速率图-2(E、F、G 三点区域)

2)江岸区市政府周边区域

根据 Sentinel-1 的 PSInSAR 计算的结果，获得江岸区市政府周边区域 2015 年 7 月—2020 年 6 月的形变速率及累积形变量，选择 A、B、C、D、E、F 等六个形变特征点进行分析(图 6.19、图 6.20)，其中 A 点位于江岸区长江设计大楼附近，其形变速率达

-28.8 mm/a，监测期内的累积形变量达-132.7 mm；B 点位于江岸区武汉市自然资源和规划局附近，其形变速率达-16.6 mm/a，监测期内的累积形变量达-71.4 mm；C 点位于江岸区融创融汇广场东侧附近，其形变速率达-30.2 mm/a，监测期内的累积形变量达-165.3 mm；D 点位于江岸区武汉市政府南门附近，其形变速率达-6.3 mm/a，监测期内的累积形变量达-35.3 mm；E 点位于江岸区武汉市青少年宫水上世界和省客运站宿舍附近，其形变速率达-13.7 mm/a，监测期内的累积形变量达-64.3 mm；F 点位于江汉区解放大道循礼门饭店南侧附近，其形变速率达-12.9 mm/a，监测期内的累积形变量达-60.9 mm。

图 6.19　江岸区市政府周边区域 PS 点形变速率图-1(A、B 两点区域)

图 6.20　江岸区市政府周边区域 PS 点形变速率图-2(C、D、E、F 四点区域)

3）硚口区长丰街附近区域

根据 Sentinel-1 的 PSInSAR 计算的结果，获得硚口区长丰街附近区域 2015 年 7 月—2020 年 6 月的形变速率及累积形变量，选择 A、B、C、D、E、F、G、H 等八个形变特征点进行分析（图 6.21、图 6.22、图 6.23），其中 A 点位于硚口区长丰大道 60 号附近，其形变速率达 −10.9 mm/a，累积形变量达 −61.1 mm；B 点位于硚口区长风一路 4 号附近，其形变速率达 −9.9 mm/a，累积形变量达 −49.3 mm；C 点位于硚口区丰硕路与长升路交叉口新工厂工业设计产业园 2B 附近，其形变速率达 −11.7 mm/a，累积形变量达 −52.9 mm；D 点位于硚口区古乐路 132 号附近，其形变速率达 −8.9 mm/a，累积形变量达 −35.2 mm；E 点位于硚口区长丰大道 170 号附近，其形变速率达 −15.4 mm/a，累积形变量达 −71.9 mm；F 点位于硚口区长风路东风轻纺城 11 号附近，其形变速率达 −9.9 mm/a，累积形变量达 −49.3 mm；G 点位于硚口区古田二路立交翡翠城南门附近，其形变速率达 −12.1 mm/a，累积形变量达 −58.2 mm；H 点位于硚口区园博大道蓝光林肯公园南门附近，其形变速率达 −11.1 mm/a，累积形变量达 −46.2 mm。

图 6.21　硚口区长丰街附近区域 PS 点形变速率图-1（A、B、C 三点区域）

4）青山区钢花村街 117、119 社区附近区域

根据 Sentinel-1 的 PSInSAR 计算的结果，获得青山区钢花村街 117、119 社区附近 2015 年 7 月—2020 年 6 月的形变速率及累积形变量，选择 A、B、C、D 等四个形变特征点进行分析（图 6.24），其中 A 点位于青山区红卫路街才惠社区 58 街坊内，其形变速率达 −12.2 mm/a，监测期内的累积形变量达 −63.3 mm；B 点位于青山区建设二路与建港南街交叉口南，其形变速率达 −12.2 mm/a，监测期内的累积形变量达 −56.8 mm；C 点位于青山区钢花村街 117 社区 5 号楼附近，其形变速率达 −12.8 mm/a，监测期内的累积形变量达 −54.8 mm；D 点位于青山区钢花村 115 街坊东侧路中段，其形变速率达 −8.1 mm/a，监测期内的累积形变量达 −40.9 mm。

图 6.22 硚口区长丰街附近区域 PS 点形变速率图-2（D、E 两点区域）

图 6.23 硚口区长丰街附近区域 PS 点形变速率图-3（F、G、H 三点区域）

2. 武汉市地铁沿线形变监测结果分析

截至 2020 年 11 月，武汉地铁运营和在建线路共 13 条，包括 1 号线、2 号线、3 号线、4 号线、5 号线、6 号线、7 号线、8 号线、10 号线、11 号线、12 号线、19 号线、21 号线，目前已建成路线的总运营里程 339 km，车站总数 228 座，线路长度居国内第 7、中部第 1。武汉地铁改善了沿线居民的交通出行，对居民购房、消费、就业、就医等产生深远的影响。首先，出行难题解决之后，人们会选择轨道交通两端房价较低的地段购房，给两端楼盘带来升值潜力；随之而来的是沿线居民消费习惯的改变，居民到闹市区消费将产生明显的"钟摆式"客流；交通的时间成本降低后，沿线的企业招聘将变得更容易。

图 6.24 青山区红钢城 117、119 社区附近 PS 点形变速率图(A、B、C、D 四点区域)

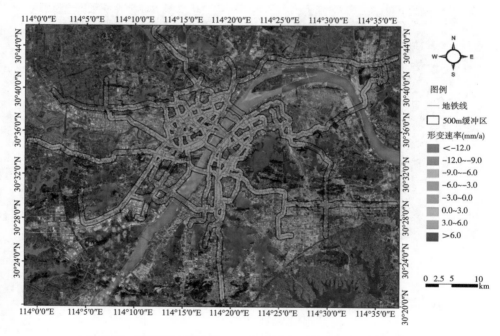

图 6.25 武汉市地铁沿线 2015 年 7 月—2020 年 6 月形变速率图

根据 Sentinel-1 的 PSInSAR 计算的结果,共提取 13 条地铁线两侧各 500 m 范围内的 PS 点,绘制其 2015 年 7 月到 2020 年 6 月的形变速率,如图 6.25 所示。在共 13 条地铁沿线附近共提取到 PS 点 499269 个,其中形变速率最小值为-31.6 mm/a,它们的形变速率平均值为-2.7 mm/a。通过图 6.25 同样可以看出,在江岸区后湖片区以 1 号线和 21 号线交叉点为中心的周边地区表现出显著的沉降形变现象；在青山区中部，在建的 5 号线和 10 号线之间的部分区域表现出显著的沉降形变现象，主要集中在钢花街村 115、117、119 社区；另外还可以看到，在武汉市主城区内三号线与七号线的换乘站武汉商务区站的西侧，也表现出一定的沉降形变现象。除了上述形变区外，武汉市内 13 条地铁沿线的其余周边区域则较为稳定，大部分区域的形变速率为−3~3 mm/a，未表现出明显的变形现象。

6.2.6　小结

本案例基于长时间序列雷达数据，采用 PSInSAR 技术（IPTA 技术），对武汉市进行了高精度连续形变监测，重点分析主城区重点形变区、地铁沿线等的形变情况。发现 Sentinel-1 卫星在 2015 年 7 月—2020 年 6 月的 PSInSAR 监测成果精度为±2.3 mm/a，在此期间武汉市大部分区域处于稳定状态，仅局部区域（如江岸区后湖片区、青山区西部红钢城附近、洪山区西南部南岸咀村附近等）存在一定程度的沉降形变，且发生沉降形变的地区主要出现在矮旧建筑集中且地下软土层较厚的棚户区。

第7章　影像大地测量与冰冻圈活动

　　冰冻圈是气候系统的五大圈层之一，涵盖了冰川、积雪、冻土、河冰、湖冰、海冰、冰架、冰山等地球表层的冰冻部分（负温层），储存了75%的地球淡水资源，在全球气候变化中扮演着重要角色（秦大河等，2020）。冰冻圈与地球其他圈层之间联系紧密并相互作用，一方面为人类生存提供了关键的基础资源环境，如淡水资源、生态平衡；另一方面随着全球气候变暖、极地冰盖融化、山地冰川退缩、海冰范围缩小、多年冻土退化、海平面上升、水资源格局改变、潜在的古病毒释放等，导致人类赖以生存的地球环境状况急剧变化，产生的冰冻圈灾害对人类经济社会形成了严峻的挑战。联合国政府间气候变化专门委员会（Intergovernmental Panel on Climate Change，IPCC）第六次评估报告指出：全球表面平均温度上升约 $1°C$。冰冻圈在不同时空尺度上影响着人类的生存和发展，受到全世界的共同关注，被认为是最能体现"人类命运共同体"的研究学科。

　　冰川是冰冻圈最重要的组成部分，全球冰川分布包括两类：极地冰川和高山冰川。极地冰川主要有南极和格陵兰两大冰盖，瓦尔巴特型冰川和斯堪的纳维亚型次一级冰川，占了地球淡水资源的98%以上。极地地区冰块的快速减少导致海平面上升，格陵兰冰盖和冰川的融化是全球海平面上升的主要原因之一。相较于极地冰川，高山冰川在全球分布更为广泛，直接威胁着人类的安全。在高山地形切割下，高山冰川形成各形态的岩石冰川、冰帽、冰斗、冰湖等。高山冰冻圈主要分布在亚洲的青藏高原和毗邻地区、欧洲的阿尔卑斯山、北美洲的落基山、南美洲的安第斯山，以及非洲的乞力马扎罗山等地球高山地区。全球最大的冰川负物质平衡出现在南安第斯山、高加索山和欧洲中部，亚洲高山区冰川负物质平衡最小。

　　相对于冰川，季节性冰湖位于北纬 $40°—80°$ 的温带和寒带地区，在较小的空间尺度上对局部环境变化起着重要作用，但人们对它们的研究却较为稀少。湖泊冰覆盖变化与运动湖泊冰物候，包括冻结和破裂日期，也是陆地冰冻圈气候变化的重要环境指标，其强相关性已被多项研究证实。此外，湖冰被认为是加拿大气候变化的12个指标之一（http：//www.ccme.ca）。季节性冰湖广泛分布于俄罗斯、蒙古国、加拿大、挪威等国家。Latifovic 和 Pouliot（2007）分析了加拿大湖冰物候趋势。由于这些季节性湖泊靠近主要城市中心，并被当地居民用作冬季娱乐场所，因此，湖泊冰物候的监测近年来开始受到关注。

　　冰冻圈不仅是重要的气候指示因子，同时与岩石圈进行着强烈的相互作用。一方面，冰冻圈影响着陆地表层的地表风化、侵蚀、搬运与堆积。冰川地貌过程、冰湖洪水和泥石流、冻土冻融或热融作用、山区积雪形成春汛、海冰消退和冻土融化引发塌岸和"地面坍陷"。例如，加拿大吉勒姆至丘吉尔间铁路线路用于稳定冻土沉降的花费约 3000 万美元。

另一方面，冰川的卸载和海洋盆地的加载引起的地球内部物质的重新分布，导致冰后的地壳运动、地球重力场和应力场的变化等。例如末次冰消期以来北美、欧亚大陆和巴伦支海-喀拉海等区域冰盖大规模融化，造成全球平均海平面上涨约 120 m，大尺度的冰冻圈变化会造成岩石圈负荷改变——冰川均衡调整（Glacial Isostatic Adjustment，GIA）（Zhang et al.，2017）。在德国北部盆地，冰川的加载和卸载导致区域断层的重新激活和地震活动性变化（Reicherter et al.，2005）。因此，冰川动力学不仅调节地球的深层黏弹性响应、上地壳断裂和地震产生的性质和频率，甚至影响造山过程本身。即使在远离冰川荷载的中心，构造运动和侵蚀驱动的均衡调整之间的相互作用也被解释为山谷切割和河流阶地形成的重要控制因素（Maddy，1997）。这种相互作用在构造活跃的冰川高地上可能更加剧烈。简而言之，冰原、地壳变形和地震活动之间的相互作用在不同的尺度上以一种动态而复杂的方式运作，冰冻圈成为现今认识地球内部介质性质的重要窗口。

对冰冻圈机制的研究包括两个方面：一是直接的参数获取，如冰面流速、体积和质量变化等；二是研究冰川流动与岩石圈之间相互作用的动力学机制，如弹性、黏弹性、接触面摩擦等。前者基于影像大地测量可以直接提取和估计，后者可以利用影像大地测量观测作为约束条件进行反演。例如 Elmer/Ice 模型常用于模拟地形地貌复杂地区的冰川运动，解释其动力学机制。在全球气候变暖的背景下，冰冻圈的活动剧烈，加剧其动力系统的不稳定性，大大增加灾害的发生频率。研究冰冻圈演化及其运动机理，大规模冰川质量的损失是加速还是减缓冰川运动，冰川湖泊如何形成和生长，冰川涌流、冰崩、冰湖溃决洪水等灾害的发生，冰川对淡水资源供应与维持等问题，具有重要的科学和现实意义。

影像大地测量观测，被广泛应用于研究冰冻圈的冰川体积变化、物质平衡、地表高程变化和冰川速度等方面（图 7.1）。需要注意的是，影像大地测量在冰冻圈研究应用中有其特殊性。例如，InSAR 可以实现高精度的变形和速度观测，但前提是影像间需要具有良好的相干性。由于冰面特征的快速变化（如融化、降雪、雪崩等），InSAR 观测图像仅在较短周期内能保持一定的相干性。相对而言，基于 SAR/光学影像的像素偏移跟踪，更利于

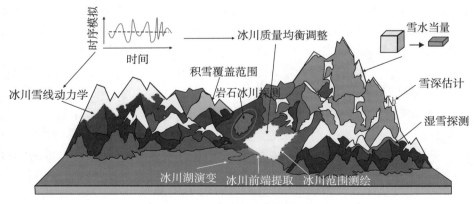

图 7.1　冰冻圈要素的观测

长时间的流速运动监测。此外，图像的配准和正射纠正误差、云层的存在以及任何光学图像中的阴影效应都将造成速度测量的不确定性。

本章包括两个影像大地测量在冰冻圈活动应用案例：2021 年蒙古国图尔特地震期间的 Khovsgol 湖冰三维形变场，以及 Sentinel-2 光学影像提取的 Khovsgol 湖冰运动时序特征。

7.1　2021 年蒙古国图尔特地震期间 Khovsgol 湖冰三维形变场

利用遥感观测，可以定量地勾勒出冰川/冰封水域的活动模式，如冰缘湖的大小变化、海冰压力脊高度、冰速、湖冰物候学以及河流冰的分布(Gou et al.，2017；Duncan et al.，2018；Joughin et al.，2018；Li et al.，2020；How et al.，2021)。这些已有研究大大推进了对冰川学和水文学的认识，但大多数都集中在极地或高寒地区的永久性冰川。相比之下，位于纬度 40°到 80°之间的寒带和温带地区季节性冰冻湖泊，在区域空间尺度上对当地的环境变化起着重要作用，但人们对这些湖泊的了解较少。

Khovsgol 湖位于蒙古国北部，毗邻俄罗斯西伯利亚边界，是一个季节性冰冻湖泊，对当地居民的经济、交通和农业都起着重要作用，被称为"东方的蓝色珍珠"(图 7.2)。Khovsgol 湖形成于 3~4 个百万年以前，是印度板块东北向运动远程效应或者欧亚板块下地幔热流发育的正断地堑作用的结果(Goulden et al.，2002；Goulden，2006)。作为中亚的第二大湖，Khovsgol 湖长度为 135 km，宽度为 20~40 km，最大深度为 262 m(Kouraev et al.，2017)。除了高纬度外(51°N)，Khovsgol 湖的海拔高为 1645 m，这些地理条件共同控制该地区寒冷的大陆性气候。2021 年 1 月 11 日，蒙古国图尔特地区发生了 Mw 6.7 地震，位于该湖中心(图 7.2)。美国地质调查局(USGS)的初步震源机制推断此次事件是由一个南北走向的正断层所引起的。幸运的是，此次地震没有人员伤亡的报告。这一事件提供了一个难得的机会来研究湖冰运动与地震之间的关系。

7.1.1　数据源与 POT 估计

数据源包括 Sentinel-1 降轨 SAR 图像(轨道号 004)和 Sentinel-2 光学图像(轨道号 005)(具体信息见表 7.1)。Sentinel 任务旨在为全球环境监测提供密集的数据覆盖，但对中高纬的 Khovsgol 湖区域覆盖数据相对稀少，仅有 Sentinel-1B 卫星图像可用。SAR 图像数据共收集了 2020 年 12 月 26 日、2021 年 1 月 7 日、2021 年 1 月 19 日和 2021 年 1 月 31 日四个日期的数据，涵盖了此次 Mw 6.7 地震的震前、同震和震后阶段；对于光学图像，Sentinel-2A/B 卫星图像都可用，选择了 2020 年 12 月 24 日、2021 年 1 月 8 日、2021 年 1 月 18 日和 2021 年 2 月 2 日四个日期的数据，以便与 Sentinel-1 图像的日期一致。这些影像在时间基线最短的原则下分别形成三组像对，重访时间为 10/15 天。对于 Sentinel-2 光学影像，为了提高像素偏移估计的精度，使用 10 m 分辨率的波段影像进行后续处理分析。

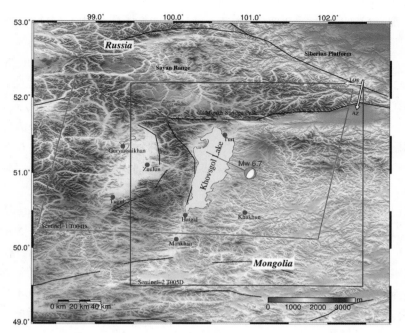

注：红色沙滩球为 2021 年 Mw 6.7 地震的机制解，来源于 USGS。深
红色圆点显示湖边的城镇位置，黑线表示区域内的活动断层（Calais
et al.，2003），红色三角形为湖泊北端的 Monkh Saridga 峰。红色矩形
和蓝色矩形分别表示本研究中使用的 Sentinel-1 SAR 和 Sentinel-2 光学
图像覆盖区。

图 7.2　Khovsgol 湖周围地形和构造环境图（He，Wen，2022）

表 7.1　　　　　　　　　　　　　研究中使用的数据集

数据源	影像对	时间基线	分辨率
	yyyymmdd—yyyymmdd	天	距离向×方向位
Sentinel-1 SAR T004D	20201226—20210107	12	
	20210107—20210119	12	2.3 m× 15.6 m
	20210119—20210131	12	
Sentinel-2 Optical T005D	20201224—20210108	15	
	20210108—20210118	10	10 m× 10 m
	20210118—20210202	15	

　　利用自动重复影像特征跟踪（autoRIFT）算法，同时对 SAR 图像和光学图像进行 POT
分析。autoRIFT 工具的 POT 估计首先采用归一化交叉相关（NCC）峰值来匹配源图像和模
板图像，再使用迭代的渐进式窗口大小来估计位移。在利用 autoRIFT 进行数据处理前，

需要分别对影像进行配准预处理。对 Sentinel-1 SAR 图像使用 InSAR 科学计算环境软件（ISCE）进行配准（ISCE team，2020），对 Sentinel-2 光学图像使用 GAMMA 软件进行配准。Sentinel-2 光学图像包括四个 10 m 分辨率波段，本研究使用波段 4 进行湖冰运动监测。在 POT 处理中，选择 64×64 像素的匹配窗口用于交叉相关计算（相应的 SAR 图像约 1004 m（距离向）×230 m（方位向），光学图像为 640 m × 640 m）。需要注意的是，Sentinel-2 光学图像一般存在由电荷耦合器件线性阵列（CCD）引起的条带误差，研究采用了均值相减法来削弱这个误差的影响（Van Puymbroeck et al.，2000）。在进行像素偏移估计后，就得到 SAR 和光学影像在三个时间段内的湖冰像素偏移位移，对应 2021 年 Mw 6.7 图尔特地震震前、同震和震后。为方便起见，将这三个时间段分别称为第一阶段、第二阶段和第三阶段。

　　一般来说，交叉相关法确定位移的误差在约 1/20 像素以内。使用 autoRIFT 方法，在稳定的参考点下，典型的像素误差在距离和方位向为 0.031/0.039 像素，对应于 Sentinel-1 SAR 和 Sentinel-2 光学图像的精度分别为 0.48/0.09 m 和 0.31/0.39 m。在大多数情况下，没有可用的稳定参考点来估计交叉相关方法的结果精度。一个常见的策略是选择一个假定没有地面变形的参考区域来计算误差分析的背景噪声。研究中，通过选择湖泊周围 100×100 像素大小的五个感兴趣区域（ROI）（图 7.3）来估计像素偏移的精度（表 7.2），并用自相关函数计算其背景噪声。

7.1.2　湖冰运动特征与三维形变场

1. SAR 偏移结果

　　图 7.4（a）、（b）显示了第一阶段 SAR 图像的距离向和方位向偏移。除了少量由浮冰漂移造成的失相干区域，研究中的 SAR 偏移结果覆盖了整个湖面。图 7.4（a）的距离向偏移位移范围为−0.8～5.5 m，最大值在湖的西北部。距离向偏移大多在 2 m 以内，其平滑的梯度显示了一个相对稳定的位移过程。距离向偏移的主要贡献来源于垂直和东西向形变贡献，其较小的位移量表明沿垂直方向和东西向没有明显的冰面变形。图 7.4（b）的方位向偏移位移范围为−12.0～6.3 m，在湖的北部观察到一个负位移区域，最大值为 12 m。与距离向偏移相比，方位向偏移显示出东西向的带状分布和南北向的块状分布，表明东西向的湖冰运动要比其他两个方向大得多。此外，距离向和方位向偏移都显示，主要的冰面变形发生在湖的北部，而冰面变形在南部则较小。

　　为了更详细地说明具体的位移特征，图 7.4（c）、（d）、（e）显示了沿三个剖面的位移。请注意，距离向偏移（黑点）比方位向偏移（蓝点）要更平滑，因为使用的 SAR 图像中，距离向分辨率要比方位向分辨率高很多。沿着虚线 AA′ 剖线是湖泊的长轴方向，而沿虚线 BB′ 和 CC′ 剖线则与湖泊的短轴方向平行。沿着 AA′ 剖面，除了一些小的波动外，距离向偏移是相对平滑的，而方位向偏移则表现出小的和大的波动；小规模的波动大约是周期性变化的，而大规模的波动则类似于阶梯效应。鉴于这些具有陡峭位移梯度的波动与冰裂缝/压力脊的分布相一致，因此它们常被用来确定冰面变形的位置。大规模的波动代表了主要的冰应力集中位置，很可能比小规模的波动具有更危险的湖冰危害。如图 7.4（c）

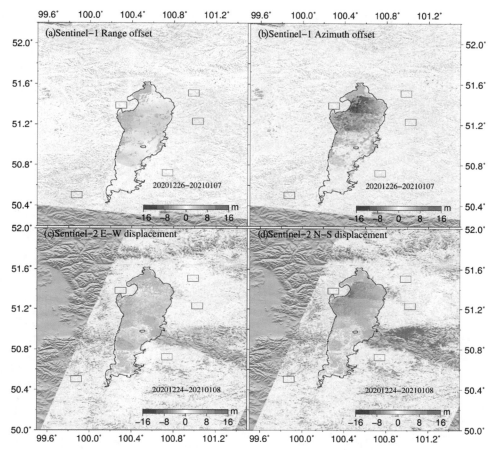

注：图中带有蓝色矩形框的感兴趣区域（ROI），用于估计 Sentinel-1 SAR（图（a）、（b））
和 Sentinel-2 光学图像（图（c）、（d））的偏移测量的精度。

图 7.3　湖冰 POT 分析结果精度估计示例（He，Wen，2022）

所示，有几个地方的相对位移变化较大（>4 m）（即 R1、R2、R3、R4、R5 和 R6），分隔
到多个波动段。如图 7.4（d）、（e）所示，沿剖面 BB' 和 CC'，只观察到一些小规模的周期
性波动，没有像剖面 AA' 那样大的阶梯性波动。因此，主要的冰面运动模式被推断为南北
方向，这也是平行于湖泊长轴的水流方向。

　　图 7.5（a）、（b）显示了第二阶段 SAR 图像的距离向和方位向偏移。与图 7.4（a）、
（b）相比，图 7.5（a）、（b）中的空值区域（由于失去相干性而没有偏移观测）有所减少，表
明自第一阶段以来，冰的散射特征发生了一些变化。更重要的是，冰面的运动模式在幅度
和方向上都表现出巨大的变化。图 7.5（a）、（b）中显示了一条明显的分界线，从东到西
穿过名为 Dalain Modon Khuis 的岛屿（Birdlife international，2022），而在图 7.5（a）、（b）中
却没有观察到这样的分界线。距离向偏移（图 7.5（a））范围为-2.2~7.2 m，最大值在湖区
中部的西侧。方位向偏移（图 7.5（b））范围为-11.5~13.2 m，负位移区的位置与第一阶段

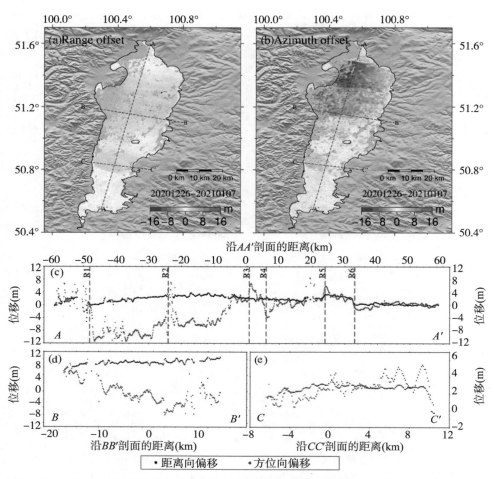

注：图(a)、(b)为图尔特地震前 Khovsgol 湖的 LOS 位移和方位向位移。黑色实线划定了湖水边界和 Khovsgol 湖中间的岛屿。三条虚线为子图(c)—(e)剖面位移位置。R1—R6 表示沿剖面的一些大型压力脊的位置。图中正的距离向和方位向位移分别表示远离卫星和卫星飞行方向的地面运动，该定义同时适用于图 7.5、图 7.6。

图 7.4　Sentinel-1 观测确定的 Khovsgol 湖第一阶段运动特征(He，Wen，2022)

不同(图 7.4(b))。同样地，还采用剖面图来详细显示局部位移特征，见图 7.4(c)—(e)。除了一些小规模的周期性波动外，还检测到大规模的波动(图 7.4(c)—(e))。如图 7.5(c)所示，大的位移梯度变化位置(即 R1、R2、R3 和 R4)可以从方位向和距离向偏移中检测出来。在 R2 和 R4 之间，距离向偏移显示了一个正的冰层位移梯度，相对位移达到 4 m，延伸了约 50 km，而在 R3 和 R4 之间，方位向偏移显示了一个正的冰层位移梯度，相对位移达到 20 m，延伸了约 36 km。沿着剖面图 BB' 和 CC'(图 7.5(d)、(e))，距离向和方位向偏移之间的位移趋势发生了逆转。图 7.5(d)、(e)中的距离向偏移显示了一个正的线性趋势。因此，在第二阶段发现了明显的距离向以及方位向的冰面运动，并在湖的中间部分发现了一个新的大湖冰脊，横跨湖中心的小岛屿。

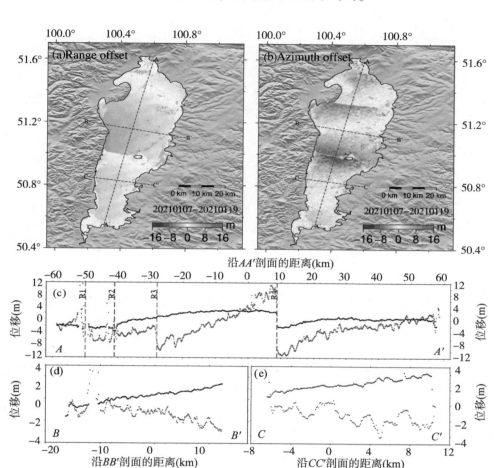

注：图(a)、(b)为图尔特地震前 Khovsgol 湖的 LOS 位移和方位向位移。黑色实线划定了
湖水边界和 Khovsgol 湖中间的岛屿。三条虚线为子图(c)—(e)剖面位移位置。R1—R4 表
示沿剖面的一些大型压力脊的位置。

图 7.5　Sentinel-1 观测确定的 Khovsgol 湖第二阶段运动特征(He，Wen，2022)

图 7.6(a)、(b)显示了第三阶段的 SAR 图像的距离向和方位向偏移。与第一阶段和
第二阶段观察到的运动相比，一些大的冰面运动特征被抑制了，如湖北部地区的大位移和
冰脊，以及横跨岛屿的新冰脊。但也可以发现一些新的变化，如在湖的西北部出现了一条
新的南北走向冰脊；此外，与第二阶段相比，第三阶段中跨岛的老冰脊的位置南移。如图
7.6(e)所示，大尺度的阶梯式波动和小尺度的周期性波动仍然明显，但其幅度较小。在
图 7.6(c)中，有四个地方有大的位移梯度，即 R1、R2、R3 和 R4，但图 7.4(b)中只有一
个(R5)。

　　2. 光学偏移结果

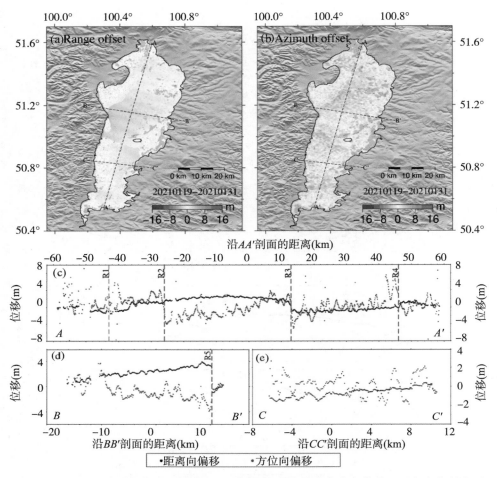

注：图(a)、(b)为图尔特地震前 Khovsgol 湖的 LOS 位移和方位向位移。黑色实线划定了湖水边界和 Khovsgol 湖中间的岛屿。三条虚线为子图(c)～(e)剖面位移位置。R1—R5 表示沿剖面的一些大型压力脊的位置。

图 7.6　Sentinel-1 观测确定的 Khovsgol 湖第三阶段运动特征(He，Wen，2022)

　　光学图像的像素偏移会产生两个结果，包括东西向和南北向位移。与距离向和方位向位移不同，这些东西向和南北向位移直接反映了湖冰的运动方向，其中东西向和南北向的正值分别表示湖冰向东和向北移动。图 7.7(a)、(b)显示了第一阶段的光学图像中的东西向和南北向位移。一些区域的失相干性，可以归结为两个原因：一个是冰的漂移；另一个是云的覆盖。在东西向，位移范围为−4.7～3.7 m，显示出相对平滑的位移梯度(图 7.7(a))。除了湖北部一些大的正值(>4 m)外，大部分东西向位移都是负值，意味着西向运动。在南北向方向，位移范围为−2.9～11.6 m，可分为几个大的块体。湖北部的南北向位移是正的，而南部的南北向位移是负的，这表明南北向的湖冰运动发生在两个相反的方向。与东西向位移相比(图 7.7(a))，南北向位移要大得多。图 7.7(c)—(e)显示了沿

AA'、BB' 和 CC' 剖面详细的东西向和南北向位移。在平行于湖泊长轴的位置可以发现几个大的位移变化，如 R1、R2、R3、R4 和 R5，而平行于短轴的位置没有发现大规模的阶梯式波动。

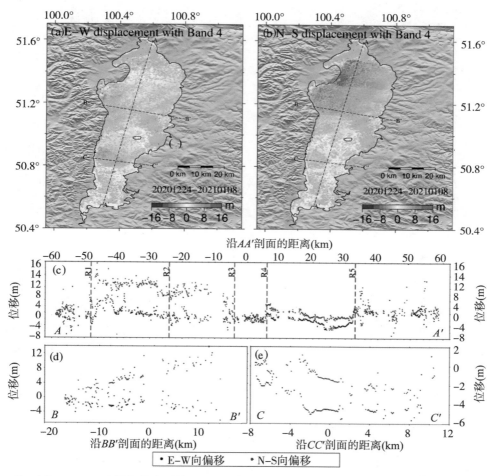

注：图（a）、（b）为图尔特地震前 Khovsgol 湖的东西向和南北向位移。黑色实线划定了湖水边界和 Khovsgol 湖中间的岛屿。三条虚线为子图（c）—（e）剖面位移位置。R1—R5 表示沿剖面的一些大型压力脊的位置。东向和北向的位移为正值，该定义适用于下面的图7.8、图7.9。

图 7.7 Sentinel-2 观测确定的 Khovsgol 湖第一阶段运动特征（He，Wen，2022）

与图7.7相似，图7.8和图7.9分别显示了第二阶段和第三阶段的水平位移。在第二阶段，冰的位移范围在东西向为-9.7-4.8 m，南北向为-6.6-7.8 m。在第三阶段，其位移范围在东西向为-7.6-3.6 m，南北向为-4.8-9.4 m。与第一阶段相比，第二阶段的水平位移，特别是东西向的水平位移大大增加（图7.8（a）、（b）），而在第三阶段则普遍恢复到较低值（图7.9（a）、（b））。在其相应的剖面上，在第二阶段观察到一个新的横跨岛屿的大型湖冰运动特征（R3）。在恢复阶段（第三阶段），在第二阶段的相同位置没有大的位移，但在湖的西北段观察到另一个新的湖冰脊/冰裂缝（R4），呈南北走向（图 7.8（d））。

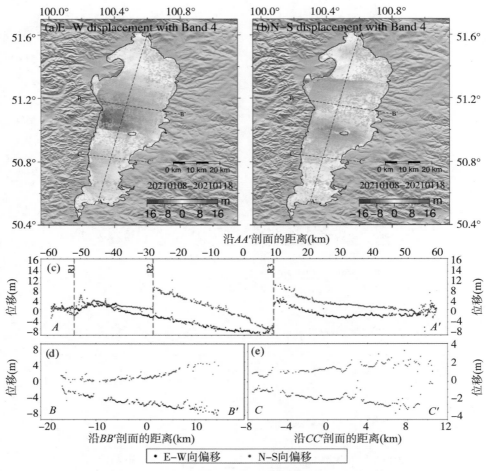

注：图（a）、（b）为图尔特地震前 Khovsgol 湖的东西向和南北向位移。黑色实线划定了湖水边界和 Khovsgol 湖中间的岛屿。三条虚线为子图（c）—（e）剖面位移位置。R1—R3 表示沿剖面的一些大型压力脊的位置。

图 7.8　Sentinel-2 观测确定的 Khovsgol 湖第二阶段运动特征（He，Wen，2022）

3. 误差分析

表 7.2 显示了每组图像统计的均方根误差平均值、最大值和最小值（ROI 位置的细节可以在图 7.4 中找到）。对于 SAR 像对的偏移测量，在第一阶段、第二阶段和第三阶段的距离向和方位向的均方差分别为 0.08/0.39 m、0.20/0.64 m 和 0.18/0.90 m。距离向和方位向偏移的最大和最小误差分别为 0.37/0.04 m 和 1.64/0.21 m。对于光学影像，在第一阶段、第二阶段和第三阶段的东西向和南北向的均方差分别为 0.89/1.36 m、1.08/2.23 m 和 1.01/1.97 m。东西向和南北向的最大和最小误差分别为 2.32/0.26 m 和 3.82/0.35 m。

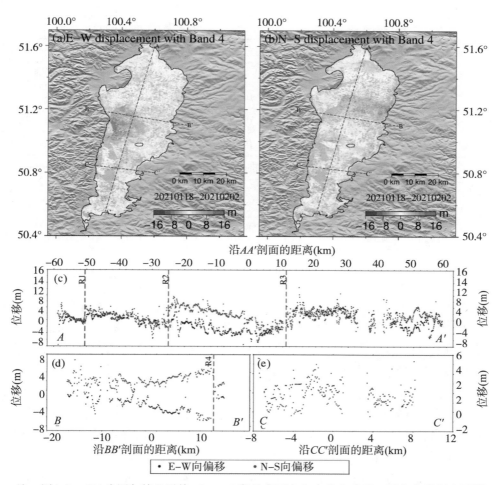

注：图(a)、(b)为图尔特地震前 Khovsgol 湖的东西向和南北向位移。黑色实线划定了湖水边界和 Khovsgol 湖中间的岛屿。三条虚线为子图(c)—(e)剖面位移位置。R1—R4 表示沿剖面的一些大型压力脊的位置。

图 7.9　Sentinel-2 观测确定的 Khovsgol 湖第三阶段运动特征(He，Wen，2022)

结果表明，从 Sentinel-1 SAR 图像得出的距离向和方位向平均偏移噪声为 1/29～1/12 像素和 1/40～1/18 像素，从 Sentinel-2 光学图像得出的东西向和南北向分量为 1/12～1/9 像素和 1/8～1/5 像素，表明 Sentinel-1 SAR 图像比 Sentinel-2 光学图像的精度高 2～4 倍。此外，方位向偏移和南北向位移的背景噪声分别比距离向偏移和东西向位移大。本研究的误差水平高于以前的一些研究(如 Joughin et al.，2018；Lei et al.，2021)，这可能与 ROI 的选择以及时间分辨率的差异等因素有关(如 Caporossi et al.，2018)。注意这里估计的噪声只是潜在误差的下限，意味着湖冰变形的实际误差可能更高。鉴于本研究中湖冰变化 5～10 m 的位移，POT 测量的精度是足够的。

表 7.2　　　　　　　　　　从感兴趣区域(ROI)估计的均方根误差

数据源	影像对	均方根误差(单位：m)					
	yyyymmdd—yyyymmdd	平均值	最大值	最小值	平均值	最大值	最小值
		距离向偏移量			方位向偏移量		
Sentinel-1 SAR	20201226—20210107	0.08	0.13	0.04	0.39	0.57	0.21
	20210107—20210119	0.20	0.37	0.05	0.64	1.50	0.27
	20210119—20210131	0.18	0.34	0.06	0.90	1.64	0.36
		东西向位移分量			南北向位移分量		
Sentinel-2 Optical	20201224—20210108	0.89	2.13	0.41	1.36	3.53	0.58
	20210108—20210118	1.08	2.32	0.26	2.23	3.82	0.35
	20210118—20210202	1.01	1.61	0.53	1.97	3.23	0.91

4. 湖冰三维形变场

利用 Sentinel-1 和 Sentinel-2 位移结果的互补性,可以得出三维表面变形(Samsonov,2019)。请注意,SAR 图像和光学图像的采集日期并不完全重合,有 1~2 天的间隔。在研究中,假设在构建三维位移场时,这些差异可以忽略不计。此外,在实施三维分解之前,所有的 SAR 偏移和光学偏移结果都被下采样到 120 m 的同一网格。图 7.10 显示了 2021 年 Mw 6.7 图尔特主震前、中、后的湖冰三维位移场。

在第一阶段(图 7.10(a)—(c)),三维位移在东西向、南北向和垂直向分别为−5.2~4.2 m、−3.6~12.2 m、−1.7~1.5 m。与南北向方向的大块状位移不同,东西向和垂直向的位移相对分散,位移梯度小。在第二阶段(图 7.10(d)—(f)),三维位移在东西向、南北向和垂直向上分别为−10.3~5.2 m、−8.7~8.5 m、−4.6~1.6 m。与第一阶段相比,东西向的位移要大得多,并在湖的中间部分形成一个大块。此外,垂直向的位移也更大,在湖的西北部最大为−4.6 m。在南北向,北向位移减少,但南向位移相对于第一阶段的位移有所增加。在第三阶段(图 7.10(g)—(i)),三维位移在东西向、南北向和垂直向上分别为−6.6~4.2 m、−3.8~5.8 m 和−1.6~1.8 m。第二阶段的大部分位移特征都没有。与第一阶段和第二阶段湖区北部的大位移不同,第三阶段的大位移发生在湖区南部,表明整个湖区的冰体在向南迁移。图 7.11 显示了沿 AA′剖面的三个组成部分的详细变化。与第一阶段和第三阶段相比,第二阶段的小尺度波动较小,但大尺度冰移的发展更为明显。此外,这三个阶段的垂直分量(图 7.11(c))相似,没有统计学意义,说明湖冰的运动以水平方向为主。

7.1.3　湖冰运动机理分析

从 Sentinel-1 SAR 雷达图像和 Sentinel-2 光学图像中进行的像素偏移估计,为获取大规模湖冰运动的三维位移场提供了依据。在以前的研究中(如 Berg et al. ,2014；Andersen

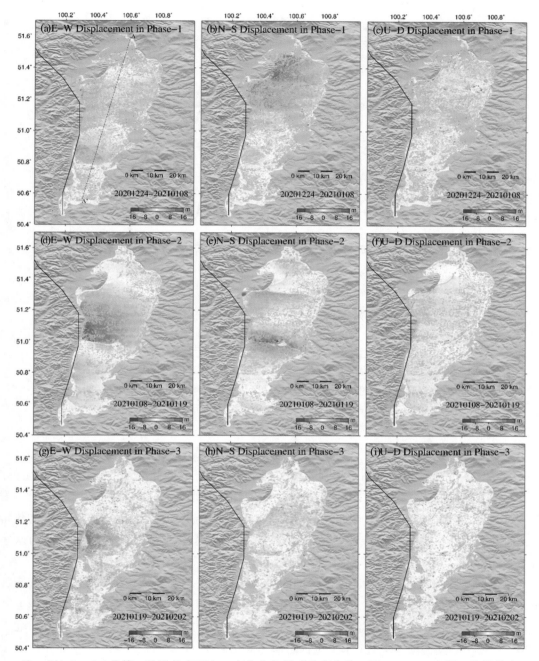

注：图（a）—（c）为第一阶段的东西向、南北向和相对垂直位移；图（d）—（f）为第二阶段的东西向、南北向和相对垂直位移；图（g）—（i）为第三阶段的东西向、南北向和相对垂直位移。黑线表示与 2021 年图尔特地震有关的地震断层（Calais et al.，2003）。

图 7.10　根据 Sentinel-1 和 Sentinel-2 图像估算的第一阶段、第二阶段和第三阶段的三维位移（He，Wen，2022）

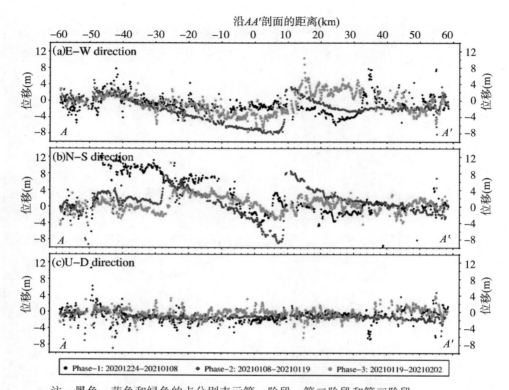

注：黑色、蓝色和绿色的点分别表示第一阶段、第二阶段和第三阶段。

图 7.11 沿着图 7.10(a)标记的 AA′剖面，三个不同部分（东西向、南北向和垂直向）的三维位移比较（He，Wen，2022）

et al.，2020），InSAR 技术被用来探索冰川和海冰的变化，表明冰面的散射特征是相干的。然而，在这项研究中，湖冰上的 SAR 影像之间的相位相干性很低，无法直接应用干涉测量法（InSAR 结果见图 7.12）。Sentinel-1 和 Sentinel-2 的结果均揭示湖冰不同阶段的变化特征，但两者仍存在一些散射特性差异。通过 Sentinel-1 SAR 和 Sentinel-2 光学图像的这些 POT 观测，可以建立平均精度<2.2 m 的湖冰运动三维形变场（图 7.10）。

三维形变场阐明了 Khovsgol 湖冰运动的复杂时空特征。迄今为止，有限的三维观测数据大大限制了对冰运动的研究。例如，对海冰或山地冰川的一些调查只得出了冰流速度和方向，并简单地评估了近岸潮汐方向或沿重力下降方向的冰川舌运动（如 Marbouti et al.，2020）。在某种程度上，只使用水平位移阻碍了对山脊动态以及冰层厚度、收敛和山脊发展之间的关系以及由此产生的这些山脊的大小、密度和形态的进一步了解。在第一阶段，东西向和南北向的最大位移分别达到 5.2 m 和 12.2 m；在第二阶段，东西向和南北向的最大位移分别达到 10.3 m 和 8.7 m，最大垂直位移可以达到 4.6 m；在第三阶段，东西向和南北向的最大位移分别达到 6.6 m 和 5.8 m。与东西向和南北向 8~10 m 的位移相比，大部分 0~2 m 的垂直位移要小得多，在 2.2 m 的精度之下，表明湖冰在垂直方向的运动

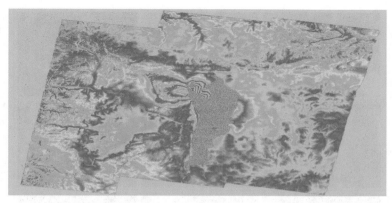

图 7.12　2021 年 Mw 6.7 图尔特地震的同震干涉图（其中湖面大部分表现为失相干）（He，Wen，2022）

可以忽略不计。三维湖冰运动在水平方向上呈现出波动的块状模式，特别是南北向分量。此外，图 7.10 中的三维位移剖面图显示，每个时期的冰流既有大尺度的波动，也有小尺度的周期性波动，波动的空间尺度为几千米到几十千米，相对位移变化也超过了 4 m。这些三维形变的差异显示，湖冰经历了复杂的时空动态变化。然而，到目前为止，还没有报道过这种与冰面运动相关的大规模三维位移。

　　湖冰的运动是一个动态过程，受当地气候条件（包括温度和风）、海潮波、水文系统和降水的制约。湖冰运动通常伴随着一系列物理现象，如开裂、碰撞、屈曲、冰堆和冰顶。在这些不同的特征中，压力脊是最主要的地形表面结构，一般连接湖泊或海湾口两侧的陆地上的两点。因此，压力脊的分布和变化对于研究冰的位移变化及其应力相互作用非常重要。遥感影像对比常用于检测目标表面纹理变化（如图 7.13 ~ 图 7.15 所示）。在图 7.13 中，显示了两张 Sentinel-2 光学图像（即 2020 年 12 月 24 日和 2021 年 1 月 8 日）中 R1—R5 周围的冰面特征以及 R1—R5 的位置。通过比较两张光学图像，表明 R1 和 R5 的位置改变了它们的表面纹理，即在 2021 年 1 月 2 日第二阶段的光学图像中出现了一条新的清晰纹理线。然而，其他大位移梯度的位置，如 R2、R3 和 R4，并没有出现类似的表面纹理变化。因此，基于三维位移特征较遥感影像纹理检测更有助于检测湖冰的运动。

　　Khovsgol 湖沿南北向发育，水从北流向南，大的压力脊沿东西向穿过湖泊（图 7.10）。第一阶段，在湖的北部观察到几条湖冰压力脊（图 7.10（b））。在图尔特地震期间和之后（即第二阶段和第三阶段），在湖的中间部分形成了一个横跨岛屿的大型重叠脊（图 7.10（d）—（i））。这些大型压力脊大多出现在 Khovsgol 湖的北部和中部地区。如图 7.16 所示，Khovsgol 湖北部和中部水深相对南部较深（深度超过 250 m），基底地形的相对起伏为 700 m。对比水深和基底地形之间的陡峭梯度变化与大型压力脊的位置，存在对应关系。可初步推断压力脊的形成模式与湖泊水深、湖泊附近的构造结构以及湖床的形态有关。形成这个对应关系的原因可能是湖面冰盖形成后，导致来自湖底沉积物的热流循环减少，从而加速湖面的冷却速度。除此之外，不同阶段的压力脊还会在空间上迁移（如图 7.10 所

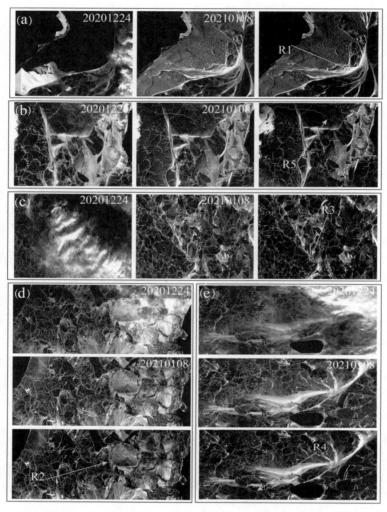

注：R1、R2、R3、R4 和 R5 为第一阶段中大型湖冰压力脊的位置。
每个子图（a）—（e）分别包括三个图像，分别为时间 1、时间 2 的光学
影像，和本研究形变观测确定的湖冰压力脊位置。

图 7.13　第一阶段 Sentinel-2 光学遥感图像纹理检测比较（He，Wen，2022）

示），可能原因是受到科里奥利加速度、海啸波和内波的影响（Kirillin et al.，2012）。然而，由于观测资料不足，建立和量化压力脊形成演化的物理过程仍然具有挑战性。

　　本案例三维位移场清晰揭示了 2021 年与 Mw 6.7 图尔特地震有关的大规模湖冰运动。比较地震前后的湖冰位移幅度变化，可以发现第二阶段（地震事件过程）的冰层位移幅度是其他阶段的 2 倍。如图 7.10(d)—(f)所示，可以看到在第二阶段发生了较大的东西向湖泊冰面位移，然而在第一阶段和第三阶段没有发现相应的位移模式和幅度（图 7.10(a)—(c)，(g)—(i)）。为了比较第二阶段发生的湖冰运动是否为季节性气候影响，利用

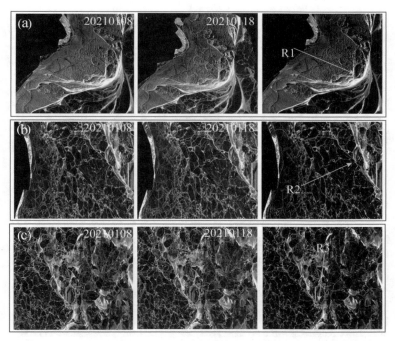

注：R1、R2 和 R3 为第二阶段中大型湖冰压力脊的位置。每个子图
（a）—（e）分别包括三个图像，分别为时间 1、时间 2 的光学影像，和
本研究形变观测确定的湖冰压力脊位置。

图 7.14 第二阶段 Sentinel-2 光学遥感图像纹理检测比较（He，Wen，2022）

2018 年 12 月 25 日至 2019 年 1 月 19 日这一时间窗口的 Sentinel-1 SAR 和 Sentinel-2 光学图像进行处理，获得 POT 观测结果及其相对的三维位移场（如图 7.17、图 7.18 所示）。考虑到湖冰形成与空气温度密切相关（Gou et al.，2017；Li et al.，2020），相似的温度气候条件下，不同年份时间窗口的湖冰运动模式与量级应该相近。在这两个时期（2018 年 12 月 25 日至 2019 年 1 月 19 日，和 2021 年 1 月 7 日至 2021 年 1 月 19 日），Khovsgol 湖的当地平均温度分别为 −26℃ 和 −21℃（https：//www. ncei. noaa. gov/maps/daily/），都低于冰点近 20℃，影响基本相似。然而，这两个时期的三维位移幅度差异有 2~3 倍，可推断 2021 年图尔特地震对 Khovsgol 湖的湖冰运动产生了重要影响，造成了整个湖面冰大面积地西向运动。USGS 给出的初始震源机制表明，2021 年 Mw 6.7 的图尔特地震就发生在 Khovsgol 湖北部的下方，震源深度为 11.5 km，发震断层的主节面为 219°/60°/78°（走向/倾角/滑动角）。响应这一正断事件的地表位移应以东西向位移为主，在这样一个封闭的湖泊中将引起沿地表位移方向的主要水体振荡。如图 7.10（d）、（f）所示，具有东西向的湖冰位移与这次地震的滑移方向密切相关。

对于冰层如何响应地震导致的水文流体动力过程，至今仍然研究甚少。海啸和地震假潮是两种可能的机制，用于解释湖泊下面发生的地震引发相当大的水体振荡时的水文流体

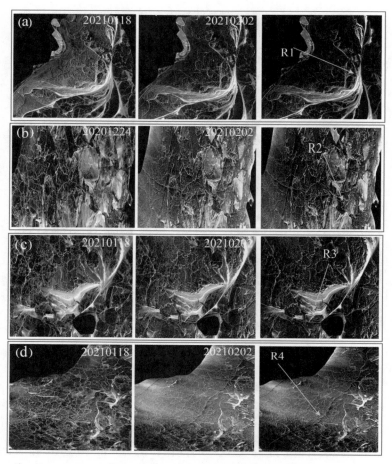

注：R1、R2、R3 和 R4 为第三阶段中大型湖冰压力脊的位置。每个子
图（a）—（e）分别包括三个图像，分别为时间 1、时间 2 的光学影像，
和本研究形变观测确定的湖冰压力脊位置。

图 7.15 第三阶段 Sentinel-2 光学遥感图像纹理检测比较（He，Wen，2022）

动力过程。海啸是一种大型的破坏性波浪，它通常是由海洋中的干扰引起的，如地震或火
山爆发。例如 2011 年 Mw 9.0 的日本冲绳地震和 2017 年 Mw 7.8 的帕鲁地震，全世界都观
察到了巨大的海啸（Mori et al.，2011；Gusman et al.，2019）。地震假潮是地震波通过湖泊
中封闭或部分封闭的水体时形成的短周期驻波。海啸也可以在一个封闭的盆地（如湖泊）
中激发地震假潮，海啸被称为由地震同震位移产生的初始波，而假潮则是湖泊内的谐波共
振。限于目前成像大地测量观测的时间分辨率，海啸和湖泊假潮都是 2021 年图尔特地震
中冰层运动的可能解释。假潮波在海啸发生后可能会持续数天，这种长时间的水体振荡会
对湖冰运动产生影响。因此，2021 年 Mw 6.7 图尔特地震触发一次罕见的海啸并驱动湖冰
运动，被影像大地测量观测记录证实。

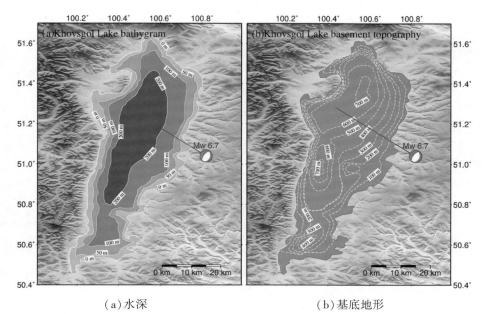

（a）水深　　　　　　　　　　　　　（b）基底地形

注：红色沙滩球代表 2021 年 Mw 6.7 图尔特地震的震源机制解。

图 7.16　水深和 Khovsgol 湖的基底地形（He，Wen，2022）

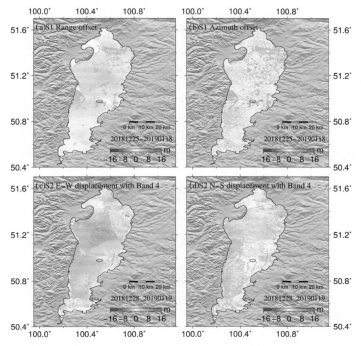

注：（a）、（b）为 SAR 图像的距离向和方位向观测，（c）、（d）为光学图像的 E-W 方向和 N-W 方向观测。

图 7.17　2018 年 12 月 25 日—2019 年 1 月 19 日时间段内 Sentinel SAR 和光学图像的像素偏移估算（He，Wen，2022）

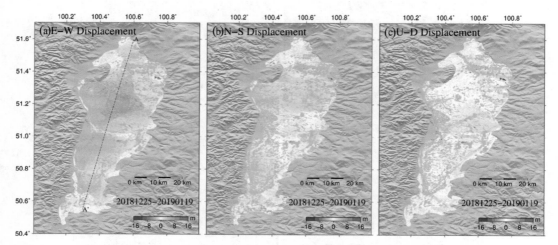

图 7.18　2018 年 12 月 25 日—2019 年 1 月 19 日时间段内 Sentinel SAR 和光学图像像素偏移估算的三维位移(He，Wen，2022)

7.1.4　小结

本案例基于 Sentinel-1 SAR 和 Sentinel-2 光学遥感数据的 POT 观测，获得 2021 年 Mw 6.7图尔特地震前、中、后的 Khovsgol 湖的冰面位移场。研究发现，由于相干性的丧失，传统 InSAR 技术不适合监测湖泊冰层的运动。结合不同观测几何的现有测量数据，得出每个时期的三维位移场，精度<2.2 m。在这三个时期中，第二阶段的三维湖冰位移量级比其他两个阶段大得多，特别是考虑到大的东西向位移-10.3~5.2 m 和北南向位移-8.7~8.5 m，这两者可能对应于由平行于湖泊长轴的正断事件引起的地震海啸。此外，三维形变场显示，压力脊可能因这次地震而发生动态变化。本案例获取的 Khovsgol 湖冰的三维位移场，为构建地震驱动湖冰运动机制研究提供了难得的观测资料。

7.2　Khovsgol 湖冰的季节性运动

季节性冰盖湖可细分为三种类型：①稳定冰湖，每年都有冰出现，每年都有结冰和化冰过程；②半稳定冰湖，每年都有冰出现，但不是每年都有全冰覆盖；③间歇性冰湖，某些年份偶尔有冰出现。季节性冰盖湖在冬季并不完全稳定，在一些季节性冰盖湖中可以观察到裂缝和冰脊，这为人类的湖上活动带来了一定的困难和危险。世界上有五大季节性冰湖系统，分别为 Lake Baikal 系统、Laurentian Great Lakes 系统、European Great Lakes Ladoga and Onego 系统、Lake systems of Fennoscandia 和 Northern Canada system。这些季节性冰湖储存了世界上大部分的地表淡水，不仅是当地居民重要的淡水资源，而且控制着当地的降水和蒸发的气候平衡，以及生态系统状态，也是大气中二氧化碳和甲烷的重要来源。由于全球气候变化的影响，整个北半球的湖冰正表现出冻结日期较晚、破裂日期较早和冰盖持续时间缩短的变化。

Khovsgol 湖是一个重要的中高纬度季节性冰盖湖泊。冬季，Khovsgol 湖的平均温度在−20℃至−25℃之间，直到 4 月中旬以后才上升到 0℃ 以上。Khovsgol 湖在每年 12 月初至次年 6 月中旬之间 6~7 个月内保持冰冻，冬季湖冰厚可达 1~1.5 m（Kouraev et al.，2019）。Khovsgol 湖是当地连通俄罗斯的交通要道，在不结冰的季节是水路通道，在冬天则是陆路通道。此外，Khovsgol 湖还是当地居民们冬季的重要活动场所。本案例利用 Sentinel-2 的光学图像来探索 Khovsgol 湖的湖冰位移。

7.2.1 数据源与 POT 估计

研究收集了时间跨度为 2020 年 12 月 7 日至 2021 年 6 月 17 日之间所有 Sentinel-2 A/B 光学影像数据，如表 7.3 所示。云层覆盖是光学遥感影像不可避免的问题，会导致图像之间失去一致性（Rosenqvist et al.，2014），表 7.3 显示这些图像云层覆盖率在 0.36%~60.9%之间。在像素偏移估计之前，所有的图像首先进行图像融合和波段提取预处理。

表 7.3　　　　　　　　　　　　　Sentinel-2 光学影像数据

传感器	获取日期	太阳天顶角/(°)	太阳高度角/(°)	含云量/%
S2B_MSIL2A	2020-12-07	74.086	170.853	23.0
S2A_MSIL2A	2020-12-12	74.595	170.363	40.8
S2B_MSIL2A	2020-12-17	74.922	169.821	42.0
S2B_MSIL2A	2020-12-27	75.007	168.653	32.6
S2A_MSIL2A	2021-01-03	74.976	165.447	60.9
S2B_MSIL2A	2021-01-08	73.564	165.169	20.3
S2A_MSIL2A	2021-01-13	72.693	164.282	32.1
S2B_MSIL2A	2021-01-18	71.925	163.493	25.8
S2A_MSIL2A	2021-01-23	70.527	162.912	54.6
S2A_MSIL2A	2021-02-02	68.152	162,235	24.8
S2B_MSIL2A	2021-02-07	67.986	161.583	21.1
S2A_MSIL2A	2021-02-12	66.409	161.189	46.6
S2B_MSIL2A	2021-02-17	64.723	160.852	36.2
S2A_MSIL2A	2021-02-22	62.948	160.560	36.6
S2B_MSIL2A	2021-02-27	61.094	160.330	53.2
S2A_MSIL2A	2021-03-04	59.181	160.133	44.5
S2B_MSIL2A	2021-03-09	57.220	159.980	56.2
S2A_MSIL2A	2021-03-14	55.230	159.851	47.1

续表

传感器	获取日期	太阳天顶角/(°)	太阳高度角/(°)	含云量/%
S2B_MSIL2A	2021-03-19	53.223	159.748	50.1
S2A_MSIL2A	2021-03-24	51.215	159.661	14.7
S2A_MSIL2A	2021-04-03	47.258	159.491	0.68
S2B_MSIL2A	2021-04-18	41.673	159.049	0.36
S2A_MSIL2A	2021-05-13	34.179	157.250	0.91
S2B_MSIL2A	2021-05-18	33.062	156.676	26.9
S2B_MSIL2A	2021-05-28	31.291	155.878	8.3
S2A_MSIL2A	2021-06-02	30.652	154.647	0.7
S2B_MSIL2A	2021-06-07	30.173	155.938	0.6
S2B_MSIL2A	2021-06-17	29.735	152.650	2.5

　　研究使用 COSI-Corr 软件包进行 POT 数据处理，该软件包是为基于像素偏移分析同震地表位移发展起来的(Ayoub et al.，2009)。在 COSI-Corr 数据处理中，选择频率相关器进行相关分析，匹配窗口为 32×32 像素，移动步长为 8，稳健性迭代为 2(数据处理流程见图 7.19)。根据信噪比，为输出的东西向和南北向位移选择了 0.9 的掩膜阈值。输出结果包括东西向和南北向分量的地面位移，以及每对图像中的相对信噪比(SNR)。之后，分别对输出结果进行去条带化和非局部均值滤波后处理，滤波窗口大小为 7×7 像素，以消除/削弱条带拼接误差、去除由云遮挡和水反射引起的离群点。最终结果显示如图 7.20 ～ 图 7.22 所示。

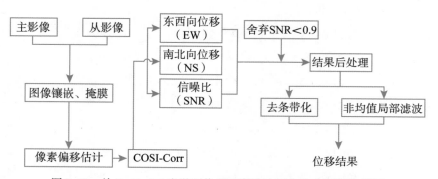

图 7.19　从 Sentinel-2 光学图像获取湖泊冰面位移变形的流程图

　　像素偏移估计策略同 7.1.1 节，在缺乏现场测量来评估移动目标的不确定性的情况下，利用稳定区域的不确定性评估代表图像所有区域的不确定度(Lacroix et al.，2019)。在每个阶段，随机选择 5 个没有地面变形的远场参考区域，并计算标准偏差和平均值(Lacroix et al.，2019)。由表 7.4 的结果发现估计的位移不确定性分别在东西向约 0.7m，南北向约 2.3 m。在融冰期（2021 年 4 月后），标准偏差变得更大，这是因为冻融循环导致 POT 观测质量下降。

表 7.4 　　　　　　　　 **Sentinel-2A／B 图像对中稳定区域位移的平均值和标准偏差**

主影像	从影像	东西向（EW）/m		南北向（NS）/m	
		平均值	标准偏差	平均值	标准偏差
20201212	20201217	0.3	1.4	1.3	1.3
20201217	20201227	−1.3	0.8	−1.9	1.4
20210108	20210113	2.3	1.0	−1.5	1.1
20210118	20210123	−0.6	0.7	−3.1	1.3
20210207	20210212	−1.0	1.2	−1.6	1.3
20210217	20210304	−2.0	0.7	1.2	1.0
20210418	20210513	−0.3	2.3	−2.2	2.3
20210513	20210518	1.7	2.1	3.0	2.0

注：每个值都是通过五个区域的平均数计算。

7.2.2 　湖冰的季节性运动特征

1. 湖冰运动的位移时间序列

Khovsgol 湖的冰期根据其变化特征分为三个阶段。第一阶段，也被称为湖冰形成期（图 7.20）。从 2020 年 12 月 7 日到 2021 年 1 月 3 日，代表湖冰的初步形成。图 7.20（A1）~（B2）显示，东西向和南北向部分的位移分别为−3.8~0.6m 和−4.3~6.2 m。位移信号分布于湖的最南端和一些周边地区，约占湖面积的 1/7。在 2020 年 12 月 7 日至 12 月 17 日期间，冰的形成是从 Khovsgol 湖的最南端开始。在 2020 年 12 月 17 日至 12 月 27 日期间，在湖的南端形成了一些新的冰并向北扩展，在东西向和南北向的位移值分别为−3.8m 和 4.3 m（图 7.20（C1）、（C2））。在 2020 年 12 月 27 日和 2021 年 1 月 3 日期间，湖的冰盖尺寸迅速向北扩展。图 7.20（D1）、（D2）显示，到 2021 年 1 月 3 日，冰层覆盖了整个湖面，北部地区的冰层位移达 12 m。由于 2021 年 1 月 3 日的云层，图 7.20（D1）、（D2）部分地区（蓝线标记）产生失相关。结果表明，第一阶段始于 2020 年 12 月 7 日，持续了约 26 天，之后其形成速度加快，冰层扩展是由南向北发展的。

第二阶段，也叫冰盖活跃期，从 2021 年 1 月 3 日到 2021 年 4 月 18 日，如图 7.21 所示。从 2021 年 1 月 3 日到 1 月 8 日，湖面冰层呈现整体运动，向北位移值为 9.5 m，向西位移值为 7.8 m。从 2021 年 1 月 8 日到 1 月 13 日，东西向位移范围为−3.1~2.9 m（图 7.21（B1）），南北向位移范围为−4~6 m（图 7.21（B2）），并在湖的北部（约 51.5°N）和小岛附近（约 51.0°N）形成了两个明显的位移梯度，使得湖冰运动呈块状分布。到 2021 年 1 月 18 日（图 7.21（C1）、（C2）），小岛附近南北向的湖冰位移增加到−8.1~2.2 m，运动区

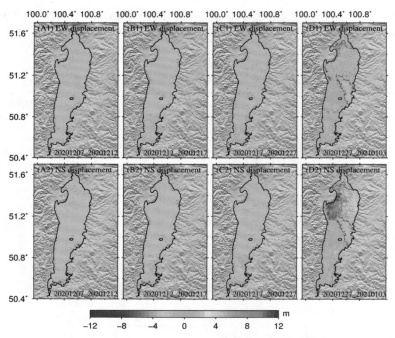

注：图中蓝色虚线标记的区域是由于云层遮挡而导致的信号缺

失，东和北方向位移定义为正。

图 7.20　（A1）~（D2）表示第一阶段 Khovsgol 湖在东西向和南北向的水平位移结果（Zhang et al.，2021）

域向北扩大。但在东西向分量中，湖冰运动趋于稳定，湖心区向西位移达到 8.1 m（湖面最深区域）。2021 年 1 月 18 日至 2 月 22 日，湖冰运动活跃，位移的梯度变化明显。1 月 18 日至 23 日，湖冰向西移动达 4.2 m，向北移动达 6 m（图 7.21（D1）、（D2））。2 月 22 日至 3 月 9 日，湖冰移动趋势较弱，位移值为 2.4 m 左右。在这一阶段，南北向和东西向分量位移值大部分日期显示了-12~12 m 之间的位移活动（图 7.21（B1）、（B2）、（E1）、（E2）、（F1）、（F2）、（H1）、（H2）），其余部分日期的位移量级较小（图 7.21（J1）、（J2）、（K1）、（K2））。也就是说，Khovsgol 湖大部分时间都有很强的水文水动力过程。此外，这些湖冰的变化显示出明显的南北向块状特征。图 7.21 还显示了一些失相干性的小区域，分别为云层覆盖（图 7.21（E1）~（F2））和积雪覆盖导致的失相干（图 7.21（P1）~（Q2））。由于监测时间段内不时有降雪，湖面散射特征在短时间内变化过快，从而导致无法追踪像素。在图 7.21 的大部分观测时间段内，南北向的位移都比东西向大得多。

第三阶段是冰雪融化期，从 2021 年 4 月 18 日开始（图 7.22）。在这个阶段，由于相干性较差，使用 POT 对湖冰的运动监测质量较差。如图 7.22 所示，在冰盖的大部分区域没有发现信号，少数区域的位移测量值显示了一些异常值。至 6 月份湖冰最终消失的时候（图 7.22（F1）、（F2）），湖岸周围测量的位移值大约为-1.2~-1.1 m。观测质量下降的原因有两个方面：一是 4 月和 5 月的高云层覆盖率导致 POT 处理失败；二是这一阶段冻融循环加强，即在白天融化的雪和水填满了湖冰的内部裂缝，在夜间温度为负值时这些裂缝

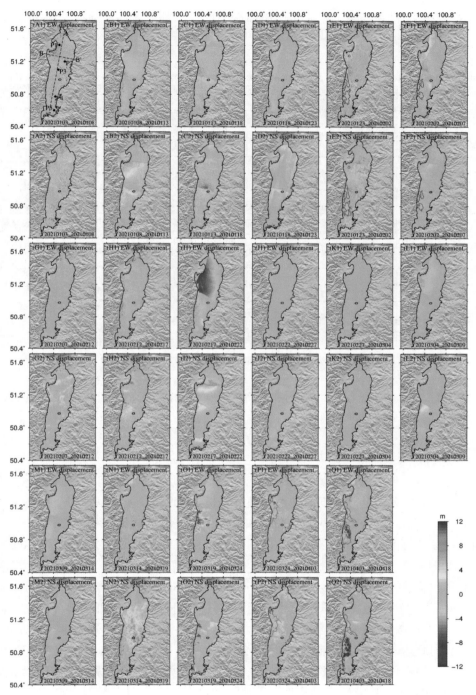

注：图(A1)中的点 P1—P5 和虚线 *AA'* 和 *BB'* 被用于后续章节的位移特征分析。图中蓝色虚线标注的区域是由于云层遮挡造成的信号缺失。标示的红线是由冰雪混合物造成的。东和北方向位移定义为正。

图 7.21 第二阶段 Khovsgol 湖表面在东西向和南北向的水平位移结果(Zhang et al.，2021)

又被冻结了，这个过程导致了湖冰表面粗糙度的增加以及散射性增强，这给 POT 估计带来了困难和错误。

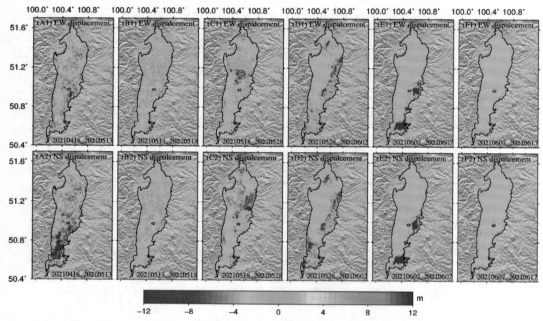

图 7.22　第三阶段 Khovsgol 湖在东西向和南北向的水平位移结果(东和北方向位移定义为正)
　　　　　(Zhang et al.，2021)

2. 冰封期湖冰运动特征

为了探讨第二阶段(即湖面完全被冰覆盖)冰面运动的详细时间和空间变化，选择了基于点位的时间序列位移和沿剖面的位移进行分析。图 7.21(A1)中的五个点至北部的三个点(P1、P2 和 P3)和南部的两个点(P4 和 P5)，被选出来显示累积位移，如图 7.23 所示。同时计算了每个点的累积东西向和南北向分量，结果分别见图 7.23(a)、(c)、(e)、(g)、(i)和图 7.23(b)、(d)、(f)、(h)、(j)。靠近湖泊西北岸的 P1 表示东西向和南北向部分的累积位移，范围分别为-9.8~7.9 m 和-0.8~5.8 m。可以看出，P1 的位移趋势从东部方向开始，然后在东西向分量中转为西部方向。同时，在南北向部分，它一直向北移动，在 2021 年 2 月 12 日达到最大位移 5.8 m。P2 在两个组成部分中的运动方向单一，继续向西和向北运动，累积位移值分别为 16m 和 10 m。P3 在 1 月 8 日累积东移达到 6 m。在南北向的位移变化比东西向方向平静，从第二阶段开始到结束的累积位移约为 0 m；在东西向方向，P4 在 1 月份没有明显变化，但从 2021 年 2 月 2 日开始缓慢向东移动，直到位移值达到 10.9 m；P5 在第二阶段表现平静，没有呈现明显的大位移运动。

3. 冰面地形特征

在对 Khovsgol 湖进行时间序列的冰层位移测量时，在 Sentinel-2 的图像中直观地观察到大量的冰脊或冰丘，湖面上有隆起的结构，其中一些是孤立的，一些则被组合串联成

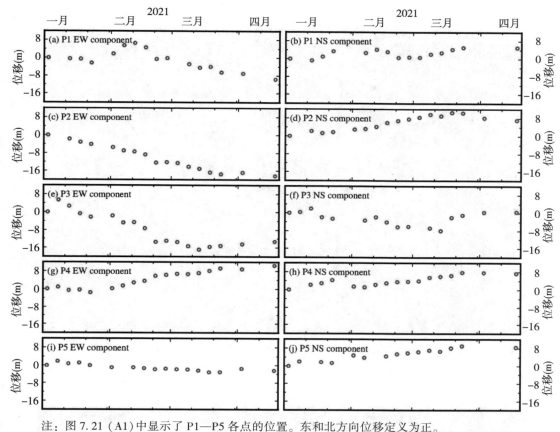

注：图 7.21（A1）中显示了 P1—P5 各点的位置。东和北方向位移定义为正。

图 7.23　P1—P5 的累积位移监测结果的时间序列（Zhang et al.，2021）

"山脉"。在大中型湖泊中，冰层变得可移动，当冰层厚度大幅减少或风速增加时，可以观察到冰层底部的适度隆起。例如，在 2002 年 3 月 15 日和 19 日对爱沙尼亚/俄罗斯 Peipsi 湖（59°N，27°E）的湖冰研究中，有学者（Wang et al.，2006）观察到该湖南部的冰盖在强风的影响下破裂，而湖的北部则经历了隆起，其现象类似于在 Khovsgol 湖观察到的冰丘。图 7.24 显示了 Khovsgol 湖的湖冰在不同时期的纹理特征。这些大冰脊大多横跨湖面，由多条冰脊组合而成，形成类似山脉的结构。这些横跨湖面的冰脊大多是在湖的北部和中部观察到的，不过在湖的最南端发现了沿南北方向产生的冰脊（图 7.24(p) ~ (t)）。通过比较多个时间段的 Sentinel-2 图像，发现在 2020 年 1 月 8 日至 3 月 4 日期间，冰面上的冰脊和冰丘在外形和位置上没有明显变化。然而，随着时间的推移，冰脊周围出现了新的裂缝或旧的裂缝加深并变得明显（图 7.24(c)、(e)、(h)、(m)、(r)；用红线说明），特别是在 2 月 7 日以后。冰盖上的这些裂缝通常延伸数十至数百米或更多，形成一个复杂的网络，使冰上航行更加困难。裂缝的宽度从 0.1 ~ 0.2 m 到 >4 m 不等，大多数集中于 0.5 ~ 2 m。白天，融化的雪和水填满了湖冰的内部裂缝，在夜间温度为负值时，这些裂缝就会结冰。图 7.25 为 Khovsgol 湖在不同时间真彩色图像揭示的湖面遥感图像变化特征。

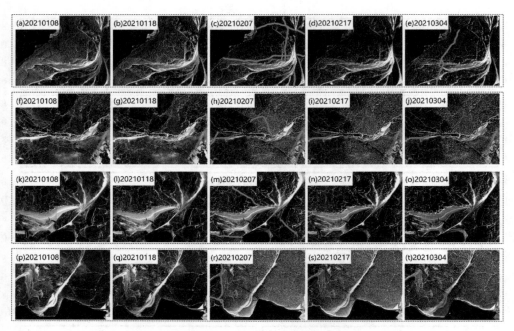

图 7.24　通过 Sentinel-2 遥感图像观察到的冰脊和冰裂缝（红线代表出现或加深的裂缝）
（Zhang et al.，2021）

(a) stage1 20201212　(b) stage2 20210113　(c) stage2 20210403　(d) stage3 20210503　(e) stage3 20210602

注：图(a)显示湖面从南边开始结冰，而北边仍然是水。图(b)显示冰盖已经完全覆盖整个湖面，冰脊/冰丘清晰可见。红色区域是选定的稳定区域。图(c)显示了 4 月份湖面上强烈的太阳辐射，在冰面上形成了气泡和空气通道，使冰面呈现出白色。图(d)显示了一个被云层遮挡的例子。图(e)显示了湖面上的冰块从北面破裂。

图 7.25　Khovsgol 湖在不同时间的真彩色图像(Zhang et al.，2021)

7.2.3　小结

　　本案例利用 Sentinel-2 光学遥感图像与亚像素偏移技术，得到了 2020 年 12 月 7 日至 2021 年 6 月 17 日的湖冰时间序列位移，以描述蒙古国 Khovsgol 湖冰的时空分布和运动特征。Sentinel-2 在近红外波段表现良好，对湖冰运动的水平位移可以达到约 1/10 像素的精度。研究发现，Khovsgol 湖的冰盖动态与在其他地方观察到的类似。由于全球变暖的长期影响，湖冰出现得比较晚。此外，每年的湖冰量受到区域气候因素的影响，如当地温度和风速。当前监测结果显示，湖冰形成的第一阶段持续了 26 天，第二阶段持续了近 4 个月，而第三阶段持续了 2 个月。在第二阶段，湖冰的移动很明显，水平方向的位移值高达 12 m。在第三阶段，POT 效果较差，因为影像特征受到冰封湖面物理特性的影响。值得注意的是，冰脊和冰裂缝在积累期出现，在此期间，冰封的 Khovsgol 湖不是一个安全和稳定的陆地运输路线，特别是在晚春之后，湖冰伴随冻融循环。

参 考 文 献

[1] 陈国浒, 单新建, Moon W M, 等. 基于 InSAR、GPS 形变场的长白山地区火山岩浆囊参数模拟研究 [J]. 地球物理学报, 2008, 51 (4): 1085-1092.

[2] 陈杰, 丁国瑜. 中国西南天山山前的晚新生代构造与地震活动 [J]. 中国地震, 2001, 17 (2): 134-135.

[3] 陈运泰, 林邦慧, 黄立人, 等. 用大地测量资料反演的 1976 年唐山地震的位错模式 [J]. 地球物理学报, 1979, 22 (3): 201-217.

[4] 程万正, 刁桂苓, 吕弋培, 等. 川滇地块的震源力学机制, 运动速率和活动方式 [J]. 地震地质, 2003, 25 (1): 71-87.

[5] 杜建军, 马寅生, 谭成轩, 等. 京津地区区域地壳稳定性评价 [J]. 地球学报, 2008, 29 (4): 502-509.

[6] 国家地震局震害防御司. 中国近代地震目录 [M]. 北京: 地震出版社, 1999.

[7] 国家地震局震害防御司. 中国历史强震目录 [M]. 北京: 地震出版社, 1995.

[8] 韩宇飞, 宋小刚, 单新建, 等. D-InSAR 技术在长白山天池火山形变监测中的误差分析与应用 [J]. 地球物理学报, 2010, 53 (7): 1571-1579.

[9] 何平, 许才军, 乔学军, 等. 鲜水河与龙门山断层 CR 布设与识别 [J]. 武汉大学学报 (信息科学版), 2012, 37 (3): 306-309.

[10] 何平, 温扬茂, 许才军, 等. 用多时相 InSAR 技术研究廊坊地区地下水体积变化 [J]. 武汉大学学报 (信息科学版), 2012, 37 (10): 1181-1185.

[11] 何平. 时序 InSAR 的误差分析及应用研究 [D]. 武汉: 武汉大学, 2014.

[12] 何平, 许才军, 温扬茂, 等. 时序 InSAR 的误差模型建立及模拟研究 [J]. 武汉大学学报 (信息科学版), 2016, 41 (6): 752-758.

[13] 何庆成, 刘文波, 李志明. 华北平原地面沉降调查与监测 [J]. 高校地质学报, 2006, 12 (2): 195-209.

[14] 河北省廊坊水文水资源勘测局, 等. 廊坊市水资源评价 [R]. 2007.

[15] 胡亚轩, 王庆良, 崔笃信, 等. Mogi 模型在长白山天池火山区的应用 [J]. 地震地质, 2007, 29 (1): 144.

[16] 胡亚轩, 王庆良, 崔笃信, 等. 长白山火山区几何形变的联合反演 [J]. 大地测量与地球动力学, 2004, 24 (4): 90-94.

[17] 雷显权, 陈运平, 赵俊猛, 等. 天山造山带深部探测及地球动力学研究进展 [J]. 地球物理学进展, 2012, 27 (2): 417-428.

[18] 刘国明,孙鸿雁,郭峰. 长白山火山最新监测信息 [J]. 岩石学报,2011,27(10): 2905-2911.

[19] 刘若新,李霓. 火山与地震 [M]. 北京:地震出版社,2005.

[20] 龙思胜,赵珠. 鲜水河,龙门山和安宁河三大断裂交汇地区震源应力场特征 [J]. 地震学报,2000,22(5):457-464.

[21] 宁津生. 现代大地测量的发展 [J]. 测绘软科学研究,1997,2:2-7.

[22] 钱俊锋,肖安成,程晓敢,等. 喀什北缘南天山冲断带构造变形分析 [J]. 中国矿业大学学报,2008,37(4):538-544.

[23] 乔学军. 中国西部活动断层的 InSAR/GPS 观测与构造活动研究 [J]. 国际地震动态,2011(3):36-37.

[24] 秦大河,姚檀栋,丁永建,等. 冰冻圈科学体系的建立及其意义 [J]. 中国科学院院刊,2020,35(4):393-406.

[25] 沈军,赵瑞斌,李军. 塔里木盆地西北缘河流阶地变形测量与地壳缩短速率 [J]. 科学通报,2001,46(4):334-338.

[26] 孙和平,徐建桥,江利明,等. 现代大地测量及其地学应用研究进展 [J]. 中国科学基金,2018,32(2):131-140.

[27] 汤吉,邓前辉,赵国泽,等. 长白山天池火山区电性结构和岩浆系统 [J]. 地震地质,2001,23(2):191.

[28] 田勤俭,丁国瑜,郝平. 南天山及塔里木北缘构造带西段地震构造研究 [J]. 地震地质,2006,28(2):213.

[29] 王敏,沈正康,甘卫军,等. GPS 连续监测鲜水河断裂形变场动态演化 [J]. 中国科学:D 辑,2008,38(5):575-581.

[30] 王琪,丁国瑜,乔学军,等. 用 GPS 研究南天山(伽师)地区现今地壳变形 [J]. 地震学报,2000,22(3):263-270.

[31] 王琪,乔学军,游新兆. 中国地震大地测量:半个世纪的历程与科学贡献 [J]. 中国地震,2020,36(4):647-659.

[32] 魏子卿,葛茂荣. GPS 相对定位的数学模型 [M]. 北京:测绘出版社,1998.

[33] 温扬茂,何平,许才军,等. 联合 Envisat 和 ALOS 卫星影像确定 L'Aquila 地震震源机制 [J]. 地球物理学报,2012,55(1):53-65.

[34] 温扬茂,许才军,李振洪,等. InSAR 约束下的 2008 年汶川地震同震和震后形变分析 [J]. 地球物理学报,2014,57(6):1814-1824.

[35] 徐锡伟,闻学泽,陈桂华,等. 巴颜喀拉地块东部龙日坝断裂带的发现及其大地构造意义 [J]. 中国科学:D 辑,2008,38(5):529-542.

[36] 许才军,申文斌,晁定波. 地球物理大地测量学原理与方法 [M]. 武汉:武汉大学出版社,2006.

[37] 许才军,张朝玉. 地壳形变测量与数据处理 [M]. 武汉:武汉大学出版社,2009.

[38] 许才军,何平,温扬茂. 利用 PSInSAR 研究意大利 Etna 火山的地表形变 [J]. 武汉

大学学报（信息科学版），2011，36（9）：1012-1016.

[39] 许才军，何平，温扬茂，等．日本 2011 Tohoku-Oki Mw 9.0 级地震的同震形变及其滑动分布反演：GPS 和 InSAR 约束 [J]．武汉大学学报（信息科学版），2012，37（12）：1387-1391.

[40] 许文斌，李志伟，丁晓利，等．利用 InSAR 短基线技术估计洛杉矶地区的地表时序形变和含水层参数 [J]．地球物理学报，2012，55（2）：452-461.

[41] 杨成生，侯建国，季灵运，等．InSAR 中人工角反射器方法的研究 [J]．测绘工程，2008，17（4）：12-14.

[42] 杨少敏，李杰，王琪．GPS 研究天山现今变形与断层活动 [J]．中国科学：D 辑，2008，38（7）：872-880.

[43] 杨永林，苏琴．鲜水河断裂带现今活动特征研究 [J]．大地测量与地球动力学，2007，27（6）：22-27.

[44] 袁霜，何平，温扬茂，等．综合 InSAR 和应变张量估计 2016 年 Mw 7.0 熊本地震同震三维形变场 [J]．地球物理学报，2020，63（4）：1340-1356.

[45] 杨卓欣，张先康，赵金仁，等．长白山天池火山区三维地壳结构层析成像 [J]．地球物理学报，2005，48（1）：107-115.

[46] 姚国清，母景琴．D-InSAR 技术在地面沉降监测中的应用 [J]．地学前缘，2008，15（4）：239-243.

[47] 姚宜斌，杨元喜，孙和平，等．大地测量学科发展现状与趋势 [J]．测绘学报，2020，49（10）：9.

[48] 易立新，侯建伟，李子木，等．河北省廊坊市地面沉降调查 [J]．中国地质灾害与防治学报，2005，16（4）：65-68.

[49] 张晁军，曹建玲，石耀霖．从震后形变探讨青藏高原下地壳黏滞系数 [J]．中国科学：D 辑，2008，38（10）：1250-1257.

[50] 张成科，张先康，赵金仁，等．长白山天池火山区及邻近地区壳幔结构探测研究 [J]．地球物理学报，2002，45（6）：812-820.

[51] 张培震，邓起东，杨晓平，等．天山的晚新生代构造变形及其地球动力学问题 [J]．中国地震，1996，12（2）：127-140.

[52] 张培震，徐锡伟，闻学泽，等．2008 年汶川 8.0 级地震发震断裂的滑动速率，复发周期和构造成因 [J]．地球物理学报，2008，51（4）：1066-1073.

[53] 张勤，黄观文，杨成生．地质灾害监测预警中的精密空间对地观测技术 [J]．测绘学报，2017，46（10）：8.

[54] 张勇，冯万鹏，许力生，等．2008 年汶川大地震的时空破裂过程 [J]．中国科学：D 辑，2008，38（10）：1186-1194.

[55] 张震，黄丹妮，陆艺杰，等．1989—2020 年基于 Landsat 的东帕米尔高原冰川运动速度数据集 [J]．中国科学数据（中英文网络版），2021.

[56] 赵瑞斌，李军．喀什坳陷北缘活动断裂与古地震初步研究 [J]．地震学报，2000，22

（3）：327-331.

［57］ 中国地震局地震应急救灾局. 2006—2010 中国大陆地震灾害损失汇编［M］. 北京：地震出版社，2015.

［58］ 周荣军，何玉林，杨涛，等. 鲜水河-安宁河断裂带磨西-冕宁段的滑动速率与强震位错［J］. 中国地震，2001，17（3）：253-262.

［59］ 周硕愚，吴云，江在森，等. 地震大地测量学［M］. 武汉：武汉大学出版社，2017.

［60］ 朱桂芝，王庆良，石耀霖，等. 各向同性膨胀点源模拟长白山火山区岩浆囊压力变形源［J］. 地球物理学报，2008，51（1）：108-115.

［61］ Albino F, Biggs J, Syahbana D K. Dyke intrusion between neighbouring arc volcanoes responsible for 2017 pre-eruptive seismic swarm at Agung［J］. Nature communications，2019，10（1）：1-11.

［62］ Albino F, Biggs J, Yu C, et al. Automated Methods for Detecting Volcanic Deformation Using Sentinel-1 InSAR Time Series Illustrated by the 2017—2018 Unrest at Agung, Indonesia［J］. Journal of Geophysical Research：Solid Earth，2020，125（2）：e2019JB017908.

［63］ Allard P, Behncke B, D'Amico S, et al. Mount Etna 1993—2005：Anatomy of an evolving eruptive cycle［J］. Earth-Science Reviews，2006，78（1-2）：85-114.

［64］ Allen M B, Vincent S J, Wheeler P J. Late Cenozoic tectonics of the Kepingtage thrust zone：interactions of the Tien Shan and Tarim Basin, northwest China［J］. Tectonics，1999，18（4）：639-654.

［65］ Allmendinger R W, Loveless J P, Pritchard M E, et al. From decades to epochs：Spanning the gap between geodesy and structural geology of active mountain belts［J］. Journal of Structural Geology，2009，31（11）：1409-1422.

［66］ Ammon C J, Lay T, Kanamori H, et al. A rupture model of the 2011 off the Pacific coast of Tohoku Earthquake［J］. Earth, Planets and Space，2011，63（7）：693-696.

［67］ Anantrasirichai N, Biggs J, Albino F, et al. A deep learning approach to detecting volcano deformation from satellite imagery using synthetic datasets［J］. Remote Sensing of Environment，2019a，230：111179.

［68］ Anantrasirichai N, Biggs J, Albino F, et al. Application of machine learning to classification of volcanic deformation in routinely generated InSAR data［J］. Journal of Geophysical Research：Solid Earth，2018，123（8）：6592-6606.

［69］ Anantrasirichai N, Biggs J, Albino F, et al. The application of convolutional neural networks to detect slow, sustained deformation in InSAR time series［J］. Geophysical Research Letters，2019b，46（21）：11850-11858.

［70］ Andersen J K, Kusk A, Boncori J P M, et al. Improved ice velocity measurements with Sentinel-1 TOPS interferometry［J］. Remote Sensing，2020，12（12）：2014.

［71］ Anderssohn J, Wetzel H U, Walter T R, et al. Land subsidence pattern controlled by old alpine basement faults in the Kashmar Valley, northeast Iran: results from InSAR and levelling [J]. Geophysical Journal International, 2008, 174 (1): 287-294.

[72] Ansari H, Ruβwurm M, Ali M, et al. InSAR Displacement Time Series Mining: A Machine Learning Approach [C]. 2021 IEEE International Geoscience and Remote Sensing Symposium IGARSS. IEEE, 2021: 3301-3304.

[73] Antolik M, Abercrombie R E, Ekström G. The 14 November 2001 Kokoxili (Kunlunshan), Tibet, earthquake: Rupture transfer through a large extensional step-over [J]. Bulletin of the Seismological Society of America, 2004, 94 (4): 1173-1194.

[74] Anzidei M, Boschi E, Cannelli V, et al. Coseismic deformation of the destructive April 6, 2009 L'Aquila earthquake (central Italy) from GPS data [J]. Geophysical Research Letters, 2009, 36 (17): 1-5.

[75] Ortega, F. Displacement and Velocity Results 3/11/2011 (Mw 9.0), Tohoku-oki, Japan [OL]. 2011. Available: http://tectonics.caltech.edu/slip_history/2011_taiheiyo-oki/Displacement/, 2011.

[76] Aryal A, Brooks B A, Reid M E, et al. Displacement fields from point cloud data: Application of particle imaging velocimetry to landslide geodesy [J]. Journal of Geophysical Research: Earth Surface, 2012, 117 (F1): 1-15.

[77] Asano K, Iwata T. Source rupture processes of the foreshock and mainshock in the 2016 Kumamoto earthquake sequence estimated from the kinematic waveform inversion of strong motion data [J]. Earth, Planets and Space, 2016, 68 (1): 1-11.

[78] Atzori S, Hunstad I, Chini M, et al. Finite fault inversion of DInSAR coseismic displacement of the 2009 L'Aquila earthquake (central Italy) [J]. Geophysical Research Letters, 2009, 36 (15): 1-6.

[79] Auker M R, Sparks R S J, Siebert L, et al. A statistical analysis of the global historical volcanic fatalities record [J]. Journal of Applied Volcanology, 2013, 2 (1): 1-24.

[80] Avouac J P, Ayoub F, Wei S, et al. The 2013, Mw 7.7 Balochistan earthquake, energetic strike-slip reactivation of a thrust fault [J]. Earth and Planetary Science Letters, 2014, 391: 128-134.

[81] Ayoub F, Leprince S, Keene L. User's guide to COSI-CORR co-registration of optically sensed images and correlation [J]. California Institute of Technology: Pasadena, CA, USA, 2009, 38: 495.

[82] Bagdassarov N, Batalev V, Egorova V. State of lithosphere beneath Tien Shan from petrology and electrical conductivity of xenoliths [J]. Journal of Geophysical Research: Solid Earth, 2011, 116 (B1): 1-22.

[83] Bai L, Jiang L, Wang H, et al. Spatiotemporal characterization of land subsidence and uplift (2009—2010) over wuhan in central china revealed by terrasar-X insar analysis [J]. Remote Sensing, 2016, 8 (4): 350.

［84］ Bari š in I, Hinojosa-Corona A, Parsons B. Co-seismic vertical displacements from a single post-seismic lidar DEM: example from the 2010 El Mayor-Cucapah earthquake ［J］. Geophysical Journal International, 2015, 202 （1）: 328-346.

［85］ Battaglia M, Cervelli P F, Murray J R. dMODELS: A MATLAB software package for modeling crustal deformation near active faults and volcanic centers ［J］. Journal of Volcanology and Geothermal Research, 2013, 254: 1-4.

［86］ Bawden G W, Thatcher W, Stein R S, et al. Tectonic contraction across Los Angeles after removal of groundwater pumping effects ［J］. Nature, 2001, 412 （6849）: 812-815.

［87］ Beauducel F, Lafon D, Béguin X, et al. WebObs: The volcano observatories missing link between research and real-time monitoring ［J］. Frontiers in Earth Science, 2020, 8: 48.

［88］ Beavan J, Fielding E, Motagh M, et al. Fault location and slip distribution of the 22 February 2011 Mw 6. 2 Christchurch, New Zealand, earthquake from geodetic data ［J］. Seismological Research Letters, 2011, 82 （6）: 789-799.

［89］ Beavan J, Samsonov S, Denys P, et al. Oblique slip on the Puysegur subduction interface in the 2009 July MW 7. 8 Dusky Sound earthquake from GPS and InSAR observations: implications for the tectonics of southwestern New Zealand ［J］. Geophysical Journal International, 2010, 183 （3）: 1265-1286.

［90］ Bechor N B D, Zebker H A. Measuring two-dimensional movements using a single InSAR pair ［J］. Geophysical research letters, 2006, 33 （16）: 1-5.

［91］ Bendick R, McKenzie D, Etienne J. Topography associated with crustal flow in continental collisions, with application to Tibet ［J］. Geophysical Journal International, 2008, 175 （1）: 375-385.

［92］ Berardino P, Fornaro G, Fusco A, et al. A new approach for analyzing the temporal evolution of Earth surface deformations based on the combination of DIFSAR interferograms ［C］. IGARSS 2001. Scanning the Present and Resolving the Future. Proceedings. IEEE 2001 International Geoscience and Remote Sensing Symposium (Cat. No. 01CH37217). IEEE, 2001, 6: 2551-2553.

［93］ Berardino P, Fornaro G, Lanari R, et al. A new algorithm for surface deformation monitoring based on small baseline differential SAR interferograms ［J］. IEEE Transactions on geoscience and remote sensing, 2002, 40 （11）: 2375-2383.

［94］ Berg A, Dammert P, Eriksson L E B. X-band interferometric SAR observations of Baltic fast ice ［J］. IEEE Transactions on Geoscience and Remote Sensing, 2014, 53 （3）: 1248-1256.

［95］ Bergen K J, Johnson P A, de Hoop M V, et al. Machine learning for data-driven discovery in solid Earth geoscience ［J］. Science, 2019, 363 （6433）: 1.

［96］ Besl P J, McKay N D. Method for registration of 3-D shapes ［C］. Sensor fusion IV: control paradigms and data structures. Spie, 1992, 1611: 586-606.

[97] Biggs J, Burgmann R, Freymueller J T, et al. The postseismic response to the 2002 M 7. 9 Denali Fault earthquake: Constraints from InSAR 2003-2005 [J]. Geophysical Journal International, 2009, 176 (2): 353-367.

[98] Biggs J, Pritchard M E. Global volcano monitoring: what does it mean when volcanoes deformation [J]. Elements, 2017, 13 (1): 17-22.

[99] Biggs J, Wright T, Lu Z, et al. Multi-interferogram method for measuring interseismic deformation: Denali Fault, Alaska [J]. Geophysical Journal International, 2007, 170 (3): 1165-1179.

[100] Bo M X. Seismogeological characteristics of the atushi area [J]. Inland Earthq, 1987, 1 (2): 135-145.

[101] Bountos N I, Michail D, Papoutsis I. Learning class prototypes from Synthetic InSAR with Vision Transformers [J]. arXiv preprint arXiv: 2201. 03016, 2022.

[102] Bragin V D, Batalev V Y, Zubovich A V, et al. Signature of neotectonic movements in the geoelectric structure of the crust and seismicity distribution in the central Tien Shan [J]. Geologiya i Geofizika (Russian Geology and Geophysics), 2001, 42 (10): 1610-1621.

[103] Braitenberg C, Wang Y, Fang J, et al. Spatial variations of flexure parameters over the Tibet-Qinghai plateau [J]. Earth and Planetary Science Letters, 2003, 205 (3-4): 211-224.

[104] Brengman C M J, Barnhart W D. Identification of surface deformation in InSAR using machine learning [J]. Geochemistry, Geophysics, Geosystems, 2021, 22 (3): 1-15.

[105] Brezhnev V D. Age and structure of the Tarim basement [J]. Transactions of the USSR Academy of Sciences-Earth Science Sections, 1995, 335 (3): 87-92.

[106] Brown E T, Bourlès D L, Raisbeck G M, et al. Estimation of slip rates in the southern Tien Shan using cosmic ray exposure dates of abandoned alluvial fans [J]. Geological Society of America Bulletin, 1998, 110 (3): 377-386.

[107] Brown L G. A survey of image registration techniques [J]. ACM computing surveys (CSUR), 1992, 24 (4): 325-376.

[108] Brown S K, Auker M R, Sparks R S J. Populations around Holocene volcanoes and development of a Population Exposure Index [J]. Global volcanic hazards and risk, 2015a: 223-232.

[109] Brown S, Loughlin S, Sparks S, et al. Global volcanic hazard and risk [M] //Global volcanic hazards and risk. Cambridge University Press, 2015b: 81-172.

[110] Burchardt S. Introduction to volcanic and igneous plumbing systems—Developing a discipline and common concepts [M]. Volcanic and igneous plumbing systems. Elsevier, 2018: 1-12.

[111] Bürgmann R, Dresen G. Rheology of the lower crust and upper mantle: Evidence from

rock mechanics, geodesy, and field observations [J]. Annual Review of Earth and Planetary Sciences, 2008, 36 (1): 531-567.

[112] Bürgmann R, Ergintav S, Segall P, et al. Time-space Variable Afterslip on and Deep Below the Izmit Earthquake Rupture [J]. Bull. Seism. Soc. Am. , 2002, 92: 126-137.

[113] Bürgmann R, Rosen P A, Fielding E J. Synthetic aperture radar interferometry to measure Earth's surface topography and its deformation [J]. Annual review of earth and planetary sciences, 2000, 28 (1): 169-209.

[114] Buslov M M, De Grave J, Closson D. Seismic hazard in Tien Shan: basement structure control over the deformation induced by Indo-Eurasia collision [J]. Tectonics, 2011, 199-224.

[115] Calais E, Vergnolle M, San'Kov V, et al. GPS measurements of crustal deformation in the Baikal-Mongolia area (1994—2002): Implications for current kinematics of Asia [J]. Journal of Geophysical Research: Solid Earth, 2003, 108 (B10): 1-13.

[116] Center N A W. Electronic warfare and radar systems engineering handbook [J]. Electronic Warfare Division, Pont Mugu, CA, 1997: 1-298.

[117] Cheloni D, D'agostino N, D'anastasio E, et al. Coseismic and initial post-seismic slip of the 2009 Mw 6. 3 L'Aquila earthquake, Italy, from GPS measurements [J]. Geophysical Journal International, 2010, 181 (3): 1539-1546.

[118] Chen A C, Zebker H A. Reducing ionospheric effects in InSAR data using accurate coregistration [J]. IEEE transactions on geoscience and remote sensing, 2014, 52 (1): 60-70.

[119] Chen C W, Zebker H A. Phase unwrapping for large SAR interferograms: Statistical segmentation and generalized network models [J]. IEEE Transactions on Geoscience and Remote Sensing, 2002, 40 (8): 1709-1719.

[120] Chen C W, Zebker H A. Two-dimensional phase unwrapping with use of statistical models for cost functions in nonlinear optimization [J]. JOSA A, 2001, 18 (2): 338-351.

[121] Chen F, Lin H, Li Z, et al. Interaction between permafrost and infrastructure along the Qinghai-Tibet Railway detected via jointly analysis of C-and L-band small baseline SAR interferometry [J]. Remote sensing of environment, 2012, 123: 532-540.

[122] Chen Y, Medioni G. Object modelling by registration of multiple range images [J]. Image and vision computing, 1992, 10 (3): 145-155.

[123] Chiba T. Post-Kumamoto earthquake (16 April 2016) rupture lidar scan airborne lidar survey [J]. Air Asia Survey Co. , Ltd, distributed by OpenTopography. 2018b.

[124] Chiba T. Pre-Kumamoto Earthquake (16 April 2016) Rupture LiDAR Scan [J]. OpenTopography, 2018a.

[125] Chinnery M A. The deformation of the ground around surface faults [J]. Bulletin of the

Seismological Society of America, 1961, 51 (3): 355-372.

[126] Chlieh M, Avouac J P, Hjorleifsdottir V, et al. Coseismic slip and afterslip of the great Mw 9. 15 Sumatra-andaman earthquake of 2004 [J]. Bulletin of the Seismological Society of America, 2007, 97 (1A): S152-S173.

[127] Choiński A, Ptak M, Skowron R, et al. Changes in ice phenology on polish lakes from 1961 to 2010 related to location and morphometry [J]. Limnologica, 2015, 53: 42-49.

[128] Cirella A, Piatanesi A, Cocco M, et al. Rupture history of the 2009 L'Aquila (Italy) earthquake from non-linear joint inversion of strong motion and GPS data [J]. Geophysical Research Letters, 2009, 36 (19): 1-5.

[129] Clark M K, Royden L H. Topographic ooze: Building the eastern margin of Tibet by lower crustal flow [J]. Geology, 2000, 28 (8): 703-706.

[130] Clarke P J, Paradissis D, Briole P, et al. Geodetic investigation of the 13 May 1995 Kozani-Grevena (Greece) earthquake [J]. Geophysical Research Letters, 1997, 24 (6): 707-710.

[131] Cook K L, Royden L H. The role of crustal strength variations in shaping orogenic plateaus, with application to Tibet [J]. Journal of Geophysical Research: Solid Earth, 2008, 113 (B8): 1-18.

[132] Coppola D, Laiolo M, Cigolini C, et al. Thermal remote sensing for global volcano monitoring: experiences from the MIROVA system [J]. Frontiers in Earth Science, 2020, 7: 362.

[133] Currenti G, Bonaccorso A, Del Negro C, et al. Elasto-plastic modeling of volcano ground deformation [J]. Earth and Planetary Science Letters, 2010, 296 (3-4): 311-318.

[134] D'agostino N, Avallone A, Cheloni D, et al. Active tectonics of the Adriatic region from GPS and earthquake slip vectors [J]. Journal of Geophysical Research: Solid Earth, 2008, 113 (B12): 1-19.

[135] Daniell J E, Khazai B, Wenzel F, et al. The CATDAT damaging earthquakes database [J]. Natural Hazards and Earth System Sciences, 2011, 11 (8): 2235-2251.

[136] Dee D P, Uppala S M, Simmons A J, et al. The ERA-Interim reanalysis: Configuration and performance of the data assimilation system [J]. Quarterly Journal of the royal meteorological society, 2011, 137 (656): 553-597.

[137] Delvaux D, Cloetingh S, Beekman F, et al. Basin evolution in a folding lithosphere: Altai-Sayan and Tien Shan belts [J]. Tectonophysics, 2013, 602: 194-222.

[138] Deng J, Gurnis M, Kanamori H, et al. Viscoelastic flow in the lower crust after the 1992 Landers, California, earthquake [J]. Science, 1998, 282 (5394): 1689-1692.

[139] Diao F Q, Xiong X, Ni S D, et al. Slip model for the 2011 M w 9. 0 Sendai (Japan) earthquake and its Mw 7. 9 aftershock derived from GPS data [J]. Chinese Science Bulletin, 2011, 56 (27): 2941-2947.

［140］ Duffy B, Quigley M, Barrell D J A, et al. Fault kinematics and surface deformation across a releasing bend during the 2010 MW 7. 1 Darfield, New Zealand, earthquake revealed by differential LiDAR and cadastral surveying ［J］. Bulletin, 2013, 125 (3-4): 420-431.

［141］ Duputel Z, Rivera L, Fukahata Y, et al. Uncertainty estimations for seismic source inversions ［J］. Geophysical Journal International, 2012, 190 (2): 1243-1256.

［142］ Dzurisin D, Lisowski M, Wicks C W, et al. Geodetic observations and modeling of magmatic inflation at the Three Sisters volcanic center, central Oregon Cascade Range, USA ［J］. Journal of Volcanology and Geothermal Research, 2006, 150 (1-3): 35-54.

［143］ Ekhtari N, Glennie C, Fielding E, et al. Mapping of the surface rupture induced by the M 7. 3 Kumamoto Earthquake along the Eastern segment of Futagawa fault using image correlation techniques ［C］//AGU Fall Meeting Abstracts, 2016: S53B-2856.

［144］ Ekström G, Nettles M, Dziewoński A M. The global CMT project 2004-2010: Centroid-moment tensors for 13, 017 earthquakes ［J］. Physics of the Earth and Planetary Interiors, 2012, 200: 1-9.

［145］ Elliott J R, Biggs J, Parsons B, et al. InSAR slip rate determination on the Altyn Tagh Fault, northern Tibet, in the presence of topographically correlated atmospheric delays ［J］. Geophysical Research Letters, 2008, 35 (12): 1-5.

［146］ Elliott J R, Walters R J, Wright T J. The role of space-based observation in understanding and responding to active tectonics and earthquakes ［J］. Nature communications, 2016, 7 (1): 1-16.

［147］ Elliott J R. Earth observation for the assessment of earthquake hazard, risk and disaster management ［J］. Surveys in geophysics, 2020, 41 (6): 1323-1354.

［148］ Emergeo Working Group. Rilievi geologici di terreno effettuati nell'area epicentrale della sequenza sismica dell'Aquilano del 6 aprile 2009 ［J］. Istituto Nazionale di Greofisica e Vulcanologio 2009: 1-59.

［149］ Erten E, Reigber A, Hellwich O. Generation of three-dimensional deformation maps from InSAR data using spectral diversity techniques ［J］. ISPRS Journal of Photogrammetry and Remote Sensing, 2010, 65 (4): 388-394.

［150］ Fan H, Gao X, Yang J, et al. Monitoring mining subsidence using a combination of phase-stacking and offset-tracking methods ［J］. Remote Sensing, 2015, 7 (7): 9166-9183.

［151］ Farr T G, Rosen P A, Caro E, et al. The shuttle radar topography mission ［J］. Reviews of geophysics, 2007, 45 (2): 1-33.

［152］ Fay N P, Bennett R A, Hreinsdóttir S. Contemporary vertical velocity of the central Basin and Range and uplift of the southern Sierra Nevada ［J］. Geophysical Research Letters, 2008, 35 (20): 1-5.

[153] Feigl K L, Thatcher W. Geodetic observations of post-seismic transients in the context of the earthquake deformation cycle [J]. Comptes Rendus Geoscience, 2006, 338 (14-15): 1012-1028.

[154] Feng G C, Hetland E A, Ding X L, et al. Coseismic fault slip of the 2008 Mw 7.9 Wenchuan earthquake estimated from InSAR and GPS measurements [J]. Geophysical research letters, 2010, 37 (1): 1-5.

[155] Feng G, Ding X, Li Z, et al. Calibration of an InSAR-derived coseismic deformation map associated with the 2011 Mw-9.0 Tohoku-Oki earthquake [J]. IEEE Geoscience and Remote Sensing Letters, 2011, 9 (2): 302-306.

[156] Feng G, Li Z, Shan X, et al. Geodetic model of the 2015 April 25 M W 7.8 Gorkha Nepal Earthquake and M W 7.3 aftershock estimated from InSAR and GPS data [J]. Geophysical journal international, 2015, 203 (2): 896-900.

[157] Feng W, Zhong M, Lemoine J M, et al. Evaluation of groundwater depletion in North China using the Gravity Recovery and Climate Experiment (GRACE) data and ground-based measurements [J]. Water Resources Research, 2013, 49 (4): 2110-2118.

[158] Fernández J, Pepe A, Poland M P, et al. Volcano Geodesy: Recent developments and future challenges [J]. Journal of Volcanology and Geothermal Research, 2017, 344: 1-12.

[159] Ferreira A M G, Weston J, Funning G J. Global compilation of interferometric synthetic aperture radar earthquake source models: 2. Effects of 3-D Earth structure [J]. Journal of Geophysical Research: Solid Earth, 2011, 116 (B8): 1-21.

[160] Ferretti A, Monti-Guarnieri A, Prati C, et al. InSAR Principles: Guidelines for SAR Interferometry Processing and Interpretation, ESA TM-19 [J]. European Space Agency, 2007: 1-48.

[161] Ferretti A, Prati C, Rocca F. Nonlinear subsidence rate estimation using permanent scatterers in differential SAR interferometry [J]. IEEE Transactions on geoscience and remote sensing, 2000, 38 (5): 2202-2212.

[162] Ferretti A, Prati C, Rocca F. Permanent scatterers in SAR interferometry [J]. IEEE Transactions on geoscience and remote sensing, 2001, 39 (1): 8-20.

[163] Ferretti A, Prati C, Rocca F. Permanent scatterers in SAR interferometry [C]. IEEE 1999 International Geoscience and Remote Sensing Symposium. IGARSS'99 (Cat. No. 99CH36293). IEEE, 1999, 3: 1528-1530.

[164] Fialko Y, Khazan Y, Simons M. Deformation due to a pressurized horizontal circular crack in an elastic half-space, with applications to volcano geodesy [J]. Geophysical Journal International, 2001, 146 (1): 181-190.

[165] Fialko Y, Simons M, Agnew D. The complete (3-D) surface displacement field in the epicentral area of the 1999 Mw7.1 Hector Mine earthquake, California, from space

geodetic observations [J]. Geophysical research letters, 2001, 28 (16): 3063-3066.

[166] Fialko Y. Evidence of fluid-filled upper crust from observations of postseismic deformation due to the 1992 Mw7. 3 Landers earthquake [J]. Journal of Geophysical Research: Solid Earth, 2004, 109 (B8): 1-17.

[167] Field E H, Arrowsmith R J, Biasi G P, et al. Uniform California earthquake rupture forecast, version 3 (UCERF3) —The time-independent model [J]. Bulletin of the Seismological Society of America, 2014, 104 (3): 1122-1180.

[168] Fielding E J, Sladen A, Li Z, et al. Kinematic fault slip evolution source models of the 2008 M7. 9 Wenchuan earthquake in China from SAR interferometry, GPS and teleseismic analysis and implications for Longmen Shan tectonics [J]. Geophysical journal international, 2013, 194 (2): 1138-1166.

[169] Fiorentini N, Maboudi M, Leandri P, et al. Can machine learning and PS-InSAR reliably stand in for road profilometric surveys [J]. Sensors, 2021, 21 (10): 3377.

[170] Fitch T J. Earthquake mechanisms in the Himalayan, Burmese, and Andaman regions and continental tectonics in central Asia [J]. Journal of Geophysical Research, 1970, 75 (14): 2699-2709.

[171] Freed A M, Bürgmann R, Calais E, et al. Implications of deformation following the 2002 Denali, Alaska, earthquake for postseismic relaxation processes and lithospheric rheology [J]. Journal of Geophysical Research: Solid Earth, 2006a, 111 (B1): 1-23.

[172] Freed A M, Bürgmann R, Calais E, et al. Stress-dependent power-law flow in the upper mantle following the 2002 Denali, Alaska, earthquake [J]. Earth and Planetary Science Letters, 2006b, 252 (3-4): 481-489.

[173] Freed A M. Earthquake triggering by static, dynamic, and postseismic stress transfer [J]. Annual Review of Earth and Planetary Sciences, 2005, 33 (1): 335-367.

[174] Froese C, Poncos V, Skirrow R, et al. Characterizing complex deep seated landslide deformation using corner reflector InSAR (CR-INSAR): Little Smoky Landslide, Alberta [C] //Proc. 4th Can. Conf. Geohazards. 2008: 1-4.

[175] Fujiwara S, Morishita Y, Nakano T, et al. Non-tectonic liquefaction-induced large surface displacements in the Aso Valley, Japan, caused by the 2016 Kumamoto earthquake, revealed by ALOS-2 SAR [J]. Earth and Planetary Science Letters, 2017, 474: 457-465.

[176] Fujiwara S, Yarai H, Kobayashi T, et al. Small-displacement linear surface ruptures of the 2016 Kumamoto earthquake sequence detected by ALOS-2 SAR interferometry [J]. Earth, Planets and Space, 2016, 68 (1): 1-17.

[177] Funning G J, Fukahata Y, Yagi Y, et al. A method for the joint inversion of geodetic and seismic waveform data using ABIC: application to the 1997 Manyi, Tibet, earthquake [J]. Geophysical Journal International, 2014, 196 (3): 1564-1579.

［178］ Funning G J, Parsons B, Wright T J. Fault slip in the 1997 Manyi, Tibet earthquake from linear elastic modelling of InSAR displacements ［J］. Geophysical Journal International, 2007, 169 （3）: 988-1008.

［179］ Furtney M A, Pritchard M E, Biggs J, et al. Synthesizing multi-sensor, multi-satellite, multi-decadal datasets for global volcano monitoring ［J］. Journal of Volcanology and Geothermal Research, 2018, 365: 38-56.

［180］ Gan W, Zhang P, Shen Z K, et al. Present-day crustal motion within the Tibetan Plateau inferred from GPS measurements ［J］. Journal of Geophysical Research: Solid Earth, 2007, 112 （B8）: 1-14.

［181］ Gao B C, Kaufman Y J. Water vapor retrievals using Moderate Resolution Imaging Spectroradiometer （MODIS） near-infrared channels ［J］. Journal of Geophysical Research: Atmospheres, 2003, 108 （D13）: 1-10.

［182］ Ghazifard A, Akbari E, Shirani K, et al. Evaluating land subsidence by field survey and D-InSAR technique in Damaneh City, Iran ［J］. Journal of Arid Land, 2017, 9 （5）: 778-789.

［183］ Ghose S, Hamburger M W, Ammon C J. Source parameters of moderate-sized earthquakes in the Tien Shan, central Asia from regional moment tensor inversion ［J］. Geophysical Research Letters, 1998, 25 （16）: 3181-3184.

［184］ Giardini D, Grünthal G, Shedlock K M, et al. The GSHAP global seismic hazard map ［J］. Annali Di Geofisica, 1999, 42 （6）: 1225-1230.

［185］ Global Volcanism Program. Volcanoes of the World, v. 4.11.0. Venzke, E （ed.）. Smithsonian Institution. 2013. https: //doi. org/10. 5479/si. GVP. VOTW4-2013.

［186］ Gold R D, Reitman N G, Briggs R W, et al. On-and off-fault deformation associated with the September 2013 Mw 7.7 Balochistan earthquake: Implications for geologic slip rate measurements ［J］. Tectonophysics, 2015, 660: 65-78.

［187］ Goldstein R M, Werner C L. Radar interferogram filtering for geophysical applications ［J］. Geophysical research letters, 1998, 25 （21）: 4035-4038.

［188］ Goldstein R. Atmospheric limitations to repeat-track radar interferometry ［J］. Geophysical research letters, 1995, 22 （18）: 2517-2520.

［189］ González P J, Fernández J. Drought-driven transient aquifer compaction imaged using multitemporal satellite radar interferometry ［J］. Geology, 2011, 39 （6）: 551-554.

［190］ González P J, Fernandez J. Error estimation in multitemporal InSAR deformation time series, with application to Lanzarote, Canary Islands ［J］. Journal of Geophysical Research: Solid Earth, 2011, 116 （B10）: 1-17.

［191］ Gou P, Ye Q, Che T, et al. Lake ice phenology of Nam Co, Central Tibetan Plateau, China, derived from multiple MODIS data products ［J］. Journal of Great Lakes Research, 2017, 43 （6）: 989-998.

［192］ Gourmelen N, Amelung F, Casu F, et al. Mining-related ground deformation in Crescent Valley, Nevada: Implications for sparse GPS networks ［J］. Geophysical Research Letters, 2007, 34 (9): 1-5.

［193］ Gourmelen N, Kim S W, Shepherd A, et al. Ice velocity determined using conventional and multiple-aperture InSAR ［J］. Earth and Planetary Science Letters, 2011, 307 (1-2): 156-160.

［194］ Graham L C. Synthetic interferometer radar for topographic mapping ［J］. Proceedings of the IEEE, 1974, 62 (6): 763-768.

［195］ Grandin R, Klein E, Métois M, et al. Three-dimensional displacement field of the 2015 Mw8. 3 Illapel earthquake (Chile) from across-and along-track Sentinel-1 TOPS interferometry ［J］. Geophysical Research Letters, 2016, 43 (6): 2552-2561.

［196］ Tolman C F, Poland J F. Ground-water, Salt-water infiltration and ground-surface recession in Santa Clara Valley, Santa Clara County, California ［J］. EOS, Transactions American Geophysical Union, 1940, 21 (1): 23-35.

［197］ GSJ: Geological Survey of Japan, The M6. 5 and M7. 3 Kumamoto earthquakes on 14 and 16 April 2016 ［EB/OL］. https: //www. gsi. jp/en/hazards/kumamoto2016/index. html, last access: 1 September 2016.

［198］ Guglielmino F, Nunnari G, Puglisi G, et al. Simultaneous and integrated strain tensor estimation from geodetic and satellite deformation measurements to obtain three-dimensional displacement maps ［J］. IEEE Transactions on Geoscience and Remote Sensing, 2011, 49 (6): 1815-1826.

［199］ Gusman A R, Supendi P, Nugraha A D, et al. Source model for the tsunami inside Palu Bay following the 2018 Palu earthquake, Indonesia ［J］. Geophysical Research Letters, 2019, 46 (15): 8721-8730.

［200］ Hammond W C, Blewitt G, Li Z, et al. Contemporary uplift of the Sierra Nevada, western United States, from GPS and InSAR measurements ［J］. Geology, 2012, 40 (7): 667-670.

［201］ Han Y, Zou J, Lu Z, et al. Ground deformation of Wuhan, China, revealed by multi-temporal InSAR analysis ［J］. Remote Sensing, 2020, 12 (22): 3788.

［202］ Hanssen R F. Radar interferometry: data interpretation and error analysis ［M］. Springer Science & Business Media, 2001.

［203］ Harbaugh A W, Banta E R, Hill M C, et al. Modflow-2000, the U. S. Geological survey modular ground-water model-user guide to modularization concepts and the ground-water flow process ［J］. from USGS Website, 2000: 1-130.

［204］ Hashimoto M, Savage M, Nishimura T, et al. Special issue "2016 Kumamoto earthquake sequence and its impact on earthquake science and hazard assessment" ［J］. Earth, Planets and Space, 2017, 69 (1): 1-4.

［205］ Hatzfeld D, Molnar P. Comparisons of the kinematics and deep structures of the Zagros and Himalaya and of the Iranian and Tibetan plateaus and geodynamic implications ［J］. Reviews of Geophysics, 2010, 48 （2）: 1-48.

［206］ He P, Wen Y, Xu C, et al. New evidence for active tectonics at the boundary of the Kashi Depression, China, from time series InSAR observations ［J］. Tectonophysics, 2015, 653: 140-148.

［207］ He P, Wen Y, Xu C, et al. High-quality three-dimensional displacement fields from new-generation SAR imagery: Application to the 2017 Ezgeleh, Iran, earthquake ［J］. Journal of Geodesy, 2019, 93 （4）: 573-591.

［208］ He P, Wen Y. Lake ice deformation on Khovsgol Lake from Sentinel data before, during and after the 2021 Mw 6. 7 earthquake in Turt, Mongolia ［J］. Journal of Glaciology, 2022: 1-15.

［209］ Lijia H E, Guangcai F, Zhixiong F, et al. Coseismic displacements of 2016 Mw 7. 8 Kaikoura, New Zealand earthquake, using Sentinel-2 optical images ［J］. Acta Geodaetica et Cartographica Sinica, 2019, 48 （3）: 339.

［210］ Hearn E H, Bürgmann R, Reilinger R E. Dynamics of Izmit earthquake postseismic deformation and loading of the Duzce earthquake hypocenter ［J］. Bulletin of the Seismological Society of America, 2002, 92 （1）: 172-193.

［211］ Helm D C. One-dimensional simulation of aquifer system compaction near Pixley, California: 1. Constant parameters ［J］. Water Resources Research, 1975, 11 （3）: 465-478.

［212］ Henderson S T, Pritchard M E. Decadal volcanic deformation in the Central Andes Volcanic Zone revealed by InSAR time series ［J］. Geochemistry, Geophysics, Geosystems, 2013, 14 （5）: 1358-1374.

［213］ Hilley G E, Johnson K M, Wang M, et al. Earthquake-cycle deformation and fault slip rates in northern Tibet ［J］. Geology, 2009, 37 （1）: 31-34.

［214］ Himematsu Y, Furuya M. Fault source model for the 2016 Kumamoto earthquake sequence based on ALOS-2/PALSAR-2 pixel-offset data: evidence for dynamic slip partitioning ［J］. Earth, Planets and Space, 2016, 68 （1）: 1-10.

［215］ Himematsu Y, Sigmundsson F, Furuya M. Icecap and subglacial crustal deformation inferred from SAR pixel tracking: the 2014 dike intrusion episode in the Bárðarbunga volcanic system, Iceland ［J］. Journal of Geophysical Research: Solid Earth, 2019, 124 （9）: 9940-9955.

［216］ Hinojosa-Corona A, Limon F, Nissen E, et al. Near Field 3D Displacement of El Mayor-Cupapah Earthquake: A Hybrid Approach ［C］. AGU Fall Meeting Abstracts. 2013: G22A-04.

［217］ Holzer T L. Ground failure induced by ground-water withdrawal from unconsolidated sediment [J]. Reviews in engineering geology, 1984, 6: 67-105.

[218] Hooper A, Segall P, Zebker H. Persistent scatterer interferometric synthetic aperture radar for crustal deformation analysis, with application to Volcán Alcedo, Galápagos [J]. Journal of Geophysical Research: Solid Earth, 2007, 112 (B7): 1-21.

[219] Hooper A, Zebker H A. Phase unwrapping in three dimensions with application to InSAR time series [J]. JOSA A, 2007, 24 (9): 2737-2747.

[220] Hooper A, Zebker H, Segall P, et al. A new method for measuring deformation on volcanoes and other natural terrains using InSAR persistent scatterers [J]. Geophysical research letters, 2004, 31 (23): 1-5.

[221] Hooper A. A multi-temporal InSAR method incorporating both persistent scatterer and small baseline approaches [J]. Geophysical Research Letters, 2008, 35 (16): 1-5.

[222] Hu J, Li Z W, Ding X L, et al. 3D coseismic displacement of 2010 Darfield, New Zealand earthquake estimated from multi-aperture InSAR and D-InSAR measurements [J]. Journal of Geodesy, 2012, 86 (11): 1029-1041.

[223] Hu J, Li Z W, Ding X L, et al. Resolving three-dimensional surface displacements from InSAR measurements: A review [J]. Earth-Science Reviews, 2014, 133: 1-17.

[224] Huang J, Zhao D. High-resolution mantle tomography of China and surrounding regions [J]. Journal of Geophysical Research: Solid Earth, 2006, 111 (B9): 1-21.

[225] Huang L, Hajnsek I. Polarimetric Behavior for the Derivation of Sea Ice Topographic Height From TanDEM-X Interferometric SAR Data [J]. IEEE Journal of Selected Topics in Applied Earth Observations and Remote Sensing, 2020, 14: 1095-1110.

[226] Huang Y H, Jiang D, Zhuang D F, et al. Evaluation of relative water use efficiency (RWUE) at a regional scale: a case study of Tuhai-Majia Basin, China [J]. Water Science and Technology, 2012, 66 (5): 927-933.

[227] Hudnut K W, Borsa A, Glennie C, et al. High-resolution topography along surface rupture of the 16 October 1999 Hector Mine, California, earthquake (M w 7.1) from airborne laser swath mapping [J]. Bulletin of the Seismological Society of America, 2002, 92 (4): 1570-1576.

[228] Hunstad I, Selvaggi G, D'agostino N, et al. Geodetic strain in peninsular Italy between 1875 and 2001 [J]. Geophysical Research Letters, 2003, 30 (4): 1-4.

[229] Isaaks E H, Srivastava R M. An Introduction to Applied Geostatistics [M]. New York: Oxford University Press, 1989.

[230] Jia D, Lu H, Cai D, et al. Structural features of northern Tarim Basin: Implications for regional tectonics and petroleum traps [J]. AAPG bulletin, 1998, 82 (1): 147-159.

[231] Jia Y. Tuosuo Lake earthquake fault in Qinghai province [J]. Research on Earthquake Faults in China, 1988: 66-71.

[232] Jiang H, Feng G, Wang T, et al. Toward full exploitation of coherent and incoherent

information in Sentinel-1 TOPS data for retrieving surface displacement: Application to the 2016 Kumamoto (Japan) earthquake [J]. Geophysical Research Letters, 2017, 44 (4): 1758-1767.

[233] Jin L, Funning G J. Testing the inference of creep on the northern Rodgers Creek fault, California, using ascending and descending persistent scatterer InSAR data [J]. Journal of Geophysical Research: Solid Earth, 2017, 122 (3): 2373-2389.

[234] Jocab C E. On the flow of water in an elastic artesian aquifer [J]. Eos, Transactions American Geophysical Union, 1940, 21 (2): 574-586.

[235] Jo M J, Jung H S, Won J S, et al. Measurement of slow-moving along-track displacement from an efficient multiple-aperture SAR interferometry (MAI) stacking [J]. Journal of Geodesy, 2015b, 89 (5): 411-425.

[236] Jo M J, Jung H S, Won J S. Detecting the source location of recent summit inflation via three-dimensional InSAR observation of Kīlauea volcano [J]. Remote Sensing, 2015a, 7 (11): 14386-14402.

[237] Jolivet R, Agram P S, Lin N Y, et al. Improving InSAR geodesy using global atmospheric models [J]. Journal of Geophysical Research: Solid Earth, 2014, 119 (3): 2324-2341.

[238] Jónsson S, Segall P, Pedersen R, et al. Post-earthquake ground movements correlated to pore-pressure transients [J]. Nature, 2003, 424 (6945): 179-183.

[239] Jónsson S, Zebker H A, Segall P, et al. Fault slip distribution of the1999 Mw7. 2 Hector Mine earthquake, California, estimated from satellite radar and GPS measurements [J]. Bull. Seismol. Soc. Am, 2002, 92 (4): 1377-1389.

[240] Jorgensen D G. Relationships between basic soils-engineering equations and basic ground-water flow equations [M]. US Government Printing Office, 1980.

[241] Jung H S, Lu Z, Won J S, et al. Mapping three-dimensional surface deformation by combining multiple-aperture interferometry and conventional interferometry: Application to the June 2007 eruption of Kilauea volcano, Hawaii [J]. IEEE Geoscience and Remote Sensing Letters, 2010, 8 (1): 34-38.

[242] Jung H S, Lu Z, Zhang L. Feasibility of along-track displacement measurement from Sentinel-1 interferometric wide-swath mode [J]. IEEE Transactions on Geoscience and Remote Sensing, 2012, 51 (1): 573-578.

[243] Jung H S, Won J S, Kim S W. An improvement of the performance of multiple-aperture SAR interferometry (MAI) [J]. IEEE Transactions on Geoscience and Remote Sensing, 2009, 47 (8): 2859-2869.

[244] Kampes B M. Radar interferometry: persistent scatterers technique [M]. The Netherlands: Springer, 2006.

[245] Kampes B, Usai S. Doris: The delft object-oriented radar interferometric software. In

Proceedings of the 2nd International Symposium on Operationalization of Remote Sensing, Enschede, The Netherlands. 1999: 1620.

[246] Kanamori H. Seismic and aseismic slip along subduction zones and their tectonic implications [M]. in Island Arcs, Deepsea Trenches and Back-Arc Basins, American Geophysical Union, Washington, D. C. , 1977.

[247] Kato A, Nakamura K, Hiyama Y. The 2016 Kumamoto earthquake sequence [J]. Proceedings of the Japan Academy, Series B, 2016, 92 (8): 358-371.

[248] Khodaverdian A, Zafarani H, Rahimian M, et al. Seismicity parameters and spatially smoothed seismicity model for Iran [J]. Bulletin of the Seismological Society of America, 2016, 106 (3): 1133-1150.

[249] Khorrami M, Abrishami S, Maghsoudi Y, et al. Extreme subsidence in a populated city (Mashhad) detected by PSInSAR considering groundwater withdrawal and geotechnical properties [J]. Scientific reports, 2020, 10 (1): 1-16.

[250] Kim S W, Wdowinski S, Dixon T H, et al. Measurements and predictions of subsidence induced by soil consolidation using persistent scatterer InSAR and a hyperbolic model [J]. Geophysical Research Letters, 2010, 37 (5): 1-5.

[251] Kim S W, Won J S. Slow deformation of Mt. Baekdu stratovolcano observed by satellite radar interferometry [C] //FRINGE 2003 Workshop. 2004, 550: 48.

[252] Kirby E, Harkins N, Wang E, et al. Slip rate gradients along the eastern Kunlun fault [J]. Tectonics, 2007, 26 (2): 1-16.

[253] Kirillin G. Physics of seasonally ice-covered lakes: A review [J]. Aquat. Sci, 2012, 74: 1015-1621.

[254] Kiyoo M. Relations between the eruptions of various volcanoes and the deformations of the ground surfaces around them [J]. Earthquake Research institute, 1958, 36: 99-134.

[255] Klinger Y, Michel R, King G C P. Evidence for an earthquake barrier model from Mw~ 7. 8 Kokoxili (Tibet) earthquake slip-distribution [J]. Earth and Planetary Science Letters, 2006, 242 (3-4): 354-364.

[256] Klinger Y, Xu X, Tapponnier P, et al. High-resolution satellite imagery mapping of the surface rupture and slip distribution of the Mw ~ 7. 8, 14 November 2001 Kokoxili earthquake, Kunlun fault, northern Tibet, China [J]. Bulletin of the Seismological Society of America, 2005, 95 (5): 1970-1987.

[257] Kobayashi T, Morishita Y, Yarai H, et al. InSAR-derived crustal deformation and reverse fault motion of the 2017 Iran-Iraq earthquake in the northwestern part of the Zagros Orogenic Belt [J]. Bulletin of the geospatial information authority of Japan, 2018: 66.

[258] Kouraev A V, Zakharova E A, Rémy F, et al. Ice Cover and Associated Water Structure in Lakes Baikal and Hovsgol from Satellite Observations and Field Studies [M]. Remote

Sensing of the Asian Seas. Springer, Cham, 2019: 541-555.

[259] Lacroix P, Araujo G, Hollingsworth J, et al. Self-entrainment motion of a slow-moving landslide inferred from Landsat-8 time series [J]. Journal of Geophysical Research: Earth Surface, 2019, 124 (5): 1201-1216.

[260] Lanari R, Casu F, Manzo M, et al. An overview of the small baseline subset algorithm: A DInSAR technique for surface deformation analysis [J]. Deformation and Gravity Change: Indicators of Isostasy, Tectonics, Volcanism, and Climate Change, 2007: 637-661.

[261] Lanari R, Lundgren P, Manzo M, et al. Satellite radar interferometry time series analysis of surface deformation for Los Angeles, California [J]. Geophysical Research Letters, 2004, 31 (23): 1-5.

[262] Lasserre C, Peltzer G, Crampé F, et al. Coseismic deformation of the 2001 Mw = 7.8 Kokoxili earthquake in Tibet, measured by synthetic aperture radar interferometry [J]. Journal of Geophysical Research: Solid Earth, 2005, 110 (B12): 1-17.

[263] Leake S A, Prudic D E. Documentation of a computer program to simulate aquifer-system compaction using the modular finite-difference ground-water flow model [M]. US Government Printing Office, 1991.

[264] Leprince S, Berthier E, Ayoub F, et al. Monitoring earth surface dynamics with optical imagery [J]. Eos, Transactions American Geophysical Union, 2008, 89 (1): 1-2.

[265] Li H, Van der Woerd J, Tapponnier P, et al. Slip rate on the Kunlun fault at Hongshui Gou, and recurrence time of great events comparable to the 14/11/2001, Mw ~ 7.9 Kokoxili earthquake [J]. Earth and Planetary Science Letters, 2005, 237 (1-2): 285-299.

[266] Li Z W, Ding X L, Liu G X. Modeling atmospheric effects on InSAR with meteorological and continuous GPS observations: algorithms and some test results [J]. Journal of Atmospheric and Solar-Terrestrial Physics, 2004, 66 (11): 907-917.

[267] Li Z, Cao Y, Wei J, et al. Time-series InSAR ground deformation monitoring: Atmospheric delay modeling and estimating [J]. Earth-Science Reviews, 2019, 192: 258-284.

[268] Li Z, Fielding E J, Cross P, et al. Interferometric synthetic aperture radar atmospheric correction: medium resolution imaging spectrometer and advanced synthetic aperture radar integration [J]. Geophysical Research Letters, 2006, 33 (6): 1-4.

[269] Li Z, Fielding E J, Cross P. Integration of InSAR time-series analysis and water-vapor correction for mapping postseismic motion after the 2003 Bam (Iran) earthquake [J]. IEEE Transactions on Geoscience and Remote Sensing, 2009, 47 (9): 3220-3230.

[270] Li Z, Hammond W C, Blewitt G, et al. InSAR and GPS time series analysis: Crustal deformation in the Yucca Mountain, Nevada region [C]. AGU Fall Meeting

Abstracts. 2010：G13B-07.

[271] Li Z. Correction of atmospheric water vapour effects on repeat-pass SAR interferometry using GPS, MODIS and MERIS data [M]. University of London, University College London (United Kingdom), 2005.

[272] Li Z. Correction of water vapor effects on repeat-pass InSAR using GPS MODIS and MERIS data [J]. Department of Geomatic Engineering, 2005.

[273] Lin A, Guo J, Kano K, et al. Average slip rate and recurrence interval of large-magnitude earthquakes on the western segment of the strike-slip Kunlun fault, northern Tibet [J]. Bulletin of the Seismological Society of America, 2006, 96 (5): 1597-1611.

[274] Lin A, Nishikawa M. Coseismic lateral offsets of surface rupture zone produced by the 2001 Mw 7. 8 Kunlun earthquake, Tibet from the IKONOS and QuickBird imagery [J]. International Journal of Remote Sensing, 2007, 28 (11): 2431-2445.

[275] Lin A, Satsukawa T, Wang M, et al. Coseismic rupturing stopped by Aso volcano during the 2016 Mw 7. 1 Kumamoto earthquake, Japan [J]. Science, 2016, 354 (6314): 869-874.

[276] Lisowski M. Volcano Deformation: Geodetic monitoring techniques [J]. chap. Analytical volcano deformation source models Volcano Deformation, Springer, Berlin, Heidelberg, 2006: 279-304.

[277] Liu G, Qiao X, Yu P, et al. Rupture Kinematics of the 11 January 2021 Mw 6. 7 Hovsgol, Mongolia, Earthquake and Implications in the Western Baikal Rift Zone [J]. Seismological Society of America, 2021, 92 (6): 3318-3326.

[278] Liu J, Ma F, Li G, et al. Evolution assessment of mining subsidence characteristics using SBAS and PS interferometry in Sanshandao gold mine, China [J]. Remote Sensing, 2022, 14 (2): 290.

[279] Liu X, Xu W, Radziminovich N, et al. Coseismic Fault Slip and Transtensional Stress Field in the Hovsgol Basin Revealed by the 2021 Mw 6. 7 Turt, Mongolia Earthquake [J]. Earth and Space Science Open Archive ESSOAr, 2021.

[280] Lorenzo-Martín F, Roth F, Wang R. Inversion for rheological parameters from post-seismic surface deformation associated with the 1960 Valdivia earthquake, Chile [J]. Geophysical Journal International, 2006, 164 (1): 75-87.

[281] Loughlin S C, Sparks R S J, Brown S K, et al. Global volcanic hazards and risk [M]. Cambridge, United Kingdom: Cambridge University Press, 2015.

[282] Lu Z, Dzurisin D. InSAR imaging of Aleutian volcanoes [M]. InSAR imaging of Aleutian volcanoes. Springer, Berlin, Heidelberg, 2014: 87-345.

[283] Lu Z, Wicks Jr C, Dzurisin D, et al. Magmatic inflation at a dormant stratovolcano: 1996-1998 activity at Mount Peulik volcano, Alaska, revealed by satellite radar interferometry [J]. Journal of Geophysical Research: Solid Earth, 2002, 107 (B7):

ETG 4-1-ETG 4-13.

［284］ Lundgren P, Arumugam D, Anderson K, et al. Volcano science: Future directions from geodesy, radar imaging and physical models ［J］. National Academies of Sciences, Engineering and Medicine, Washington DC, 2016: 1-6.

［285］ Lundgren P, Casu F, Manzo M, et al. Gravity and magma induced spreading of Mount Etna volcano revealed by satellite radar interferometry ［J］. Geophysical Research Letters, 2004, 31 （4）: 1-4.

［286］ Lundgren P, Hetland E A, Liu Z, et al. Southern San andreas-San Jacinto fault system slip rates estimated from earthquake cycle models constrained by GPS and interferometric synthetic aperture radar observations ［J］. Journal of Geophysical Research: Solid Earth, 2009, 114 （B2）: 1-18.

［287］ Lundgren P, Samsonov S V, López Velez C M, et al. Deep source model for Nevado del Ruiz Volcano, Colombia, constrained by interferometric synthetic aperture radar observations ［J］. Geophysical Research Letters, 2015, 42 （12）: 4816-4823.

［288］ Luo H, Chen T. Three-dimensional surface displacement field associated with the 25 April 2015 Gorkha, Nepal, earthquake: Solution from integrated InSAR and GPS measurements with an extended SISTEM approach ［J］. Remote Sensing, 2016, 8 （7）: 559.

［289］ Ma Z, Mei G. Deep learning for geological hazards analysis: Data, models, applications, and opportunities ［J］. Earth-Science Reviews, 2021, 223: 103858.

［290］ Maddy D. Uplift-driven valley incision and river terrace formation in southern England ［J］. Journal of Quaternary Science: Published for the Quaternary Research Association, 1997, 12 （6）: 539-545.

［291］ Maerten F, Resor P, Pollard D, et al. Inverting for slip on three-dimensional fault surfaces using angular dislocations ［J］. Bulletin of the Seismological Society of America, 2005, 95 （5）: 1654-1665.

［292］ Marbouti M, Eriksson L E B, Dammann D O, et al. Evaluating landfast sea ice ridging near UtqiaġVik Alaska using TanDEM-X interferometry ［J］. Remote Sensing, 2020, 12 （8）: 1247.

［293］ Marinkovic P, Ketelaar G, van Leijen F, et al. InSAR quality control: Analysis of five years of corner reflector time series ［C］. Proceedings of the Fringe 2007 Workshop （ESA SP-649）, Frascati, Italy. 2007: 26-30.

［294］ Marone C J, Scholtz C H, Bilham R. On the mechanics of earthquake afterslip ［J］. Journal of Geophysical Research: Solid Earth, 1991, 96 （B5）: 8441-8452.

［295］ Massonnet D, Briole P, Arnaud A. Deflation of Mount Etna monitored by spaceborne radar interferometry ［J］. Nature, 1995, 375 （6532）: 567-570.

［296］ Massonnet D, Feigl K L. Radar interferometry and its application to changes in the

Earth's surface [J]. Reviews of geophysics, 1998, 36 (4): 441-500.

[297] Massonnet D, Rossi M, Carmona C, et al. The displacement field of the Landers earthquake mapped by radar interferometry [J]. Nature, 1993, 364 (6433): 138-142.

[298] Mazzotti S, Lambert A, Van der Kooij M, et al. Impact of anthropogenic subsidence on relative sea-level rise in the Fraser River delta [J]. Geology, 2009, 37 (9): 771-774.

[299] McTigue D F. Elastic stress and deformation near a finite spherical magma body: resolution of the point source paradox [J]. Journal of Geophysical Research: Solid Earth, 1987, 92 (B12): 12931-12940.

[300] Mehrabi H, Voosoghi B, Motagh M, et al. Three-dimensional displacement fields from InSAR through Tikhonov regularization and least-squares variance component estimation [J]. Journal of Surveying Engineering-ASCE, 2019, 145 (4): 1-15.

[301] Mei E T W, Lavigne F, Picquout A, et al. Lessons learned from the 2010 evacuations at Merapi volcano [J]. Journal of volcanology and geothermal research, 2013, 261: 348-365.

[302] Meigs A. Active tectonics and the LiDAR revolution [J]. Lithosphere, 2013, 5 (2): 226-229.

[303] Meinzer O E. Compressibility and elasticity of artesian aquifers [J]. Economic Geology, 1928, 23 (3): 263-291.

[304] Merchant M A, Obadia M, Brisco B, et al. Applying Machine Learning and Time-Series Analysis on Sentinel-1A SAR/InSAR for Characterizing Arctic Tundra Hydro-Ecological Conditions [J]. Remote Sensing, 2022, 14 (5): 1123.

[305] Meta A, Prats P, Steinbrecher U, et al. First TOPSAR interferometry results with TerraSAR-X [C]. Proceedings of FRINGE. 2007: 8.

[306] Meyer F J, Whitley M, Logan T, et al. The sarviews project: Automated processing of Sentinel-1 SAR data for geoscience and hazard response [C]. IGARSS 2019—2019 IEEE International Geoscience and Remote Sensing Symposium. IEEE, 2019: 5468-5471.

[307] Meyer F, Bamler R, Jakowski N, et al. The potential of low-frequency SAR systems for mapping ionospheric TEC distributions [J]. IEEE Geoscience and Remote Sensing Letters, 2006, 3 (4): 560-564.

[308] Michel R, Avouac J P, Taboury J. Measuring ground displacements from SAR amplitude images: Application to the Landers earthquake [J]. Geophysical Research Letters, 1999, 26 (7): 875-878.

[309] Mikolaichuk A V. The structural position of thrusts in the recent orogen of the Central Tien Shan [J]. Russ. Geol. Geophys. , 2000, 41 (7): 929-939.

[310] Milillo P, Sacco G, Martire D D, et al. Neural-network pattern recognition experiments toward a full-automatic detection of anomalies in InSAR time-series of surface deformation

［J］. Frontiers in Earth Science, 2021: 1132.

［311］ Milliner C W D, Dolan J F, Hollingsworth J, et al. Quantifying near-field and off-fault deformation patterns of the 1992 Mw 7. 3 L anders earthquake ［J］. Geochemistry, Geophysics, Geosystems, 2015, 16 (5): 1577-1598.

［312］ Mora O, Mallorqui J J, Broquetas A. Linear and nonlinear terrain deformation maps from a reduced set of interferometric SAR images ［J］. IEEE Transactions on Geoscience and Remote Sensing, 2003, 41 (10): 2243-2253.

［313］ Mora O, Mallorqui J J, Duro J, et al. Long-term subsidence monitoring of urban areas using differential interferometric SAR techniques ［C］. //IGARSS 2001. Scanning the Present and Resolving the Future. Proceedings. IEEE 2001 International Geoscience and Remote Sensing Symposium (Cat. No. 01CH37217) . IEEE, 2001, 3: 1104-1106.

［314］ Morales Rivera A M, Amelung F, Mothes P. Volcano deformation survey over the Northern and Central Andes with ALOS InSAR time series ［J］. Geochemistry, Geophysics, Geosystems, 2016, 17 (7): 2869-2883.

［315］ Morishita Y, Kobayashi T, Yarai H. Three-dimensional deformation mapping of a dike intrusion event in Sakurajima in 2015 by exploiting the right-and left-looking ALOS-2 InSAR ［J］. Geophysical Research Letters, 2016, 43 (9): 4197-4204.

［316］ Moya L, Yamazaki F, Liu W, et al. Calculation of coseismic displacement from lidar data in the 2016 Kumamoto, Japan, earthquake ［J］. Natural Hazards and Earth System Sciences, 2017, 17 (1): 143-156.

［317］ Neri M, Casu F, Acocella V, et al. Deformation and eruptions at Mt. Etna (Italy): A lesson from 15 years of observations ［J］. Geophysical Research Letters, 2009, 36 (2): 1-6.

［318］ Nur A, Mavko G. Postseismic viscoelastic rebound ［J］. Science, 1974, 183 (4121): 204-206.

［319］ Okada Y. Internal deformation due to shear and tensile faults in a half-space ［J］. Bulletin of the seismological society of America, 1992, 82 (2): 1018-1040.

［320］ Okada Y. Surface deformation due to shear and tensile faults in a half-space ［J］. Bulletin of the seismological society of America, 1985, 75 (4): 1135-1154.

［321］ Oskin M E, Arrowsmith J R, Corona A H, et al. Near-field deformation from the El Mayor-Cucapah earthquake revealed by differential LIDAR ［J］. Science, 2012, 335 (6069): 702-705.

［322］ Parsons B, Wright T, Rowe P, et al. The 1994 Sefidabeh (eastern Iran) earthquakes revisited: new evidence from satellite radar interferometry and carbonate dating about the growth of an active fold above a blind thrust fault ［J］. Geophysical Journal International, 2006, 164 (1): 202-217.

［323］ Peltzer G, Rosen P, Rogez F, et al. Postseismic rebound in fault step-overs caused by pore fluid flow [J]. Science, 1996, 273 (5279): 1202-1204.

[324] Peng L, Wang H, Ng A H M, et al. SAR Offset Tracking Based on Feature Points [J]. Frontiers in Earth Science, 2022: 1454.

[325] Pepe A, Lanari R. On the extension of the minimum cost flow algorithm for phase unwrapping of multitemporal differential SAR interferograms [J]. IEEE Transactions on Geoscience and remote sensing, 2006, 44 (9): 2374-2383.

[326] Petricca P, Bignami C, Doglioni C. The epicentral fingerprint of earthquakes marks the coseismically activated crustal volume [J]. Earth-Science Reviews, 2021, 218: 103667.

[327] Phillipson G, Sobradelo R, Gottsmann J. Global volcanic unrest in the 21st century: An analysis of the first decade [J]. Journal of Volcanology and Geothermal Research, 2013, 264: 183-196.

[328] Piromthong P. 3-D Satellite Interferometry for Interseismic Velocity Fields [D]. University of Leeds, 2021.

[329] Pollitz F F, Bürgmann R, Banerjee P. Geodetic slip model of the 2011 M9. 0 Tohoku earthquake [J]. Geophysical Research Letters, 2011, 38 (7): 1-6.

[330] Pollitz F F, Peltzer G, Bürgmann R. Mobility of continental mantle: Evidence from postseismic geodetic observations following the 1992 Landers earthquake [J]. Journal of Geophysical Research: Solid Earth, 2000, 105 (B4): 8035-8054.

[331] Pollitz F F, Wicks C, Thatcher W. Mantle flow beneath a continental strike-slip fault: Postseismic deformation after the 1999 Hector Mine earthquake [J]. Science, 2001, 293 (5536): 1814-1818.

[332] Pritchard M E, Henderson S T, Jay J A, et al. Reconnaissance earthquake studies at nine volcanic areas of the central Andes with coincident satellite thermal and InSAR observations [J]. Journal of Volcanology and Geothermal Research, 2014, 280: 90-103.

[333] Quigley M, Van Dissen R, Litchfield N, et al. Surface rupture during the 2010 Mw 7. 1 Darfield (Canterbury) earthquake: Implications for fault rupture dynamics and seismic-hazard analysis [J]. Geology, 2012, 40 (1): 55-58.

[334] Radman A, Akhoondzadeh M, Hosseiny B. Integrating InSAR and deep-learning for modeling and predicting subsidence over the adjacent area of Lake Urmia, Iran [J]. GIScience & Remote Sensing, 2021, 58 (8): 1413-1433.

[335] Raspini F, Loupasakis C, Rozos D, et al. Ground subsidence phenomena in the Delta municipality region (Northern Greece): Geotechnical modeling and validation with Persistent Scatterer Interferometry [J]. International Journal of Applied Earth Observation and Geoinformation, 2014, 28: 78-89.

[336] Reeves J A, Knight R, Zebker H A, et al. Estimating temporal changes in hydraulic head using InSAR data in the San Luis Valley, Colorado [J]. Water Resources Research, 2014, 50 (5): 4459-4473.

[337] Reicherter K, Kaiser A, Stackebrandt W. The post-glacial landscape evolution of the North German Basin: morphology, neotectonics and crustal deformation [J]. International Journal of Earth Sciences, 2005, 94 (5): 1083-1093.

[338] Reichstein M, Camps-Valls G, Stevens B, et al. Deep learning and process understanding for data-driven Earth system science [J]. Nature, 2019, 566 (7743): 195-204.

[339] Reid H F. Mechanics of the earthquake, the California Earthquake of April 18, 1906 [M]. Report of the State Investigation Commission, Carnegie Institution of Washington, Washington DC, 1910.

[340] Reilinger R E, Ergintav S, Burgmann R, et al. Coseismic and postseismic fault slip for the 17 August 1999, M = 7.5, Izmit, Turkey earthquake [J]. Science, 2000, 289 (5484): 1519-1524.

[341] Reilinger R, McClusky S, Vernant P, et al. GPS constraints on continental deformation in the Africa-Arabia-Eurasia continental collision zone and implications for the dynamics of plate interactions [J]. Journal of Geophysical Research: Solid Earth, 2006, 111 (B5): 1-26.

[342] Riley F S. Analysis of borehole extensomeler data form central California [J]. Land subsidence: Proceeding of the Tokyon Symposium, 1970, 89: 423-430.

[342] Riley F S. Analysis of borehole extensometer data from central California [J]. Int. Assoc. Sci. Hydrol. Gen. Assera. Berkeley, 1970, 89: 423-430.

[343] Rogers A E E, Ingalls R P. Venus: Mapping the surface reflectivity by radar interferometry [J]. Science, 1969, 165 (3895): 797-799.

[344] Rosen P A, Hensley S, Joughin I R, et al. Synthetic aperture radar interferometry [J]. Proceedings of the IEEE, 2000, 88 (3): 333-382.

[345] Rosen P A, Hensley S, Peltzer G, et al. Updated repeat orbit interferometry package released [J]. Eos, Transactions American Geophysical Union, 2004, 85 (5): 47.

[346] Rosenqvist A, Shimada M, Suzuki S, et al. Operational performance of the ALOS global systematic acquisition strategy and observation plans for ALOS-2 PALSAR-2 [J]. Remote Sensing of Environment, 2014, 155: 3-12.

[347] Rouet-Leduc B, Jolivet R, Dalaison M, et al. Autonomous extraction of millimeter-scale deformation in InSAR time series using deep learning [J]. Nature communications, 2021, 12 (1): 1-11.

[348] Ryder I, Bürgmann R, Sun J. Tandem afterslip on connected fault planes following the 2008 Nima-Gaize (Tibet) earthquake [J]. Journal of Geophysical Research: Solid Earth, 2010, 115 (B3): 1-16.

[349] Ryder I, Parsons B, Wright T J, et al. Post-seismic motion following the 1997 Manyi (Tibet) earthquake: InSAR observations and modelling [J]. Geophysical Journal

International, 2007, 169 (3): 1009-1027.

[350] Sabrian P G, Saepuloh A, Kashiwaya K, et al. Combined SBAS-InSAR and geostatistics to detect topographic change and fluid paths in geothermal areas [J]. Journal of Volcanology and Geothermal Research, 2021, 416: 1-20.

[351] Samsonov S, Beavan J, González P J, et al. Ground deformation in the Taupo Volcanic Zone, New Zealand, observed by ALOS PALSAR interferometry [J]. Geophysical Journal International, 2011, 187 (1): 147-160.

[352] Samsonov S, d'Oreye N, Smets B. Ground deformation associated with post-mining activity at the French-German border revealed by novel InSAR time series method [J]. International Journal of Applied Earth Observation and Geoinformation, 2013, 23: 142-154.

[353] Samsonov S, d'Oreye N. Multidimensional time-series analysis of ground deformation from multiple InSAR data sets applied to Virunga Volcanic Province [J]. Geophysical Journal International, 2012, 191 (3): 1095-1108.

[354] Samsonov S, Tiampo K, González P J, et al. Ground deformation occurring in the city of Auckland, New Zealand, and observed by Envisat interferometric synthetic aperture radar during 2003-2007 [J]. Journal of Geophysical Research: Solid Earth, 2010, 115 (B8): 1-12.

[355] Samsonov S. Three-dimensional deformation time series of glacier motion from multiple-aperture DInSAR observation [J]. Journal of Geodesy, 2019, 93 (12): 2651-2660.

[356] Sandwell D T, Price E J. Phase gradient approach to stacking interferograms [J]. Journal of Geophysical Research: Solid Earth, 1998, 103 (B12): 30183-30204.

[357] Sandwell D T, Sichoix L. Topographic phase recovery from stacked ERS interferometry and a low-resolution digital elevation model [J]. Journal of Geophysical Research: Solid Earth, 2000, 105 (B12): 28211-28222.

[358] Sandwell D, Smith-Konter B. Maxwell: A semi-analytic 4D code for earthquake cycle modeling of transform fault systems [J]. Computers and Geosciences, 2018, 114: 84-97.

[359] Sato M, Ishikawa T, Ujihara N, et al. Displacement above the hypocenter of the 2011 Tohoku-Oki earthquake [J]. Science, 2011, 332 (6036): 1395.

[360] Savage J C, Burford R O. Geodetic determination of relative plate motion in central California [J]. Journal of Geophysical Research, 1973, 78 (5): 832-845.

[361] Savage J C, Hastie L M. Surface deformation associated with dip-slip faulting [J]. Journal of Geophysical Research, 1966, 71 (20): 4897-4904.

[362] Savage J C, Prescott W H. Asthenosphere readjustment and the earthquake cycle [J]. Journal of Geophysical Research: Solid Earth, 1978, 83 (B7): 3369-3376.

[363] Savage J C. Equivalent strike-slip earthquake cycles in half-space and lithosphere-

asthenosphere earth models [J]. Journal of Geophysical Research: Solid Earth, 1990, 95 (B4): 4873-4879.

[364] Scholz, C. The Mechanics of Earthquakes and Faulting [M]. 2nd ed. Cambridge: Cambridge University Press, 2002.

[365] Scott C P, Arrowsmith J R, Nissen E, et al. The M7 2016 Kumamoto, Japan, earthquake: 3-D deformation along the fault and within the damage zone constrained from differential lidar topography [J]. Journal of Geophysical Research: Solid Earth, 2018, 123 (7): 6138-6155.

[366] Shao Z G, Wu Y Q, Jiang Z S, et al. The analysis of coseismic slip and near-field deformation about Japanese 9.0 earthquake based on the GPS observation [J]. Chinese Journal of Geophysics, 2011, 54 (9): 2243-2249.

[367] Shao Z, Wang R, Wu Y, et al. Rapid afterslip and short-term viscoelastic relaxation following the 2008 MW7.9 Wenchuan earthquake [J]. Earthquake Science, 2011, 24 (2): 163-175.

[368] Shen Z K, Lü J, Wang M, et al. Contemporary crustal deformation around the southeast borderland of the Tibetan Plateau [J]. Journal of Geophysical Research: Solid Earth, 2005, 110 (B11): 1-17.

[369] Shen Z K, Sun J, Zhang P, et al. Slip maxima at fault junctions and rupturing of barriers during the 2008 Wenchuan earthquake [J]. Nature geoscience, 2009, 2 (10): 718-724.

[370] Shirahama Y, Yoshimi M, Awata Y, et al. Characteristics of the surface ruptures associated with the 2016 Kumamoto earthquake sequence, central Kyushu, Japan [J]. Earth, Planets and Space, 2016, 68 (1): 1-12.

[371] Shirzaei M, Walter T R. Randomly iterated search and statistical competency as powerful inversion tools for deformation source modeling: Application to volcano interferometric synthetic aperture radar data [J]. Journal of Geophysical Research: Solid Earth, 2009, 114 (B10): 1-16.

[372] Shirzaei M. Crustal deformation source monitoring using advanced InSAR time series and time dependent inverse modeling [D]. Universität Potsdam, 2010.

[373] Short N, Brisco B, Couture N, et al. A comparison of TerraSAR-X, RADARSAT-2 and ALOS-PALSAR interferometry for monitoring permafrost environments, case study from Herschel Island, Canada [J]. Remote Sensing of Environment, 2011, 115 (12): 3491-3506.

[374] Simons M, Minson S E, Sladen A, et al. The 2011 magnitude 9.0 Tohoku-Oki earthquake: Mosaicking the megathrust from seconds to centuries [J]. science, 2011, 332 (6036): 1421-1425.

[375] Simons M, Rosen P A. Interferometric synthetic aperture radar geodesy [J]. Geodesy,

2007, 3: 391-446.

[376] Singh S J, Rani S. Crustal deformation associated with two-dimensional thrust faulting [J]. Journal of Physics of the Earth, 1993, 41 (2): 87-101.

[377] Singhroy V, Murnaghan K, Couture R. InSAR monitoring of a retrogressive thaw flow at Thunder River, lower Mackenzie [C] //Geo2010, Proceedings of the 63rd Annual Canadian Geotechnical Conference and the 6th Canadian Permafrost Conference. 2010: 1317-1322.

[378] Sladen A. Preliminary result: 05/12/2008 (Mw 7.9), East Sichuan [OL]. http://www. tectonics. caltech. edu/slip_history/2008_e_sichuan/e_sichuan. html, 2008.

[379] Sloan R A, Jackson J A, McKenzie D, et al. Earthquake depth distributions in central Asia, and their relations with lithosphere thickness, shortening and extension [J]. Geophysical Journal International, 2011, 185 (1): 1-29.

[380] Smith R, Knight R. Modeling land subsidence using InSAR and airborne electromagnetic data [J]. Water Resources Research, 2019, 55 (4): 2801-2819.

[381] Smith-Konter B, Solis T, Sandwell D T. Data-derived Coulomb stress Rate uncertainties of the San Andreas Fault System [C]. AGU Fall Meeting Abstracts, 2008, 89 (53): U51B-0029.

[382] Song Y T, Fukumori I, Shum C K, et al. Merging tsunamis of the 2011 Tohoku-Oki earthquake detected over the open ocean [J]. Geophysical Research Letters, 2012, 39 (5): 1-6.

[383] Stark P B, Parker R L. Bounded-variable least-squares: an algorithm and applications [J]. Computational Statistics, 1995, 10: 129.

[384] Steketee J A. On Volterra's dislocations in a semi-infinite elastic medium [J]. Canadian Journal of Physics, 1958, 36 (2): 192-205.

[385] Strozzi T, Wegmuller U, Tosi L, et al. Land subsidence monitoring with differential SAR interferometry [J]. Photogrammetric engineering and remote sensing, 2001, 67 (11): 1261-1270.

[386] Stucchi M, Camassi R, Rovida A, et al. DBMI04, il database delle osservazioni macrosismiche dei terremoti italiani utilizzate per la compilazione del catalogo parametrico CPTI04 [J]. Quaderni di Geofisica, 2007, 49: 1-38.

[387] Stumpf A, Malet J P, Allemand P, et al. Surface reconstruction and landslide displacement measurements with Pléiades satellite images [J]. ISPRS Journal of Photogrammetry and Remote Sensing, 2014, 95: 1-12.

[388] Supersites. Supersites Tohoku-Oki: GEO's Tohoku-Oki Event Supersite Website [OL]. 2013. Available: http://supersites. earthobservations. org/sendai. php.

[389] Suwa Y, Miura S, Hasegawa A, et al. Interplate coupling beneath NE Japan inferred from three-dimensional displacement field [J]. Journal of Geophysical Research: Solid

Earth, 2006, 111 (B4): 1-12.

[390] Tang Q, Zhang X, Tang Y. Anthropogenic impacts on mass change in North China [J]. Geophysical Research Letters, 2013, 40 (15): 3924-3928.

[391] Taniguchi M, Shimada J, Fukuda Y, et al. Anthropogenic effects on the subsurface thermal and groundwater environments in Osaka, Japan and Bangkok, Thailand [J]. Science of the total environment, 2009, 407 (9): 3153-3164.

[392] Tapponnier P, Molnar P. Active faulting and tectonics in China [J]. Journal of Geophysical Research, 1977, 82 (20): 2905-2930.

[393] Terzaghi K. Erdbaumechanik auf bodenphysikalischer Grundlage [M]. F. Deuticke, 1925.

[394] Teunissen P J G. Least-squares estimation of the integer GPS ambiguities [C]. Invited lecture, section IV theory and methodology, IAG general meeting, Beijing, China. 1993: 1-16.

[395] Thatcher W. Nonlinear strain buildup and the earthquake cycle on the San andreas fault [J]. Journal of Geophysical Research: Solid Earth, 1983, 88 (B7): 5893-5902.

[396] Tibaldi A. Structure of volcano plumbing systems: A review of multi-parametric effects [J]. Journal of Volcanology and Geothermal Research, 2015, 298: 85-135.

[397] Tilling R I. The critical role of volcano monitoring in risk reduction [J]. Advances in Geosciences, 2008, 14: 3-11.

[398] Tong X, Liu S, Li R, et al. Multi-track extraction of two-dimensional surface velocity by the combined use of differential and multiple-aperture InSAR in the Amery Ice Shelf, East Antarctica [J]. Remote Sensing of Environment, 2018, 204: 122-137.

[399] Tong X, Sandwell D T, Smith-Konter B. High-resolution interseismic velocity data along the San Andreas Fault from GPS and InSAR [J]. Journal of Geophysical Research: Solid Earth, 2013, 118 (1): 369-389.

[400] Ueda H, Ohtake M, Sato H. Afterslip of the plate interface following the 1978 Miyagi-Oki, Japan, earthquake, as revealed from geodetic measurement data [J]. Tectonophysics, 2001, 338 (1): 45-57.

[401] Usai S, Hanssen R. Long time scale INSAR by means of high coherence features [J]. European Space Agency-Publications-Esa Sp, 1997, 414: 225-228.

[402] Valade S, Ley A, Massimetti F, et al. Towards global volcano monitoring using multisensor sentinel missions and artificial intelligence: The MOUNTS monitoring system [J]. Remote Sensing, 2019, 11 (13): 1528.

[403] Vallage A, Klinger Y, Grandin R, et al. Inelastic surface deformation during the 2013 Mw 7.7 Balochistan, Pakistan, earthquake [J]. Geology, 2015, 43 (12): 1079-1082.

[404] Van der Woerd J, Meriaux A S, Klinger Y, et al. The 14 November 2001, Mw = 7.8 Kokoxili earthquake in northern Tibet (Qinghai Province, China) [J]. Seismological

Research Letters, 2002b, 73 (2): 125-135.

[405] Van der Woerd J, Tapponnier P, J. Ryerson F, et al. Uniform postglacial slip-rate along the central 600 km of the Kunlun Fault (Tibet), from ^{26}Al, ^{10}Be, and ^{14}C dating of riser offsets, and climatic origin of the regional morphology [J]. Geophysical Journal International, 2002a, 148 (3): 356-388.

[406] Vasco D W, Karasaki K, Doughty C. Using surface deformation to image reservoir dynamics [J]. Geophysics, 2000, 65 (1): 132-147.

[407] Vasco D W, Karasaki K, Myer L. Monitoring of fluid injection and soil consolidation using surface tilt measurements [J]. Journal of Geotechnical and Geoenvironmental Engineering, 1998, 124 (1): 29-37.

[408] Vasco D W, Rucci A, Ferretti A, et al. Satellite-based measurements of surface deformation reveal fluid flow associated with the geological storage of carbon dioxide [J]. Geophysical Research Letters, 2010, 37 (3): 1-5.

[409] Velasco A A, Ammon C J, Beck S L. Broadband source modeling of the November 8, 1997, Tibet (Mw = 7.5) earthquake and its tectonic implications [J]. Journal of Geophysical Research: Solid Earth, 2000, 105 (B12): 28065-28080.

[410] Vernant P, Nilforoushan F, Hatzfeld D, et al. Present-day crustal deformation and plate kinematics in the Middle East constrained by GPS measurements in Iran and northern Oman [J]. Geophysical Journal International, 2004, 157 (1): 381-398.

[411] Wallace L M, Webb S C, Ito Y, et al. Slow slip near the trench at the Hikurangi subduction zone, New Zealand [J]. Science, 2016, 352 (6286): 701-704.

[412] Walters R J, Elliott J R, D'agostino N, et al. The 2009 L'Aquila earthquake (central Italy): A source mechanism and implications for seismic hazard [J]. Geophysical Research Letters, 2009, 36 (17): 1-6.

[413] Walters R J, Elliott J R, Li Z, et al. Rapid strain accumulation on the Ashkabad fault (Turkmenistan) from atmosphere-corrected InSAR [J]. Journal of Geophysical Research: Solid Earth, 2013, 118 (7): 3674-3690.

[414] Wang H, Wright T J, Biggs J. Interseismic slip rate of the northwestern Xianshuihe fault from InSAR data [J]. Geophysical Research Letters, 2009, 36 (3): 1-5.

[415] Wang H, Wright T J, Liu-Zeng J, et al. Strain rate distribution in south-central Tibet from two decades of InSAR and GPS [J]. Geophysical Research Letters, 2019, 46 (10): 5170-5179.

[416] Wang K, Leppäranta M, Reinart A. Modeling ice dynamics in Lake Peipsi [J]. Internationale Vereinigung für theoretische und angewandte Limnologie: Verhandlungen, 2006, 29 (3): 1443-1446.

[417] Wang L, Wang R, Roth F, et al. Afterslip and viscoelastic relaxation following the 1999 M 7.4 Izmit earthquake from GPS measurements [J]. Geophysical Journal International,

2009, 178 (3): 1220-1237.

[418] Wang Q, Qiao X, Lan Q, et al. Rupture of deep faults in the 2008 Wenchuan earthquake and uplift of the Longmen Shan [J]. Nature Geoscience, 2011, 4 (9): 634-640.

[419] Wang Q, Zhang P Z, Freymueller J T, et al. Present-day crustal deformation in China constrained by global positioning system measurements [J]. Science, 2001, 294 (5542): 574-577.

[420] Wang R, Lorenzo-Martín F, Roth F. PSGRN/PSCMP—a new code for calculating co- and post-seismic deformation, geoid and gravity changes based on the viscoelastic-gravitational dislocation theory [J]. Computers and Geosciences, 2006, 32 (4): 527-541.

[421] Wang T, DeGrandpre K, Lu Z, et al. Complex surface deformation of Akutan volcano, Alaska revealed from InSAR time series [J]. International journal of applied earth observation and geoinformation, 2018, 64: 171-180.

[422] Wang T, Shi Q, Nikkhoo M, et al. The rise, collapse, and compaction of Mt. Mantap from the 3 September 2017 North Korean nuclear test [J]. Science, 2018, 361 (6398): 166-170.

[423] Wegmuller U, Werner C, Strozzi T, et al. Ionospheric electron concentration effects on SAR and INSAR [C]. 2006 IEEE International Symposium on Geoscience and Remote Sensing. IEEE, 2006: 3731-3734.

[424] Wegnüller U, Werner C, Strozzi T, et al. Sentinel-1 support in the GAMMA software [J]. Procedia Computer Science, 2016, 100: 1305-1312.

[425] Welstead S T. Fractal and wavelet image compression techniques [M]. Spie Press, 1999.

[426] Wen Y, Li Z, Xu C, et al. Postseismic motion after the 2001 Mw 7.8 Kokoxili earthquake in Tibet observed by InSAR time series [J]. Journal of geophysical research: solid earth, 2012, 117 (B8): 1-15.

[427] Wen Y, Xu C, Liu Y, et al. Coseismic slip in the 2010 Yushu earthquake (China), constrained by wide-swath and strip-map InSAR [J]. Natural Hazards and Earth System Sciences, 2013, 13 (1): 35-44.

[428] Werner C, Wegmüller U, Strozzi T, et al. Gamma SAR and interferometric processing software [C]. Proceedings of the ers-envisat symposium, Gothenburg, Sweden. 2000, 1620: 1620.

[429] Weston J, Ferreira A M G, Funning G J. Global compilation of interferometric synthetic aperture radar earthquake source models: 1. Comparisons with seismic catalogs [J]. Journal of Geophysical Research: Solid Earth, 2011, 116 (B8): 1-20.

[430] Wicks C, Dzurisin D, Ingebritsen S, et al. Magma intrusion beneath the Three Sisters

volcanic center in the Cascade Range of Oregon, USA, from interferometric radar measurements [J]. Geophys. Res. Lett, 2002, 29 (7): 1-4.

[431] Wright T J, Parsons B E, Jackson J A, et al. Source parameters of the 1 October 1995 Dinar (Turkey) earthquake from SAR interferometry and seismic bodywave modelling [J]. Earth and Planetary Science Letters, 1999, 172 (1-2): 23-37.

[432] Wright T J, Parsons B E, Lu Z. Toward mapping surface deformation in three dimensions using InSAR [J]. Geophysical Research Letters, 2004, 31 (1): 1-5.

[433] Xia Y, Kaufmann H, Guo X. Differential SAR interferometry using corner reflectors [C]. IEEE International Geoscience and Remote Sensing Symposium. IEEE, 2002, 2: 1243-1246.

[434] Xu C, Liu Y, Wen Y, et al. Coseismic slip distribution of the 2008 M w 7.9 Wenchuan earthquake from joint inversion of GPS and InSAR data [J]. Bulletin of the Seismological Society of America, 2010, 100 (5B): 2736-2749.

[435] Xu X W, Wen X Z, Chen G H, et al. Discovery of the Longriba fault zone in eastern Bayan Har block, China and its tectonic implication [J]. Science in China Series D: Earth Sciences, 2008, 51 (9): 1209-1223.

[436] Xu X, Tong X, Sandwell D T, et al. Refining the shallow slip deficit [J]. Geophysical Journal International, 2016, 204 (3): 1867-1886.

[437] Xu X, Wen X, Yu G, et al. Coseismic reverse-and oblique-slip surface faulting generated by the 2008 Mw 7.9 Wenchuan earthquake, China [J]. Geology, 2009, 37 (6): 515-518.

[438] Xu X, Yu G, Klinger Y, et al. Reevaluation of surface rupture parameters and faulting segmentation of the 2001 Kunlunshan earthquake (Mw7. 8), northern Tibetan Plateau, China [J]. Journal of Geophysical Research: Solid Earth, 2006, 111 (B5): 1-16.

[439] Yamazaki F, Liu W. Remote sensing technologies for post-earthquake damage assessment: A case study on the 2016 Kumamoto earthquake [C]. The 6th Asia Conference on Earthquake Engineering. 2016: 8.

[440] Yang H, Zhou P, Fang N, et al. A shallow shock: the 25 February 2019 ML 4.9 earthquake in the Weiyuan shale gas field in Sichuan, China [J]. Seismological Society of America, 2020, 91 (6): 3182-3194.

[441] Yang S M, Li J, Wang Q. The deformation pattern and fault rate in the Tianshan Mountains inferred from GPS observations [J]. Science in China Series D: Earth Sciences, 2008, 51 (8): 1064-1080.

[442] Yang X M, Davis P M, Dieterich J H. Deformation from inflation of a dipping finite prolate spheroid in an elastic half-space as a model for volcanic stressing [J]. Journal of Geophysical Research: Solid Earth, 1988, 93 (B5): 4249-4257.

[443] Ye X, Kaufmann H, Guo X F. Landslide monitoring in the Three Gorges area using D-

InSAR and corner reflectors [J]. Photogrammetric Engineering and Remote Sensing, 2004, 70 (10): 1167-1172.

[444] Yeats R S, Sieh K, Allen C R. The geology of earthquakes [M]. Oxford University Press, USA, 1997.

[445] Yin A, Harrison T M. Geologic evolution of the Himalayan-Tibetan orogen [J]. Annual review of earth and planetary sciences, 2000, 28 (1): 211-280.

[446] Yin A, Nie S, Craig P, et al. Late Cenozoic tectonic evolution of the southern Chinese Tian Shan [J]. Tectonics, 1998, 17 (1): 1-27.

[447] Yoshida M. Re-evaluation of the regional tectonic stress fields and faulting regimes in central Kyushu, Japan, behind the 2016 Mw 7.0 Kumamoto Earthquake [J]. Tectonophysics, 2017, 712: 95-100.

[448] Yu C, Li Z, Penna N T, et al. Generic atmospheric correction model for interferometric synthetic aperture radar observations [J]. Journal of Geophysical Research: Solid Earth, 2018, 123 (10): 9202-9222.

[449] Yu S, Ma J. Deep learning for geophysics: Current and future trends [J]. Reviews of Geophysics, 2021, 59 (3): 1-36.

[450] Yue H, Ross Z E, Liang C, et al. The 2016 Kumamoto Mw = 7.0 earthquake: A significant event in a fault-volcano system [J]. Journal of Geophysical Research: Solid Earth, 2017, 122 (11): 9166-9183.

[451] Zebker H A, Rosen P A, Hensley S. Atmospheric effects in interferometric synthetic aperture radar surface deformation and topographic maps [J]. Journal of geophysical research: solid earth, 1997, 102 (B4): 7547-7563.

[452] Zhang B, Wang Z, Li F E I, et al. Estimation of present-day glacial isostatic adjustment, ice mass change and elastic vertical crustal deformation over the Antarctic ice sheet [J]. Journal of Glaciology, 2017, 63 (240): 703-715.

[453] Zhang C J, Cao J L, Shi Y L. Studying the viscosity of lower crust of Qinghai-Tibet Plateau according to post-seismic deformation [J]. Science in China Series D: Earth Sciences, 2009, 52 (3): 411-419.

[454] Zhang J, He P, Hu X, et al. Dynamic lake ice movement on lake Khovsgol, Mongolia, revealed by time series displacements from pixel offset with Sentinel-2 optical images [J]. Remote Sensing, 2021, 13 (24): 4979.

[455] Zhang L, Ding X, Lu Z. Ground settlement monitoring based on temporarily coherent points between two SAR acquisitions [J]. ISPRS Journal of Photogrammetry and Remote Sensing, 2011, 66 (1): 146-152.

[456] Zhang P Z, Shen Z, Wang M, et al. Continuous deformation of the Tibetan Plateau from global positioning system data [J]. Geology, 2004, 32 (9): 809-812.

[457] Zhang P Z, Wang M, Gan W J. Slip rates along major active faults from GPS

measurements and constraints on contemporary continental tectonics [J]. Earth Science Frontiers, 2003, 10 (SUPP): 81-92.

[458] Zhang P Z. Slip rates and recurrence intervals of the Longmen Shan active fault zone, and tectonic implications for the mechanism of the May 12 Wenchuan earthquake, 2008, Sichuan, China [J]. Chinese J. Geophys. , 2008, 51: 1066-1073.

[459] Zhao R B, Li J, Shen J. The preliminary study on active faults and paleo-earthquakes in the north fringe of Kashi depression [J]. Acta Seismol. Sin. , 2000, 13 (3): 351-355.

[460] Zhou L, Guo J, Hu J, et al. Wuhan surface subsidence analysis in 2015—2016 based on Sentinel-1A data by SBAS-InSAR [J]. Remote Sensing, 2017, 9 (10): 982.

[461] Zhou L, Yu H, Lan Y. Artificial intelligence in interferometric synthetic aperture radar phase unwrapping: A review [J]. IEEE Geoscience and Remote Sensing Magazine, 2021, 9 (2): 10-28.

[462] Zhou Y, Walker R T, Hollingsworth J, et al. Coseismic and postseismic displacements from the 1978 Mw 7. 3 Tabas-e-Golshan earthquake in eastern Iran [J]. Earth and Planetary Science Letters, 2016, 452: 185-196.

[463] Zhu C, Wang C, Zhang B, et al. Differential Interferometric Synthetic Aperture Radar data for more accurate earthquake catalogs [J]. Remote Sensing of Environment, 2021, 266: 112690.

[464] Zhu L, Helmberger D V. Moho offset across the northern margin of the Tibetan Plateau [J]. Science, 1998, 281 (5380): 1170-1172.